통신회로를 이용한 자동차 전기회로

AUTOMOTIVE ELECTRONIC CIRCUITS

구민사

저자약력 | **이용주**
두원공과대학교 자동차과 교수

통신회로를 이용한 **자동차 전기회로**

초판 인쇄 | 2023년 2월 21일
초판 발행 | 2023년 2월 28일

저 자 | 이용주
발행인 | 조규백
발행처 | 도서출판 구민사
(07293) 서울특별시 영등포구 문래북로 116, 604호(문래동3가 46, 트리플렉스)
전화 | (02) 701-7421(~2)
팩스 | (02) 3273-9642
홈페이지 | www.kuhminsa.co.kr

신고번호 | 제2012-000055호 (1980년 2월 4일)
ISBN | 979-11-6875-199-6 93550

값 18,000원

PREFACE

머리말

눈부시게 발달하는 국내 자동차 산업에 발맞추어 자동차 기술도 급속도로 발전하고 있다. 이제 자동차는 기계, 전자, 통신, 네트웍, 정보산업 등이 총체적으로 결합되고 있으며 앞으로도 더욱 많은 분야의 기술이 융합되어 발전할 것으로 예상된다. 이러한 현실에 따라 자동차 전기회로에 대한 이해와 지식은 그 무엇보다도 중요함을 더해 가고 있다.

자동차의 전기회로를 학습하기 위해서는 자동차에 어떠한 기술이 적용되고 있는지 우선 파악하여야 한다. 아울러 전기 회로에 대한 기초적인 지식도 필요로 하고 있다.

본 교재는 대학 자동차과 1학년 학생들을 대상으로 하고 있으며 기초 전기 전자 과목을 학습한 후에 자동차 전기회로의 기초적인 내용을 이론과 실습을 병행하여 학습 할 수 있도록 꾸며 졌다. 본 교재의 회로는 국내에서 가장 널리 사용되는 소나타 차량에 적용된 전기회로와 중형차인 K7차량에 적용된 전기회로를 기본으로 하고 있다.

자동차의 전자장치는 크게 미등, 안개등, 방향등, 실내등, 전조등 등의 등화장치와 와이퍼 모터, 윈도우 모터, 도어록 모터, 선루프 모터, 파워시트 모터 등의 모터장치로 구분 할 수 있다. 최근 자동차에는 도난 경보제어, 차선 이탈 경보제어, 타이어 공기압력 경보제어, ECM 룸미러제어, 스마트키 제어 회로 등 스마트기능도 많이 사용되고 있다. 본 교재도 위와 같이 자동차 전등제어, 자동차 모터제어 스마트자동차 제어로 나누어 기술하였다.

본 교재의 순서에 따라 1학기 분량의 회로실습을 실행하게 되면 학습자 스스로 자동차 전기회로에 대한 부담감을 버릴 수 있으며 그 외의 다른 차량의 전기회로에 대해서도 보다 쉽게 이해 및 적용이 가능할 수 있을 것으로 생각된다.

본 교재를 준비하며 미비한 점이나 오류가 다수 있으리라 생각되므로 여러분의 지도 편달을 바라며, 추후 보충과 보완을 계획하고 있으며 출판되기까지 많은 도움을 준 분들과 도서출판 구민사 조규백 대표님과 직원 여러분께 깊은 감사를 드립니다.

저자 씀

CONTENTS 00

차 례

통신회로를 이용한 • 자동차 전기회로

CHAPTER 01

전자회로도 기호식별 및 고장진단

통신회로를 이용한 • 자동차 전기회로

01 | 전자회로도 기호식별법

1.1. 커넥터

1.1.1. 커넥터 종류 및 커넥터 핀 넘버링

[1] 커넥터 종류

자동차에서 사용하는 커넥터는 크게 암 커넥터와 수 커넥터로 구분할 수 있으며 그 형상은 아래 그림과 같다. 수 커넥터는 커넥터 내부에 핀이 돌출되어 있으며 암 커넥터는 수 커넥터의 핀이 꽂혀질 수 있도록 구조가 되어 있다.

① 암 커넥터

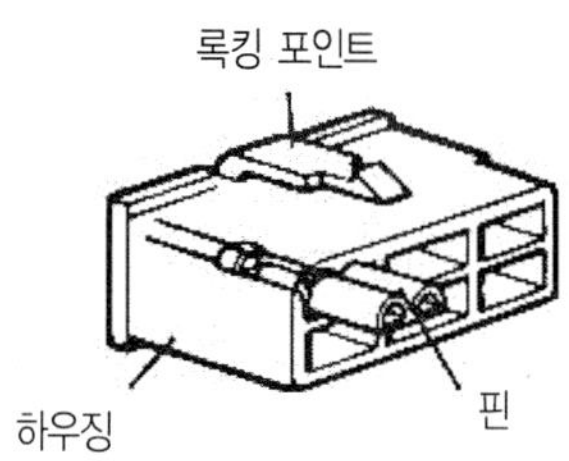

[실제적 형상]

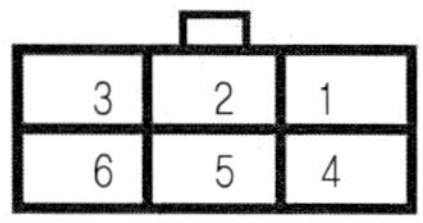

[회로도상 표기]

② 수 커넥터

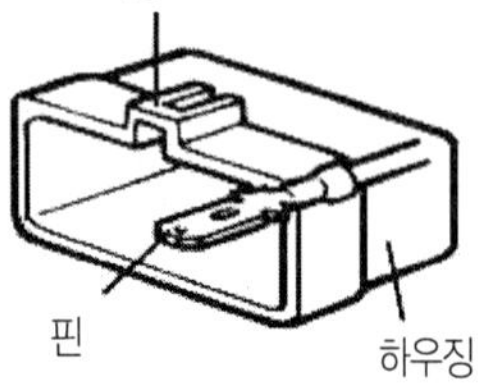

[실제적 형상]

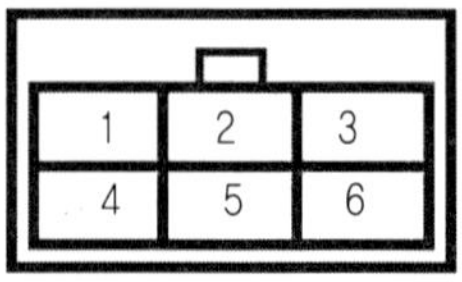

[회로도상 표기]

[2] 넘버링

(1) 암 커넥터

암 커넥터는 우측 상단이 1번으로 되어 있고 그림과 같이 번호가 붙여지고 왼쪽 하단이 마지막 번호가 된다.

(2) 수 커넥터

수 커넥터는 좌측 상단이 1번으로 되어 있고 그림과 같이 번호가 붙여져서 오른쪽 하단이 마지막 번호이다.

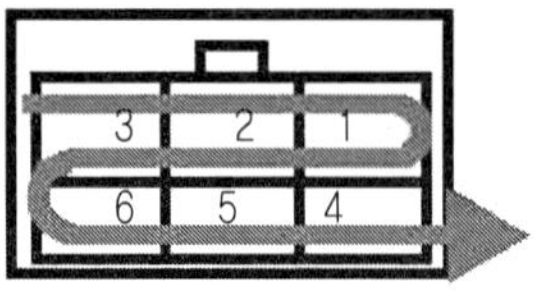

[암 커넥터]

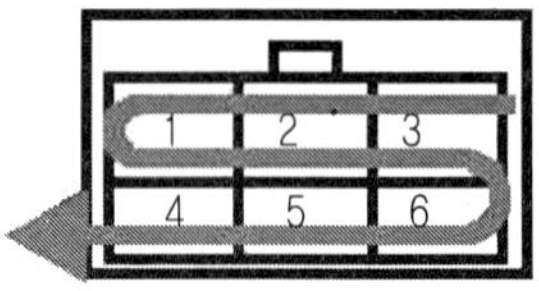

[수 커넥터]

1.1.2. 커넥터 식별

아래 그림은 자동차에서 사용하고 있는 여러 가지 종류의 커넥터의 기호를 표시하였다. 대게는 그 커넥터의 모양과 핀의 수 및 배열을 가지고 커넥터를 구분할 수 있게 된다.

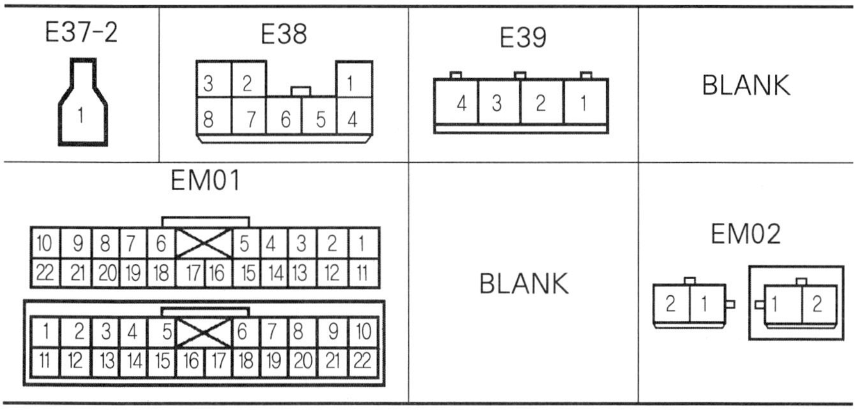

위 배열 그림은 각 구성 부품에 하니스 커넥터가 연결되지 않은 상태의 배선측 커넥터를 보여준다. 아울러, 하나의 부품에 2개 이상의 커넥터가 연결되어있는 경우에는 2개 이상의 커넥터를 모두 보여준다.

1.2. 전기회로도 기호

1.2.1. 전기회로도 기호

[1] 구성부품

기 호	내 용	기 호	내 용
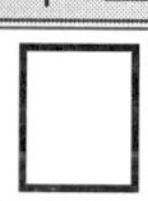	전체 해당 구성부품	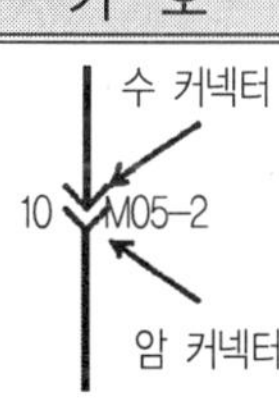	커넥터 이름(M05-2)
	부분 구성부품		단자의 핀 번호(10)
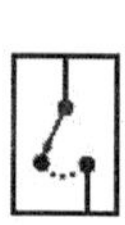	구성부품의 명칭을 우측 상단에 나타낸다.	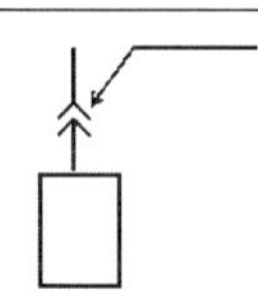	커넥터가 구성부품과 배선으로 연결되었다.
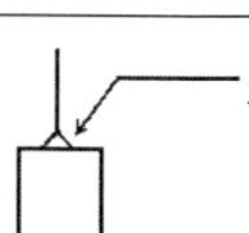 구성부품에 커넥터가 붙어있다.		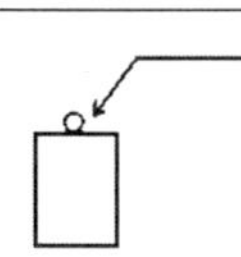	구성부품 자체의 스크류 단자를 의미한다.

[2] 다이오드

[3] 퓨즈 및 퓨즈블 링크

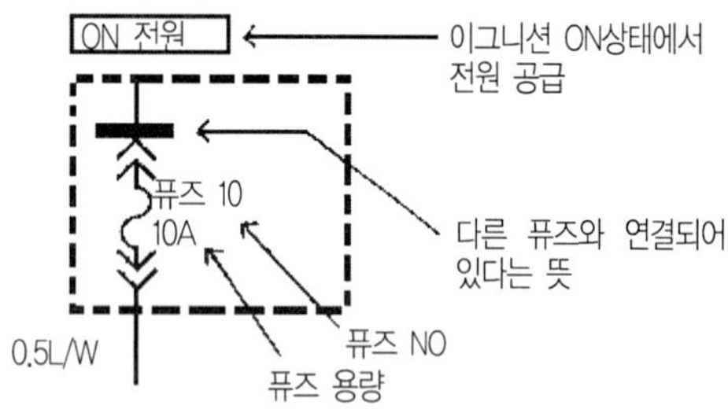

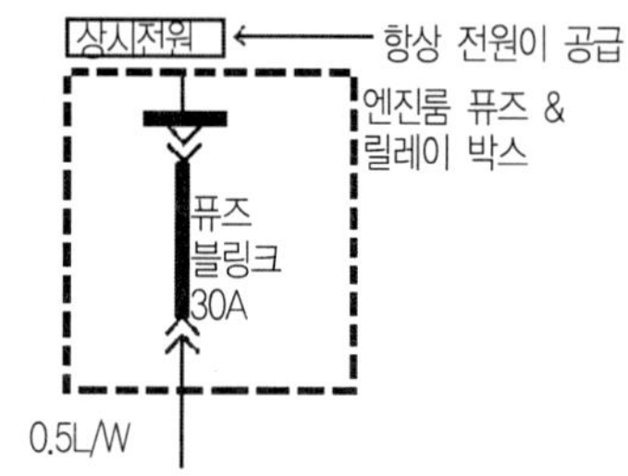

[4] 와이어

기 호	내 용	기 호	내 용
			배선칼라(Y/R), 배선 굵기(0.5)를 의미한다.
	같은 문자를 가진 배선에 연결한다.	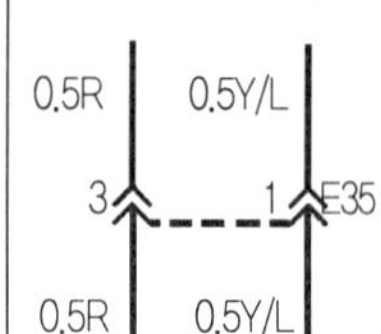	같은 커넥터(E35)에 1번 핀과 3번 핀이 접속된다.
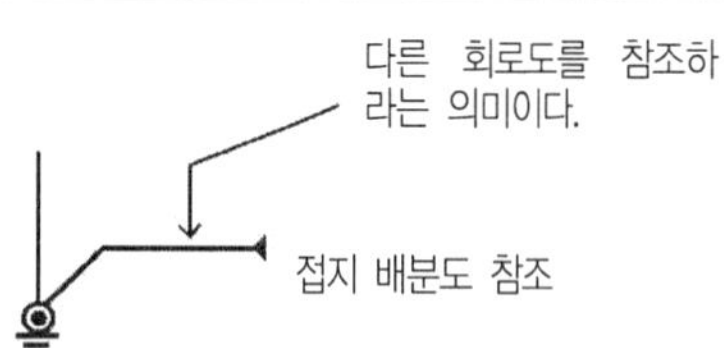			차종이 다른 경우에 구분하기 위해서 사용한다.
	화살표가 지시하는 회로를 참조한다.	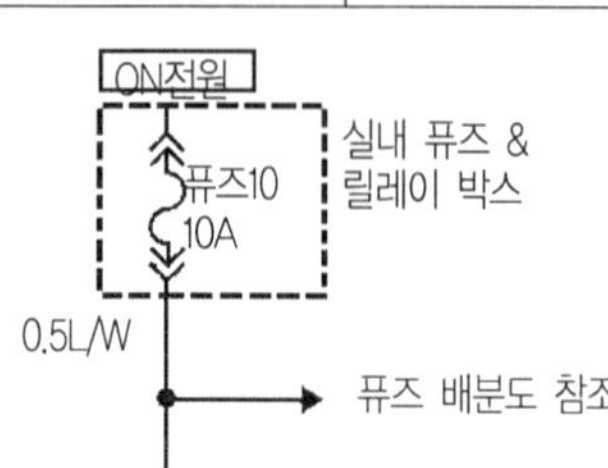	

[5] 조인트

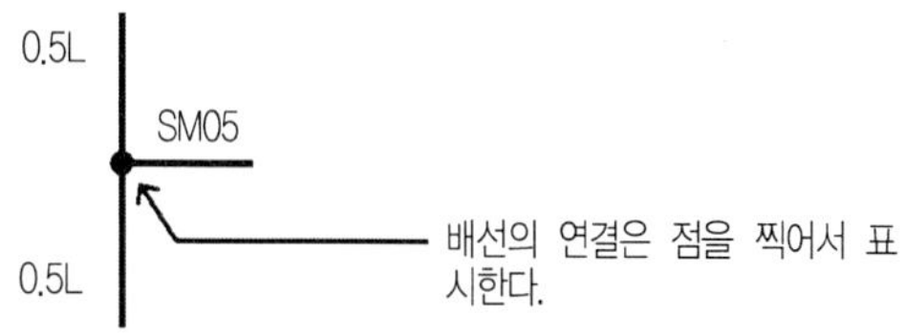

[6] 접지 G

기 호	내 용	기 호	내 용
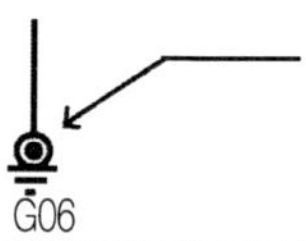	차체에 접지됨 위치는 G06번이다.	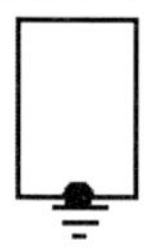	부품이 차체에 접지되어 있다.

[7] 실드 와이어

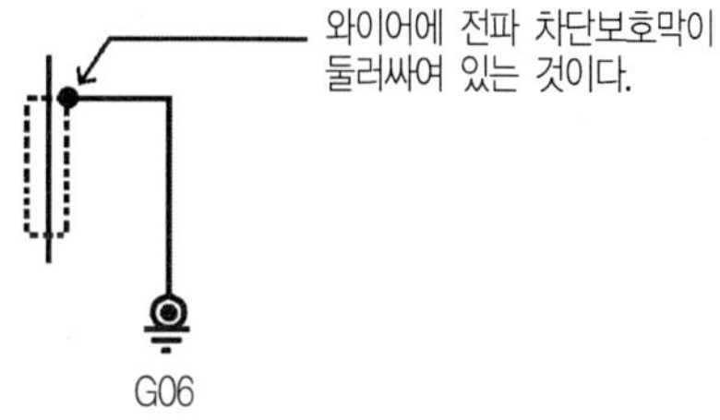

[8] 스위치

기 호	내 용
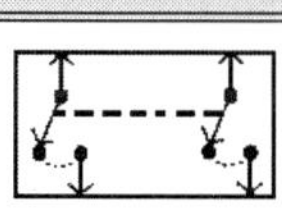	두 개의 스위치가 동시에 작동한다.

[9] 릴레이

기 호	내 용
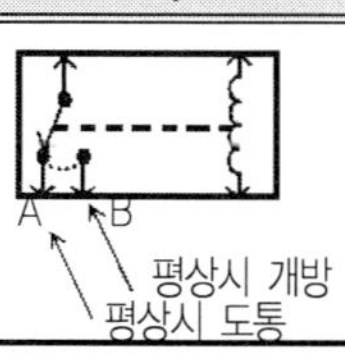	코일에 전류가 흐르면 스위치는 B에 붙고, 전류가 흐르지 않으면 A에 위치한다.

Automotive Electronic Circuits

[10] 조인트 커넥터

기 호	내 용
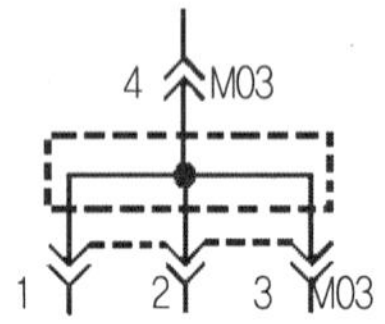	와이어가 커넥터 내부에서 연결된다.

[11] 경고등

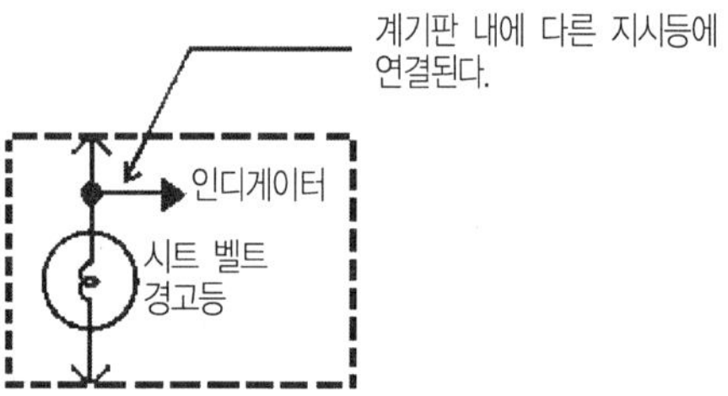

1.2.2. 배선 색깔 약어

본 책자의 전기 회로도에서 사용하는 배선 색깔은 다음과 같이 되어 있다.

기 호	와이어 색상	기 호	와이어 색상
B	검정색(Black)	O	오렌지색(Orange)
Br	갈색(Brown)	P	분홍색(Pink)
G	초록색(Green)	R	빨강색(Red)
Gr	회색(Gray)	T	황갈색(Tawny)
L	파랑색(Blue)	W	흰색(White)
Lg	연두색(Light Green)	Y	노랑색(Yellow)
LI	하늘색(Light Blue)	Pp	자주색(Purple)

1.2.3. 하니스 식별기호

본 책자의 전기 회로도상의 커넥터의 문자는 다음과 같이 되어 있다.

하니스 명칭	위 치	심 벌
메인, 플로워, 루프, 시트 하니스	실내 구성품	M
엔진 하니스	엔진룸	E
인스트루먼트, 에어백 하니스	크래쉬 패드	I
컨트롤 하니스	엔진룸	C
도어 하니스	도어	D
트렁크 리드 & 룸 하니스	차량 후미/트렁크 부위	R

1.2.4. 커넥터의 식별

[1] 부품과 와이어링의 연결

커넥터 식별기호는 다음과 같이 표시한다.

C 10 -1

- -1 : 보조 커넥터 일련번호
- 10 : 메인 커넥터 일련번호
- C : 컨트롤 하니스 심벌

[2] 와이어링 간의 연결

와이어링과 와이어링의 연결 커넥터는 아래의 심벌로 나타낸다.

M R 01

- 01 : 커넥터 일련번호
- R : 리어 와이어링 하니스 심벌
- M : 메인 와이어링 하니스 심벌

[3] 정션박스와의 연결

정션박스 커넥터는 아래의 심벌과 같이 된다.

I/P -A

- -A : 실내 정션박스 내의 커넥터 명칭
- I/P : 실내 정션박스를 나타내는 약어

J M 01

- 01 : 커넥터 일련번호
- M : 메인 와이어링 하니스 심벌
- J : 정션박스를 나타내는 약어

02 | 전자회로도 고장진단법

2.1. 고장진단 과정

2.1.1. 문제점 분석(제1단계)

자동차의 전기회로의 문제점을 분석하기 위해서는 문제되는 회로의 구성부품을 작동시킨 다음 현상을 검토하고, 현상을 기록한다.

2.1.2. 회로도의 판독 및 분석(제2단계)

전기회로도에서 고장회로를 찾아 시스템 구성부품에의 전류 흐름을 파악한다. 또한 고장회로를 공유하는 다른 회로도를 참조한다. 같은 퓨즈, 접지, 스위치 등을 공유하는 회로를 각 회로도에서 참조한다. 그리고 점검하지 않았던 공유되는 회로를 작동시켜 본다. 공유회로의 작동이 정상이면 고장회로 자체의 문제이고, 몇 개의 회로가 동시에 문제가 있으면 퓨즈나 접지상의 문제일 것이다.

2.1.3. 회로 및 구성부품 검사(제3단계)

회로 테스터를 실시하여 2단계의 고장진단을 점검한다. 효율적인 고장진단은 논리적이고 단순한 과정으로 실시되어야 한다. 가장 큰 원인으로 파악된 부분부터 테스트를 실시하며, 테스트가 쉬운 부분에서부터 시작한다.

2.1.4. 고장수리(제4단계)

고장이 발견되면 필요한 수리를 실시한다.

2.1.5. 회로작업 확인(제5단계)

수리 후 확인을 위해 다시한번 더 점검을 실시한다. 만약 문제가 퓨즈가 끊어지는 것이었다면, 그 퓨즈를 공유하는 모든 회로의 테스드를 실시한다.

Automotive Electronic Circuits

2.2. 고장진단 설비

2.2.1. 전압계 및 테스트 램프

보통 한쪽 끝은 집게로 되어 있고, 다른 쪽 끝은 바늘 침으로 되어 있으므로 집게를 차체나 필요한 곳에 물려놓고 다른 쪽에 바늘 침을 사용하여 배선의 도통 여부 등을 확인하는 데 사용한다. 테스트 램프의 중앙에는 전구가 연결되어 있으므로 전구에 불이 켜지면 배선에 전류가 흐르는 것을 알게 된다. 단, 전원은 없으므로 외부의(자동차 배터리) 것을 사용해야 한다.

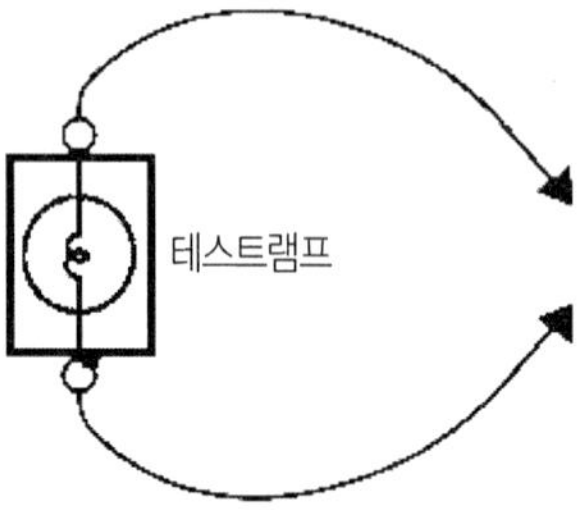

[전압계 및 테스트램프]

참고

회로는 컴퓨터 제어 인젝션과 함께 사용하는 ECU와 같은 반도체가 포함된 모듈(유닛)을 갖는다. 이러한 회로의 전압은 10MΩ이나 그 이상의 임피던스를 갖는 디지털 볼트 메타로 테스트해야 한다. 안정상태의 모듈이 포함된 회로는 테스트 램프 사용시 내부 회로가 손상될 수 있으므로 테스트 램프를 절대 사용하지 말아야 한다.

테스트 램프와 동일한 요령으로 전압계를 사용할 수도 있으며, 전압의 유 · 무만 판독하는 테스트 램프와는 달리 전압계에서는 전압의 세기까지 표시한다.

2.2.2. 자체 전원 테스트 램프

자체 전원 테스트 램프는 배터리가 내방되어 있는 것으로 자동차의 배터리가 없어도 진단할 수 있는 장점이 있다. 사용방법은 테스트 램프와 동일하다.

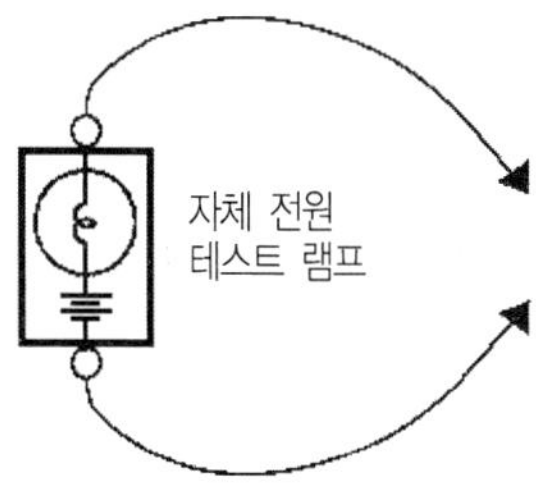

[차체 전원 테스트램프]

참고

반도체가 포함된 유닛(ECU, TCU가 접속된 상태) 회로에서는 유닛이 손상될 위험이 있으므로 자체 전원 테스트램프를 사용하지 말아야 한다. 저항기는 자체 전원 테스트 램프 위치에서 사용할 수 있으며, 회로의 두 지점간의 저항을 나타낸다. 낮은 저항은 양호한 통전상태를 나타낸다.

반도체가 포함된 유닛회로는 10MΩ이나 임피던스가 큰 용량의 디지털 멀티메타만 사용해야 한다. 디지털 멀티미터로 저항 측정시에는 배터리의 (-)단자는 분리해야 한다. 그렇지 않을 경우 부정확한 수치가 나타날 수 있다. 회로상에서 다이오드나 모듈에서는 잘못된 수치를 나타낼 수 있다. 유닛이 측정치에 영향을 줄 경우에는 수치를 한번 측정한 후 리드를 반대로 갖다 대고 다시한번 측정한다. 측정치가 다르면 유닛이 영향을 미치는 것이다.

2.2.3. 퓨즈 포함된 점프 와이어

열려진 회로를 통과해야 할 때는 점프 와이어를 사용한다. 점프 와이어는 스몰 클램프 커넥터와 함께 대부분의 커넥터에 손상을 주지 않고 사용 가능하다.

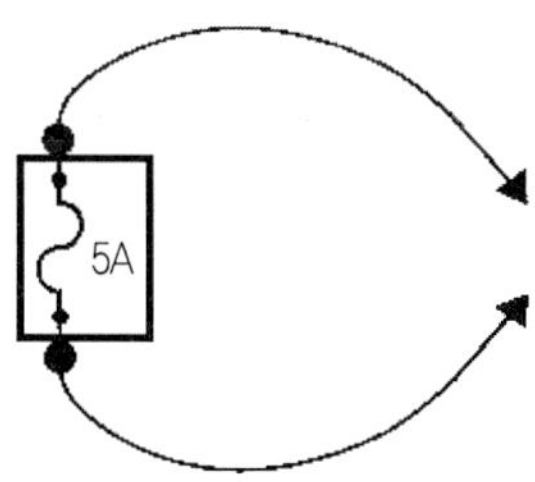

[점프 와이퍼]

참고

테스트되는 회로 보호를 위해 정격 퓨즈 용량 이상의 것은 사용하지 말아야 한다. ECU, TCU 등과 같은 것은 커넥터가 접속된 유닛 상태에서 입 · 출력을 위한 대체용 등 어떤 상황에서도 사용해서는 안 된다.

Automotive Electronic Circuits

2.3. 고장진단 테스트

2.3.1. 전압 테스트

커넥터의 전압 측정시에는 커넥터를 분리시키지 않고 탐침을 커넥터 뒤쪽에서 꽂아 점검한다. 커넥터의 접속표면사이의 오염, 부식 등으로 고장이 발생될 수도 있다.

① 테스트램프나 전압계의 한쪽 리드선을 접지시킨다. 전압계 사용시는 접지시키는 쪽에 반드시 전압계의 (-)리드선을 연결해야 한다.

② 테스트램프나 전압계의 다른 한쪽 탐침을 선택한 테스트 위치(커넥터나 단자)에 연결한다.

③ 테스트램프가 켜진다면 전압이 있다는 것을 의미한다.

④ 전압계 사용시는 수치를 읽는다. 규정치보다 1V 이상 낮은 경우는 고장이다.

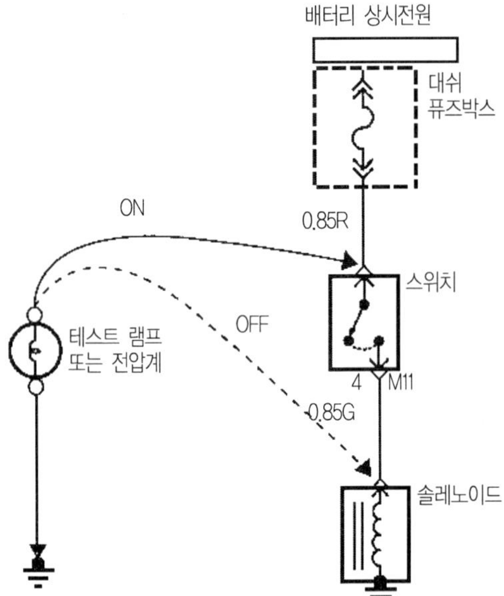

[전압 테스트]

2.3.2. 통전 테스트

① 배터리 (-)단자를 분리한다.

② 자체 전원 테스트 램프나 저항기의 한쪽 리드선을 테스트하고자 하는 회로의 한쪽 끝에 연결한다.

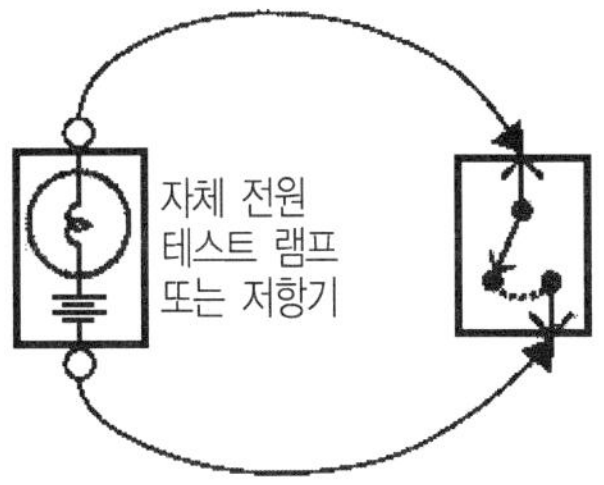

[통전 테스트]

저항기 사용시에는 리드선 2개를 함께 잡는 다음 저항이 0Ω 이 되도록 저항기를 조정한다.

③ 다른 한쪽 리드선은 테스트 하고자하는 회로의 다른 한쪽 끝에 연결한다.

④ 자체 전원 테스트 램프가 켜지면 통전상태이다. 저항기 사용시에는 저항이 0Ω 또는 값이 작을 때 양호한 통전상태를 나타낸다.

2.3.3. 접지 단락 테스트

① 배터리의 (-)단자를 분리한다.

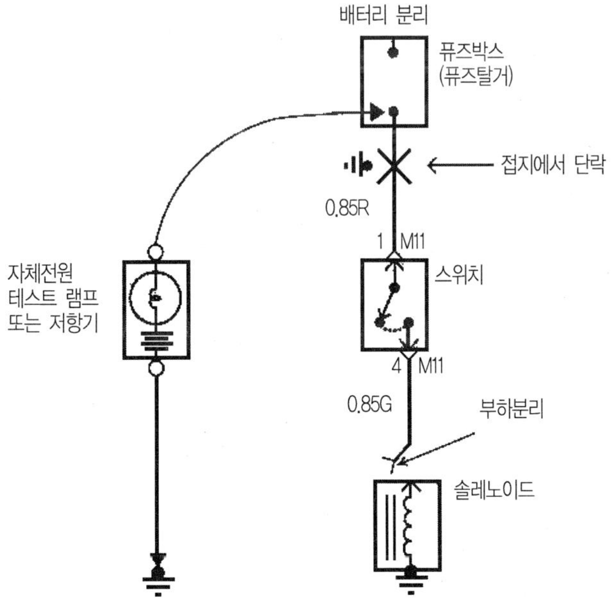

[접지 단락 테스트]

② 자체 전원 테스트 램프나 저항기의 한쪽 리드선을 구성품 한쪽의 퓨즈 단자에 연결한다.

③ 다른 한쪽 리드선은 접지시킨다.

④ 퓨즈박스에서 근접해 있는 하니스부터 순차적으로 점검해 간다.

⑤ 자체 전원 테스트 램프가 열화되거나 저항이 기록되면 그 위치점 주의 와이어링의 접지가 단락된 것이다.

CHAPTER 02

자동차 전등제어

통신회로를 이용한 • 자동차 전기회로

1 | 경음기제어

1.1. 교재의 구성

내용소개

자동차 경음기의 고장진단 및 정비에 필요한 관련 지식과 그 목적을 달성하기 위한 기본적이 능력인 자동차 경음기 전기 회로도를 해독할 수 있도록 실습을 구성하였다. 여러 가지 해석문제와 실습을 통해 학생 스스로 흥미를 갖고 회로도의 해석에 자신감을 갖을 수 있도록 한다. 학습 후 학생 스스로 자신의 학습능력을 검토할 수 있도록 하였다.

학습목표

여러 가지 종류의 자동차 경음기장치를 고장진단하고 정비하는데 필요한 여러 차종의 경음기 전기 회로도를 설명할 수 있다.

선수 학습 모듈

자동차 전기부품 및 전자장치에 대한 구조 및 작동원리에 대한 기초적인 지식을 타 교과에서 이수하도록 한다.

1.2. 일반 차량의 경음기제어 회로실습

주요어

경음기, 다기능 스위치, 스티어링 휠, 경음기 릴레이

개요

자동차 경음기의 고장진단 및 정비에 필요한 관련 지식과 그 목적을 달성하기 위한 기본적이 능력인 자동차 경음기 전기 회로도를 해독할 수 있도록 실습을 구성하였다.

여러 가지 해석문제와 실습을 통해 학생 스스로 흥미를 갖고 회로도의 해석에 자신감을 갖을 수 있도록 한다. 학습 후 학생 스스로 자신의 학습능력을 검토할 수 있도록 하였다.

학습목표

여러 가지 종류의 자동차 경음기장치를 고장진단하고 정비하는데 필요한 여러 차종의 경음기 전기 회로도를 설명할 수 있다.

Question 다음 회로도를 보고 경음기에 소리가 나기위해서 경음기스위치를 작동시킬 때의 전류의 흐름을 상시전원부터 접지까지 회로도 위에 표시하시오.

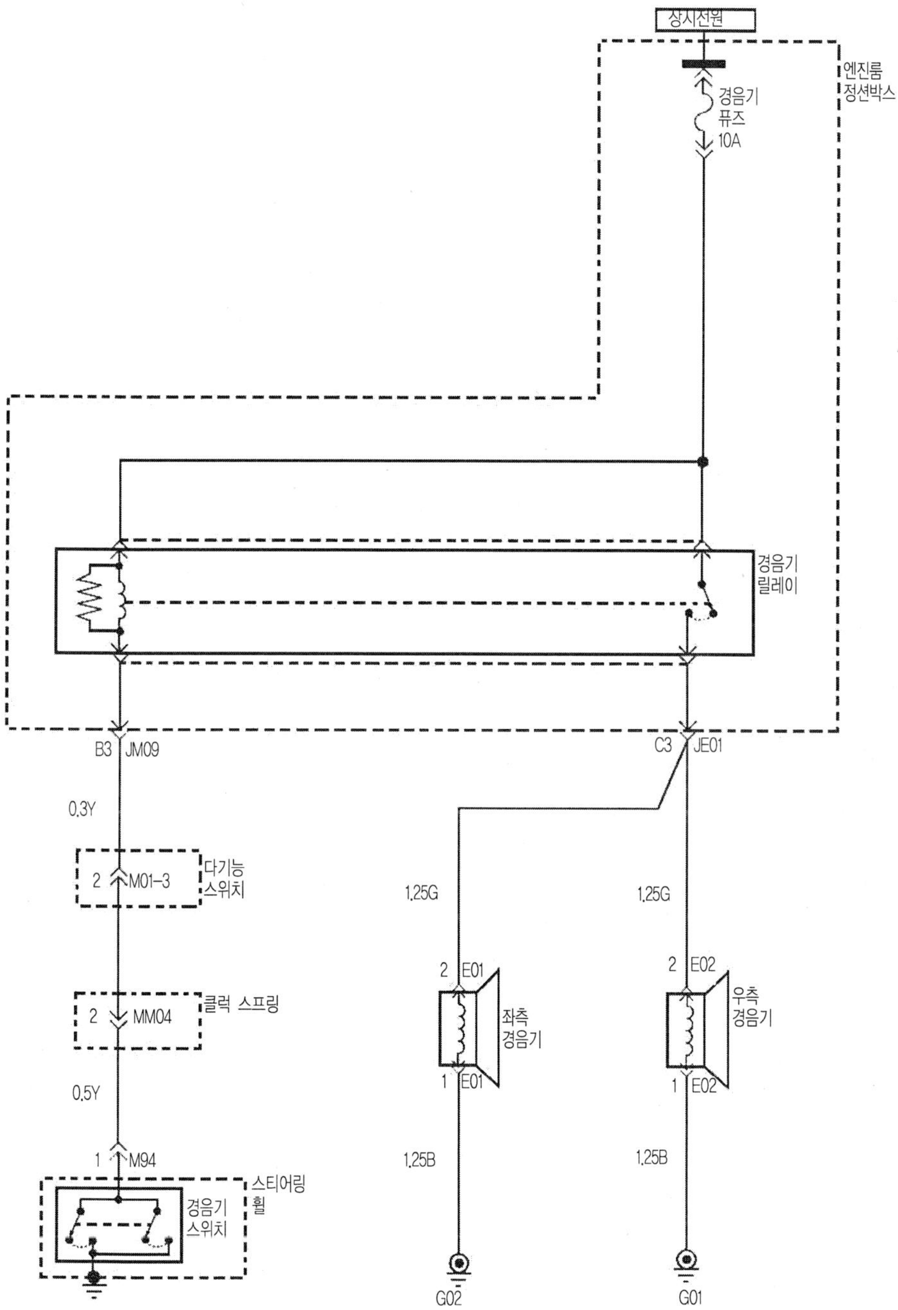

Question 전류 흐름도를 보고 다음 물음에 답하시오.

01. 경음기에 소리가 나기위해서 경음기 스위치를 작동시키는 경우에 회로도상의 전류가 흐르는 요소들을 잘 보고 2개의 (   )를 채우시오.

(1) 경음기 스위치를 ON하여 경음기 릴레이를 동작시킨다.

상시전원 → 엔진룸 정션박스 경음기 퓨즈 → 경음기 릴레이 코일 → JM09의 B3번 핀 → M94의 (   )번 핀 → 경음기 스위치 → ON → 경음기 스위치 접지

(2) 좌·우측 경음기 스피커에서 소리가 난다.

상시전원→ 엔진룸 정션박스 경음기퓨즈 경음기 릴레이스위치→ON → JE01의 C3번 핀 → E01의 ( )번 핀→
→ E02의 2번 핀 →

→ 좌측 경음기 → E01의 1번 핀 → G02접지

→ 우측 경음기 → E02의 1번 핀 → G01접지

02. 위의 회로도에서 경음기 스피커와 스위치 중에서 전기배선의 굵기가 더 굵은 쪽은 어디 인가 ? 그렇게 한 이유는 무엇이라고 생각되는지 적으시오.

03. 위의 회로도에서 경음기의 소리를 내게 하는데 경음기 릴레이를 사용한 목적은 무엇일까 ? 아래에 적으시오.

04. 위 전기회로도에 나타난 전기 배선의 모든 색깔을 아래에서 찾아서 (   )안에 적으시오.

검정색, 갈색, 초록색, 회색, 파랑색, 연두색, 하늘색, 오렌지색
분홍색, 빨강색, 황갈색, 흰색, 노랑색, 자주색

(   ) (   ) (   )

1.3. 통신을 사용한 차량의 경음기제어 회로실습

주요어

EMS박스, 경음기 RH, 경음기 LH, 다기능 스위치, 경음기 릴레이

개요

통신을 사용한 자동차 경음기의 고장진단 및 정비에 필요한 관련 지식과 그 목적을 달성하기 위한 기본적이 능력인 통신을 사용한 자동차 경음기 전기 회로도를 해독할 수 있도록 실습을 구성하였다.

여러 가지 해석문제와 실습을 통해 학생 스스로 흥미를 갖고 회로도의 해석에 자신감을 갖을 수 있도록 한다. 학습 후 학생 스스로 자신의 학습능력을 검토할 수 있도록 하였다.

학습목표

여러 가지 종류의 통신을 사용한 자동차 경음기장치를 고장진단하고 정비하는데 필요한 여러 차종의 경음기 전기 회로도를 설명할 수 있다.

Automotive Electronic Circuits

Question 다음 회로도를 보고 경음기에 소리가 나기위해서 경음기스위치를 작동시킬 때의 전류의 흐름을 상시전원부터 접지까지 회로도 위에 표시하시오

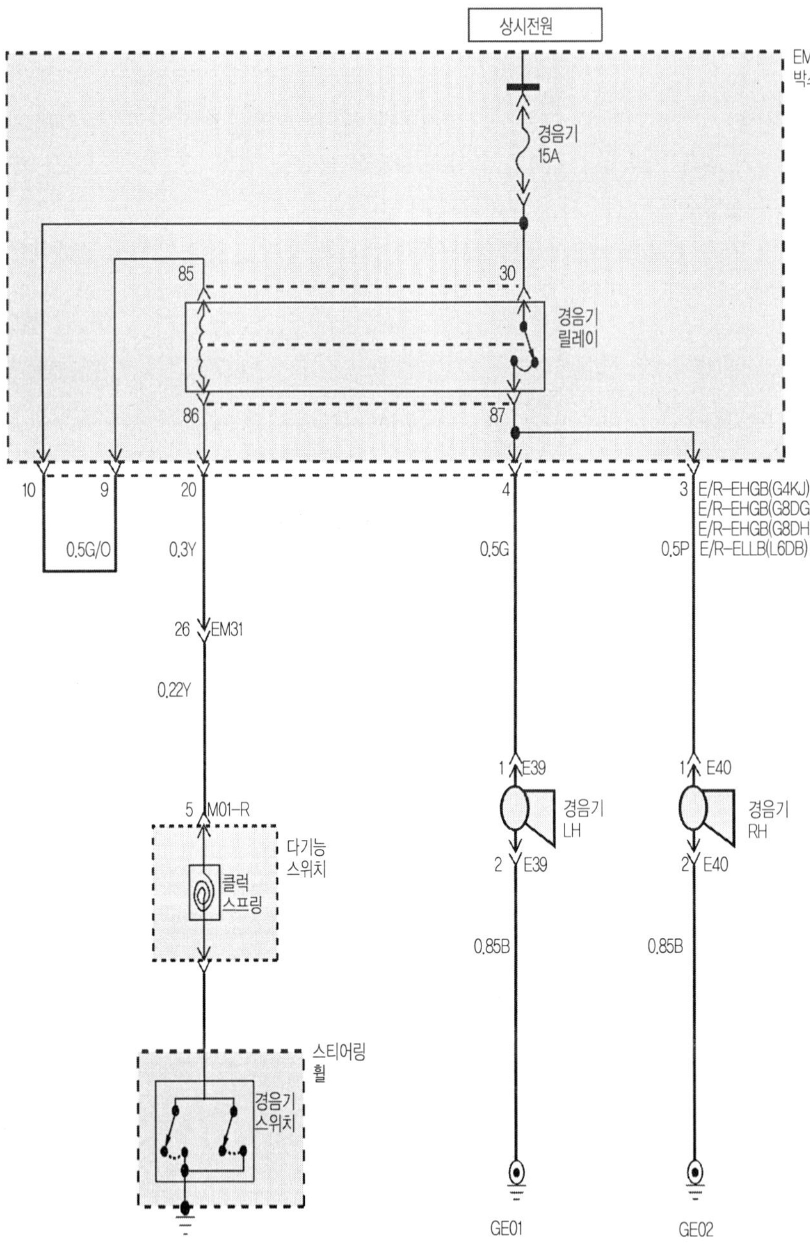

Question 전류 흐름도를 보고 다음 물음에 답하시오

01. 경음기에 소리가 나기위해서 경음기 스위치를 누른 경우에 회로도상의 전류가 흐르는 요소들을 잘 보고 ( )를 채우시오(차량은 쎄타 2 2.4L 엔진, G4KJ).

(1) 경음기스위치를 눌러서 경음기 릴레이를 동작시킨다.

상시전원 → EMS박스 경음기 15A 퓨즈 → E/R-EH의 10번 → E/R-EH의 ( ) 번 → 경음기 릴레이 85 → 경음기 릴레이 86 → E/R-EH의 ( )번 → 다기능스위치 M01-R의 6번 → 다기능 스위치 클럭 스프링 → 스티어링 휠의 경음기스위치 → 스티어링 휠의 접지

(2) 좌·우측 경음기 스피커에서 소리가 난다.

상시전원 → EMS박스 경음기 15A 퓨즈 → 경음기릴레이 30 → 경음기 릴레이 87 ①, ②로 분리

① E/R-EH의 4번 → E39의 ( ) 번 → 경음기 LH → E39의 2번 → GE01 접지

② E/R-EH의( )번 → E40의 1번 → 경음기 RH → E40의 2번 → GE02접지

02. 위의 회로도에서 경음기 스위치와 경음기(LH, RH) 중에서 전기 배선의 굵기가 더 굵은 쪽은 어디 인가 ? 그렇게 한 이유는 무엇이라고 생각되는지 아래에 적으시오.

03. 위 전기회로도에 나타난 전기 배선의 색깔을 아래에서 찾아서 적으시오.

1.4. 경음기제어 실험 실습

01. 실험 준비물을 확인한다.

실습 교재, 다기능스위치, 경음기 스피커 모듈, 배선, 전원공급기

02. 다음 방법에 따라서 실험을 실시한다.

① 전원공급기의 1A의 (+), (-)를 자동차의 배터리로 사용한다.

② 회로도를 보고 경음기 스위치를 사용해서 경음기에서 소리가 나도록 회로를 연결한다.

③ 회로도에 나타나 있는 배선의 색깔과 커넥터의 핀을 잘 확인하여 연결한다.

④ 전원공급기의 (-)를 자동차의 접지(G01, G02, 스티어링 휠 접지)로 사용한다.

⑤ 경음기스위치를 눌러서 경음기스피커에서 경음기 소리가 나는지 살펴본다.

⑥ 경음기가 작동하지 않으면 회로도와 비교하면서 틀린 곳을 찾아 바르게 연결한다.

⑦ 위의 과정을 반복해서 실시하여 숙달이 되도록 한다.

03. 경음기는 정상적으로 구동이 되었는가 ?

예(　　　), 아니오(　　　)

04. 만약 경음기가 잘 구동이 되지 않았다면 그 원인은 무엇이라고 생각되는지 아래에 적으시오.

05. 위의 실험을 통해 느낀 점을 아래에 적으시오.

02 방향등제어

2.1. 교재의 구성

내용소개

자동차 방향등장치의 고장진단 및 정비에 필요한 관련 지식과 그 목적을 달성하기 위한 기본적이 능력인 자동차 방향등 전기 회로도를 해독할 수 있도록 실습을 구성하였다. 여러 가지 해석문제와 실습을 통해 학생 스스로 흥미를 갖고 회로도의 해석에 자신감을 갖을 수 있도록 한다. 학습 후 학생 스스로 자신의 학습능력을 검토할 수 있도록 하였다.

학습 목표

여러 가지 종류의 자동차 방향등장치를 고장진단하고 정비하는데 필요한 여러 차종의 방향등 전기 회로도를 설명할 수 있다.

선수 학습모듈

자동차 전기부품 및 전자장치에 대한 구조 및 작동원리에 대한 기초적인 지식을 타 교과에서 이수하도록 한다.

2.2. 일반 차량의 방향등제어 회로실습

주요어

방향등, 다기능스위치, 계기판, 플래셔 유닛

개요

자동차 방향등의 고장진단 및 정비에 필요한 관련지식과 그 목적을 달성하기 위한 기본적이 능력인 자동차 방향등 전기회로도를 해독할 수 있도록 실습을 구성하였다. 여러 가지 해석문제와 실습을 통해 학생 스스로 흥미를 갖고 회로도의 해석에 자신감을 갖을 수 있도록 한다. 학습 후 학생 스스로 자신의 학습능력을 검토할 수 있도록 하였다.

학습목표

여러 가지 종류의 자동차 방향등장치를 고장진단하고 정비하는데 필요한 여러 차종의 방향등 전기 회로도를 설명할 수 있다.

Question 다음 회로도를 보고 다기능스위치를 사용해서 좌측 방향등을 켰을 때의 전류의 흐름을 회로도에서 ON/START 전원부터 접지까지 회로도 위에 표시하시오.

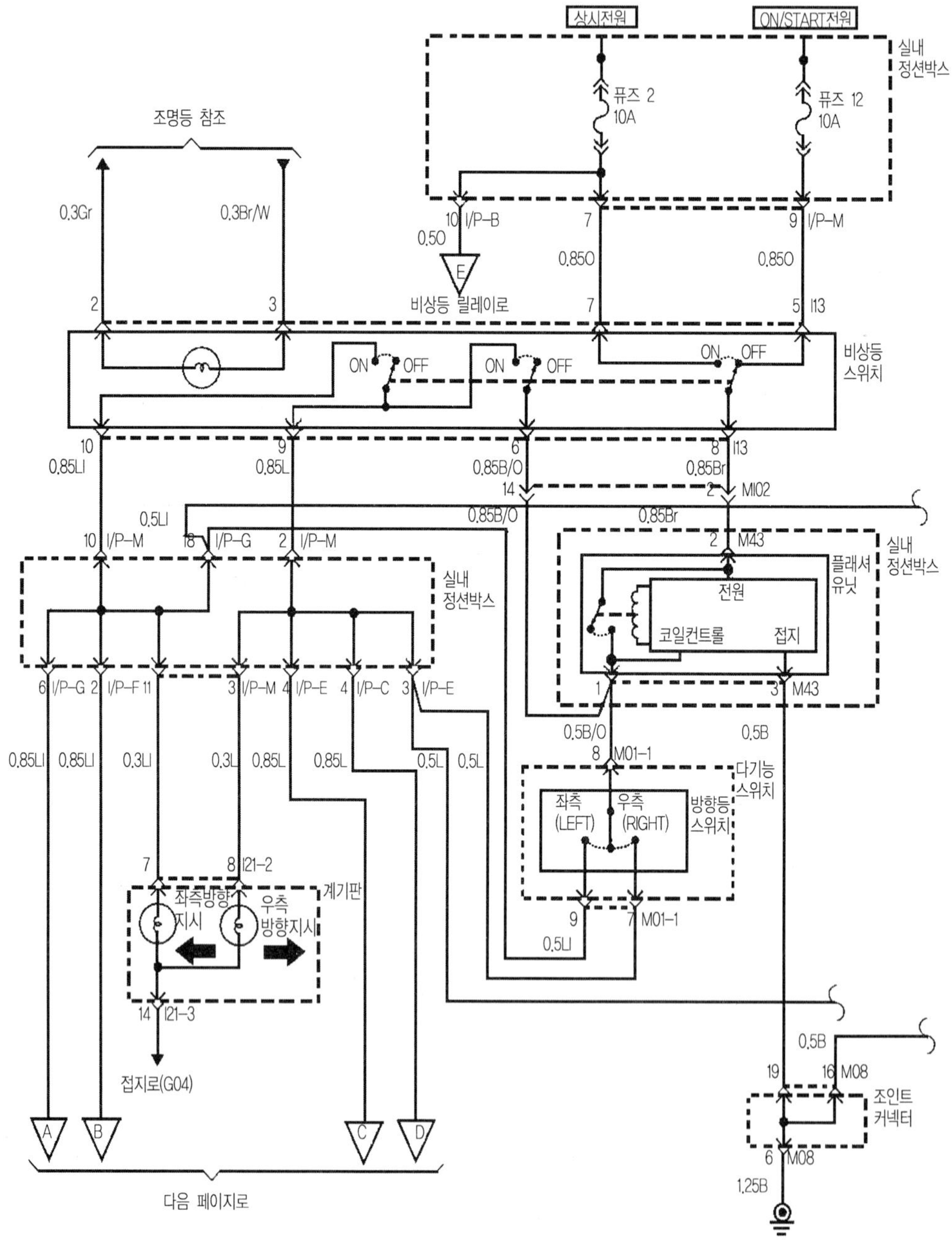

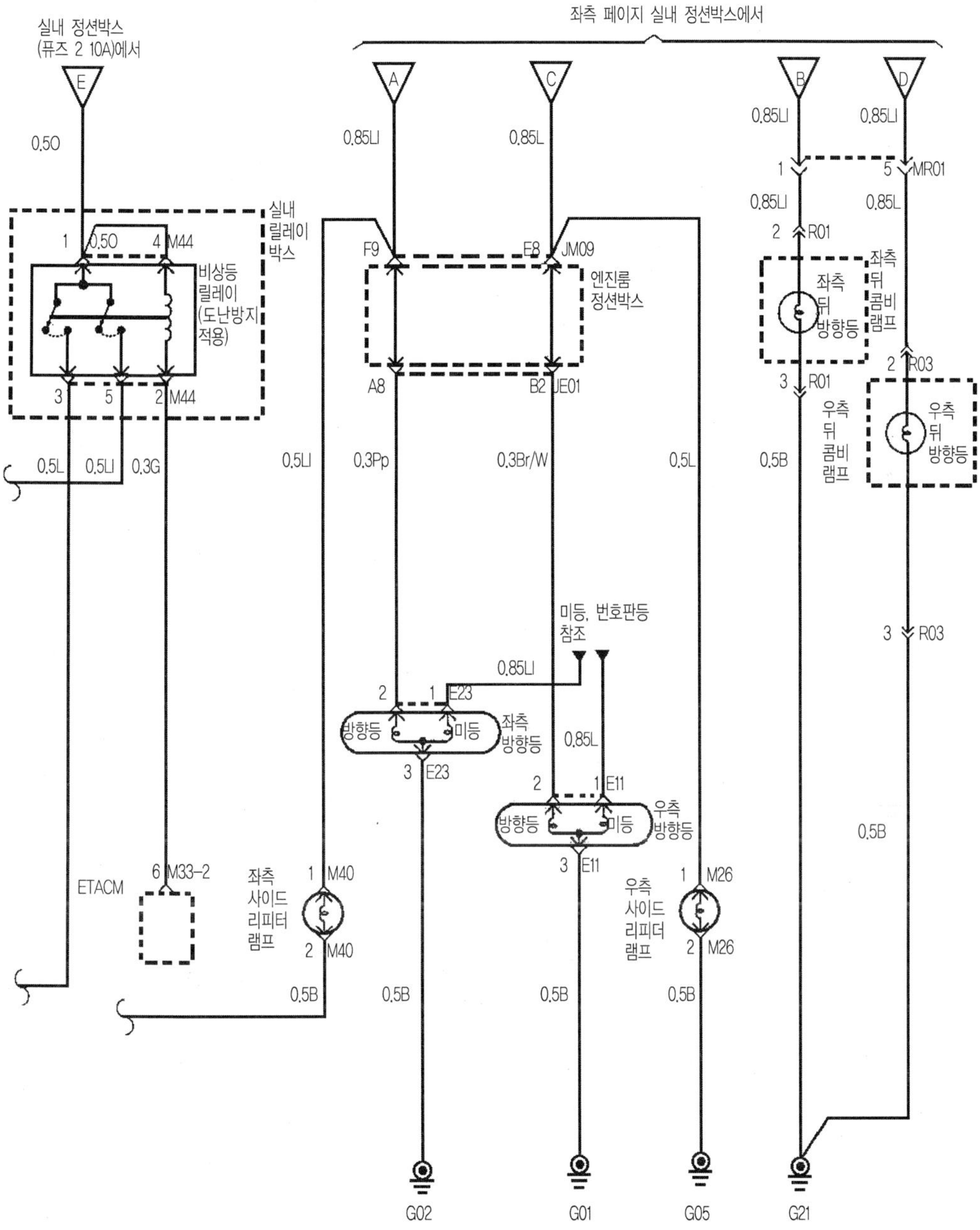
실내 정션박스
(퓨즈 2 10A)에서
좌측 페이지 실내 정션박스에서
E
A
C
B
D
0.5O
0.85LI
0.85L
0.85LI
0.85LI
1
5
MR01
0.85LI
0.85L
2
R01
실내
릴레이
박스
1
0.5O
4
M44
F9
E8
JM09
비상등
릴레이
(도난방지
적용)
엔진룸
정션박스
좌측
뒤
방향등
좌측
뒤
콤비
램프
2
R03
A8
B2
JE01
3
R01
3
5
2
M44
우측
뒤
콤비
램프
우측
뒤
방향등
0.5L
0.5LI
0.3G
0.5LI
0.3Pp
0.3Br/W
0.5L
0.5B
미등, 번호판등
참조
3
R03
0.85LI
2
1
E23
방향등
미등
좌측
방향등
0.85L
3
E23
2
1
E11
방향등
미등
우측
방향등
0.5B
ETACM
6
M33-2
좌측
사이드
리피터
램프
1
M40
2
M40
3
E11
우측
사이드
리피터
램프
1
M26
2
M26
0.5B
0.5B
0.5B
0.5B
G02
G01
G05
G21

Automotive Electronic Circuits

Question 전류 흐름도를 보고 다음 물음에 답하시오.

01. 다기능 스위치를 사용해서 좌측 방향등을 켜는 경우에 회로도상의 전류가 흐르는 요소들을 잘 보고 4개의 ( )를 채우시오.

(1) 다기능스위치의 방향등스위치를 좌측(LEFT)으로 ON함, 계기판의 좌측 방향등 점등

ON/START 전원 → 실내 정션박스의 퓨즈 12 → I/P-M의 9번 핀 → I13의 5번 핀 → 비상등 스위치 → I13의 8번 핀 → M43의 2번 핀 → 플래셔 유닛 → M43의 1번 핀 → M01-1의 8번 핀 → 방향등스위치 좌측(LEFT) → ON → M01-1의 ( )번 핀 → I/P-G의 18번 핀→ 실내 정션박스
- → I/P-G의 6번 핀 → A
- → I/P-F의 2번 핀 → B
- → I/P-M의 11번 핀 → I21-2의 7번 핀

(2) 계기판의 좌측방향등 점등

I21-2의 7번 핀 → 계기판 (좌측방향지시등) → I21-3의 14번 핀 → G04접지

(3) 좌측 방향등 점등

A → JM09의 ( ) 핀 → 엔진룸 정선박스 → JE01의 A8번 핀 → E23의 2번 핀 → 좌측 방향등 → E23의 3번 핀 → G02접지

(4) 좌측 사이드 리피터 램프 점등

A → M40의 1번 핀 → 좌측 사이드 리피터 램프 → M40의 ( )번 핀 → M08의 16번 핀 → 조인트 커넥터 → M08의 6번 핀 → G04접지

(5) 좌측 뒤 콤비 램프 점등

B → R01의 2번 핀 → 좌측 뒤 방향등 → R01의 3번 핀 → ( )접지

(6) 플래셔 유닛 접지

M43의 2번 핀 → 플래셔 유닛 → M43의 3번 핀 → M08의 19번 핀 → 조인트 커넥터 → M08의 6번 핀 → G04접지

02. 위의 전기 회로도에서 좌측 방향등이 깜박거리도록 신호를 제어하는 요소는 무엇인지 아래에 적으시오.

03. 위의 전기회로도에서 다기능 스위치를 사용해서 좌측 방향등을 켜는 경우에 전류가 흐르는 배선의 색깔 6가지를 다음 중에서 모두 찾아서 (　　)안에 적으시오.

검정색, 갈색, 초록색, 회색, 파랑색, 연두색, 하늘색, 오렌지색, 분홍색, 빨강색, 황갈색, 흰색, 노랑색, 자주색, 검정색에 오렌지색 줄무늬

(　　　) (　　　) (　　　) (　　　) (　　　)

Automotive Electronic Circuits

2.3. 통신을 사용한 차량의 방향등제어 회로실습

주요어

IPM, IPS 컨트롤모듈, 전조등 RH, 전조등 LH, 리어 콤비네이션램프 RH, 리어 콤비네이션램프 LH, 운전석 아웃사이드 미러, 동승석 아웃사이드 미러, 다기능 스위치, 계기판, B-CAN

개요

통신을 사용한 자동차 방향등의 고장진단 및 정비에 필요한 관련 지식과 그 목적을 달성하기 위한 기본적이 능력인 통신을 사용한 자동차 방향등 전기 회로도를 해독할 수 있도록 실습을 구성하였다.

여러 가지 해석문제와 실습을 통해 학생 스스로 흥미를 갖고 회로도의 해석에 자신감을 갖을 수 있도록 한다. 학습 후 학생 스스로 자신의 학습능력을 검토할 수 있도록 하였다.

학습목표

여러 가지 종류의 통신을 사용한 자동차 방향등장치를 고장 진단하고 정비하는데 필요한 여러 차종의 방향등 전기 회로도를 설명할 수 있다.

2.3.1. 방향등제어 순서

(1) 운전자가 다기능 스위치의 방향등 스위치를 조작한다.

- 왼쪽 방향-LH
- 오른쪽 방향-RH

(2) IPM의 IPS 컨트롤모듈에서는 운전자의 신호를 감지한다.

- 왼쪽 방향 : I/P-H의 6번 5V → 0V
- 오른쪽 방향 : I/P-H의 18번 5V → 0V

(3) IPM의 IPS 컨트롤모듈은 IPS 6 & TURN장치를 통해 방향등을 작동시킨다.

- 왼쪽 방향등 : I/P-L의 1번 & I/P-K의 12번 0V → 12V
- 오른쪽 방향등 : I/P-L의 10번 & I/P-K의 24번 0V → 12V

(4) 리어 콤비네이션램프 방향등은 IPS가 직접 작동시킨다.

- 왼쪽 방향등 : I/P-H의 24번 0V → 12V
- 오른쪽 방향등 : I/P-G의 17번 0V → 12V

(5) 계기판 방향등은 IPM에서 계기판으로 통신을 통해 신호를 전달하고 계기판이 계기판의 방향등을 작동시킨다.

- HIGH : IPS 컨트롤모듈 I/P-H의 16번 & 계기판 M08의 39번
- LOW : IPS 컨트롤모듈 I/P-H의 15번 & 계기판 M08의 40번

(6) 좌우 방향등의 점멸신호는 TURN장치에서 자동으로 제어한다.

Question 다음 회로도를 보고 다기능스위치를 사용해서 좌측 방향등을 켰을 때의 전류의 흐름을 상시 전원부터 접지까지 회로도 위에 표시하시오

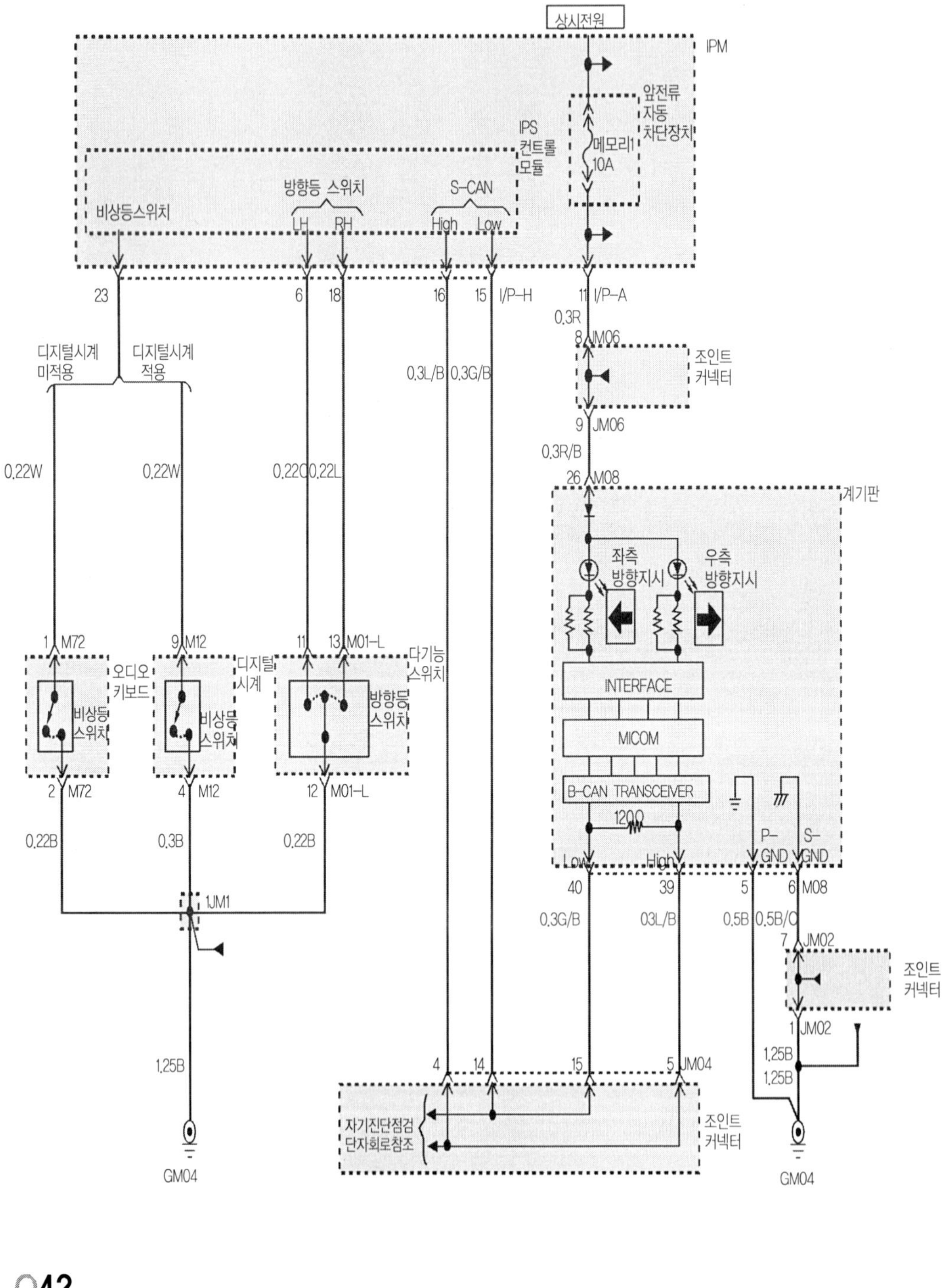

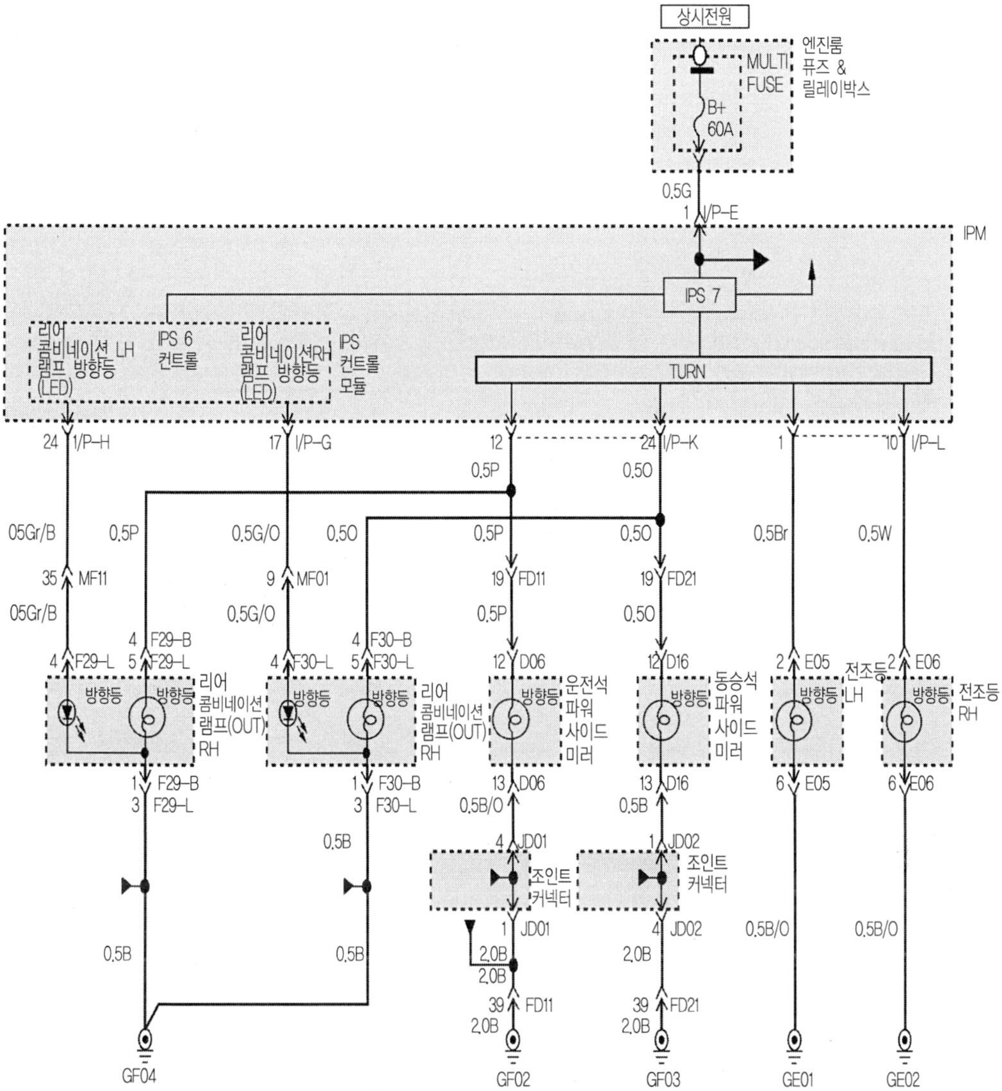
상시전원
엔진룸 퓨즈 & 릴레이박스
MULTI FUSE
B+ 60A
0.5G
1 I/P-E
IPM
IPS 7
TURN
리어 콤비네이션 LH 램프 방향등 (LED)
IPS 6 컨트롤
리어 콤비네이션RH 램프 방향등 (LED)
IPS 컨트롤 모듈
운전석 파워 사이드 미러
동승석 파워 사이드 미러
전조등 LH
전조등 RH
리어 콤비네이션 램프(OUT) RH
리어 콤비네이션 램프(OUT) RH
방향등
조인트 커넥터
GF04
GF02
GF03
GE01
GE02

Question 전류 흐름도를 보고 다음 물음에 답하시오

01. 다기능 스위치를 사용해서 좌측 방향등을 켜는 경우에 회로도상의 전류가 흐르는 요소들을 잘 보고 (　)를 채우시오.

(1) 다기능 스위치의 방향등스위치를 좌측(LEFT)으로 ON함, IPM으로 스위치신호 입력

IPM의 IPS 컨트롤모듈 방향등 스위치 LH → I/P-H의 6번 핀 → 다기능스위치 M01-L의 (　)번 → 다기능스위치의 방향등 스위치 LH → 다기능스위치 M01-L의 12번 → GM04접지

(2) 좌측 방향등 점등

상시전원 → 엔진룸 퓨즈 & 릴레이박스의 MULTI FUSE 60A → I/P-E의 1번 → IPM의 IPS 6 →TURN

①, ②로 분리

---

① I/P-L의 1번 → E05의 2번 → 전조등 LH의 방향등 → E05의 6번 → G01

② I/P-K의 12번 → ③④로 분리

---

③ D06의 12번→ 운전석 파워 아웃사이드 미러의 방향등 → D06의 13번 → JD01의 4번 → 조인트 커넥터 → JD01의 1번 → (　)

④ F29-B(Bulb)의 4번, F29-L(LED)의 5번→ 리어콤비네이션램프 LH의 방향등 → F29-B(Bulb)의 1번, F29-L(LED)의 3번→ GF04

IPS의 컨트롤모듈의 리어 콤비네이션 LH 램프 방향등(LED) → I/P-H의 24번→ F29-L(LED)의 4번→ 리어 콤비네이션램프 LH의 방향등 → F29-B(Bulb)의 1번, F29-L(LED)의 3번→ GF04

(3) 계기판 점등

IPS 컨트롤모듈의 BSCAN의 LOW → I/P-H의 (   )번 → JM04의 14번 → 조인트 커넥터 → JM04의 15번 →M08의 40번

IPS 컨트롤모듈의 BSCAN의 HIGH → I/P-H의 16번 →JM04의 4번 → 조인트 커넥터 → JM04의 5번 → M08의 39번

상시 전원 → IPM의 암전류 자동 차단장치의 메모리1 10A 퓨즈 → I/P-A의 11번 → JM06의 8번 → 조인트 커넥터 → JM06의 9번 → M08의 26번 → 계기판의 좌측 방향지시등 → INTERFACE/MICOM/B-SCAN TRANSCEIVER

〈계기판 접지〉

계기판의 P-GND → M08의 5번 → GM04

계기판의 S-GND → M08의 6번 → GM04

02. 방향등을 점멸시키는 요소는 무엇인가 ? 어떻게 점멸될지 아는 대로 설명하시오.

03. 위의 전기회로도에서 다기능 스위치를 사용해서 좌측 방향등을 켜는 경우에 전류가 흐르는 배선의 색깔을 모두 적으시오.

04. 계기판의 INTERFACE/MICOM/B-SCAN TRANSCEIVER는 어떤 기능을 하는 것일까요 아는 대로 적으시오.

2.4. 방향등제어 실험 실습

01. 실험 준비물을 확인한다.

실습 교재, 다기능스위치, 방향등 및 비상등 모듈, 배선, 전원공급기

02. 다음 방법에 따라서 실험을 실시한다.

① 전원공급기의 1A의 (+), (-)를 자동차의 배터리로 사용한다.

② 회로도를 보고 방향등 스위치를 사용해서 좌측, 우측 방향등이 점등할 수 있도록 회로를 연결한다.

③ 회로도에 나타나 있는 배선의 색깔과 커넥터의 핀을 잘 확인하여 연결한다.

④ 실내 정션박스, 엔진룸 정션박스 등은 없으므로 직접 배선으로 연결한다.

⑤ 전원공급기의 (-)를 자동차의 접지(G01, G02, G04, G05, G21)로 사용한다.

⑥ 방향등을 좌측 또는 우측으로 ON시켜서 좌우측 방향등이 깜박거리면서 점등이 되는지 살펴본다.

⑦ 방향등 작동하지 않으면 회로도와 비교하면서 틀린 곳을 찾아 바르게 연결한다.

⑧ 위의 과정을 반복해서 실시하여 숙달이 되도록 한다.

03. 방향등은 정상적으로 점등이 되었는가 ?

예(　　), 아니오(　　)

04. 만약 방향등이 정상적으로 점등이 되지 않았다면 그 원인은 무엇이라고 생각되는지 아래에 적으시오.

05. 위의 실험을 통해 느낀 점을 아래에 적으시오.

CHAPTER 02

03 비상등제어

3.1. 교재의 구성

내용소개

자동차 비상등장치의 고장진단 및 정비에 필요한 관련 지식과 그 목적을 달성하기 위한 기본적이 능력인 자동차 비상등 전기 회로도를 해독할 수 있도록 실습을 구성하였다. 여러 가지 해석문제와 실습을 통해 학생 스스로 흥미를 갖고 회로도의 해석에 자신감을 갖을 수 있도록 한다. 학습 후 학생 스스로 자신의 학습능력을 검토할 수 있도록 하였다.

학습목표

여러 가지 종류의 자동차 비상등장치를 고장진단하고 정비하는데 필요한 여러 차종의 비상등 전기 회로도를 설명할 수 있다.

선수 학습모듈

자동차 전기부품 및 전자장치에 대한 구조 및 작동원리에 대한 기초적인 지식을 타 교과에서 이수하도록 한다.

3.2. 일반 차량의 비상등제어 회로실습

주요어

비상등, 다기능 스위치, 플래셔 유닛, 비상등 릴레이

개요

자동차 비상등의 고장진단 및 정비에 필요한 관련지식과 그 목적을 달성하기 위한 기본적이 능력인 자동차 비상등 전기회로도를 해독할 수 있도록 실습을 구성하였다. 여러 가지 해석문제와 실습을 통해 학생 스스로 흥미를 갖고 회로도의 해석에 자신감을 갖을 수 있도록 한다. 학습 후 학생 스스로 자신의 학습능력을 검토할 수 있도록 하였다.

학습목표

여러 가지 종류의 자동차 비상등장치를 고장진단하고 정비하는데 필요한 여러 차종의 비상등 전기 회로도를 설명할 수 있다.

Question 다음 회로도를 보고 비상등스위치를 사용해서 좌우측 방향등을 ON시킬 때의 전류의 흐름을 상시전원부터 접지까지 회로도 위에 표시하시오.

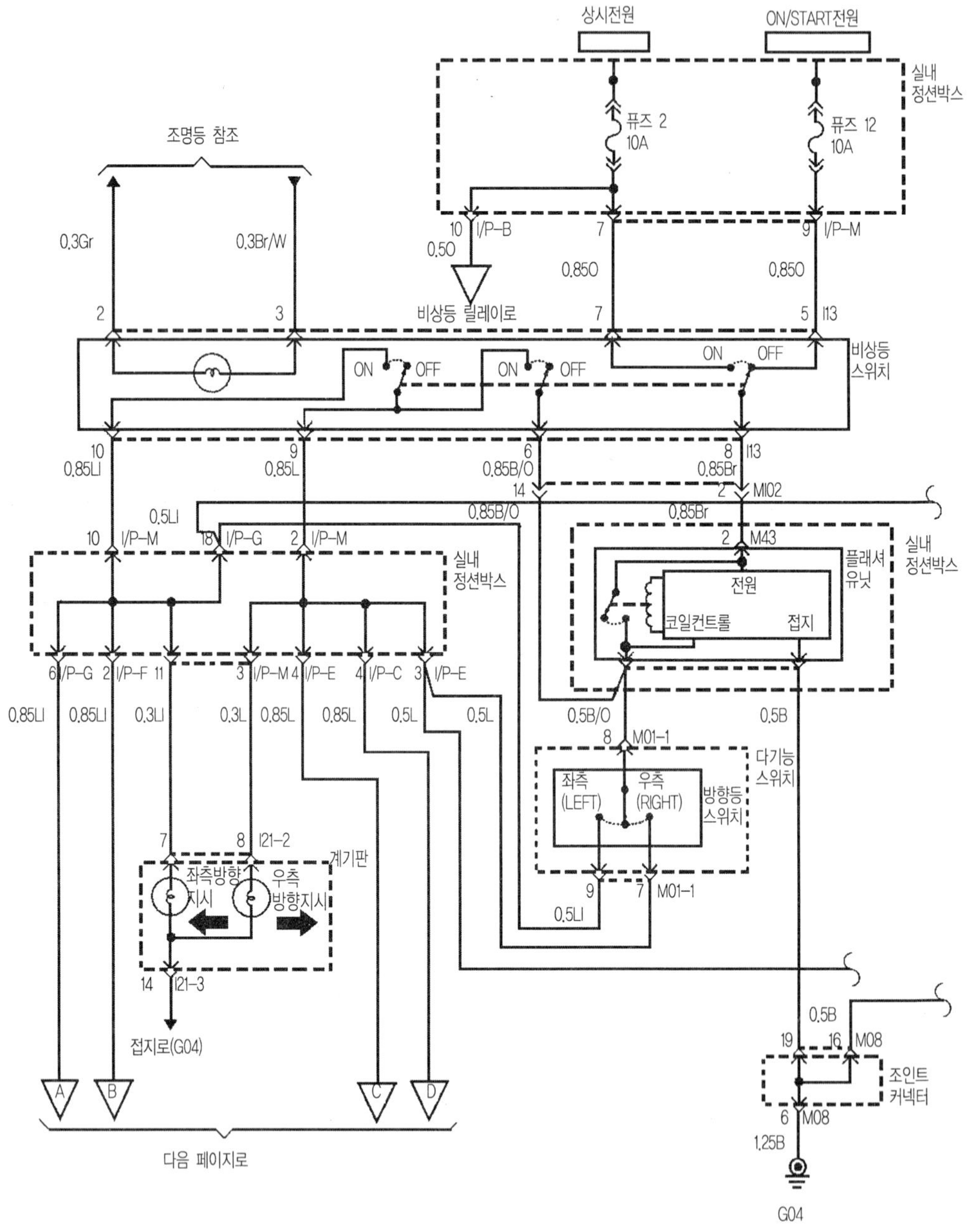

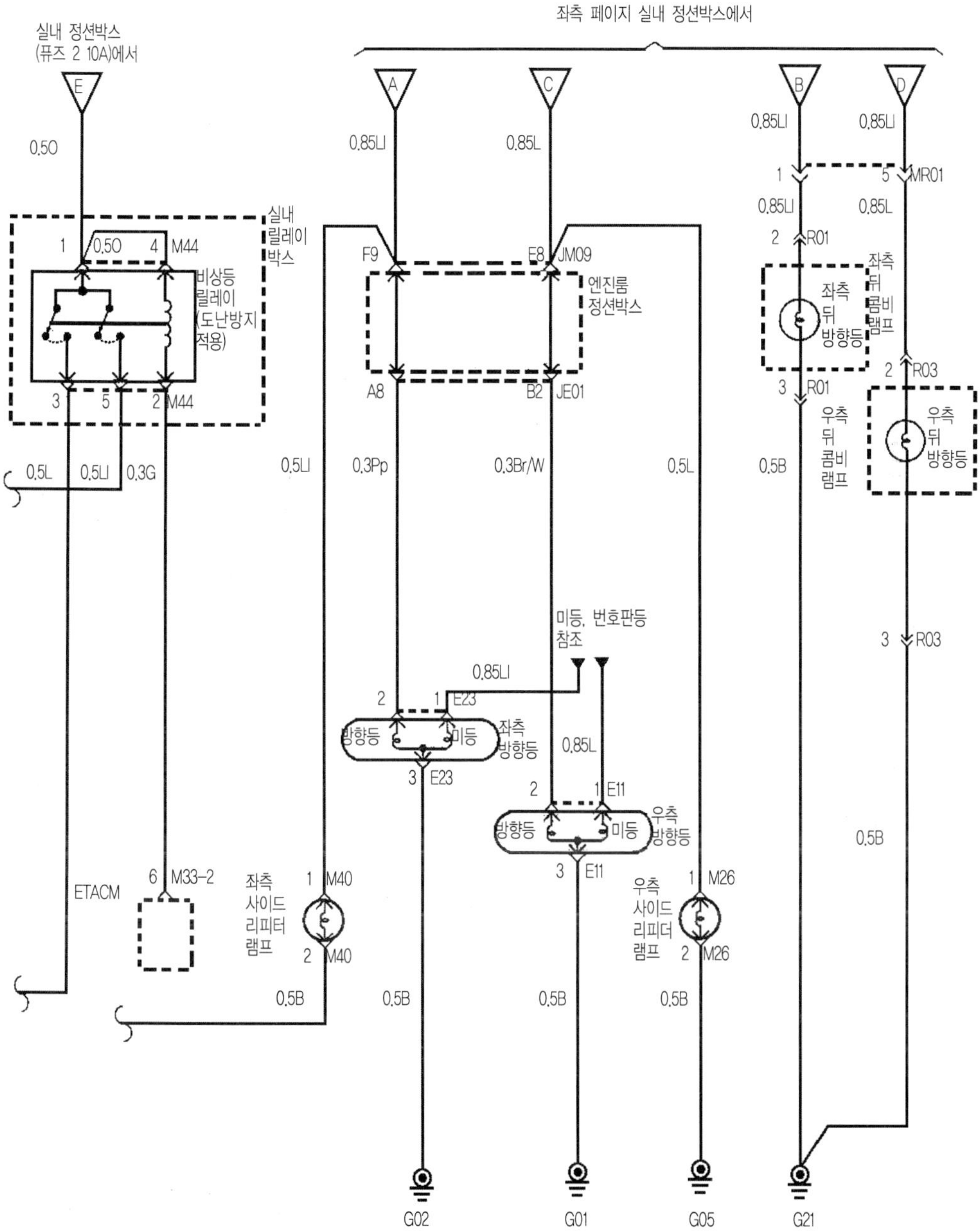

좌측 페이지 실내 정션박스에서
실내 정션박스 (퓨즈 2 10A)에서
E
A
C
B
D
0.5O
0.85Ll
0.85L
MR01
R01
좌측 뒤 방향등
좌측 뒤 콤비 램프
R03
우측 뒤 방향등
우측 뒤 콤비 램프
실내 릴레이 박스
M44
비상등 릴레이 (도난방지 적용)
F9
E8
JM09
엔진룸 정션박스
A8
B2
JE01
0.5L
0.5Ll
0.3G
0.3Pp
0.3Br/W
0.5B
미등, 번호판등 참조
E23
방향등
미등
좌측 방향등
E11
우측 방향등
ETACM
M33-2
좌측 사이드 리피터 램프
M40
우측 사이드 리피터 램프
M26
G02
G01
G05
G21

Automotive Electronic Circuits

Question 전류 흐름도를 보고 다음 물음에 답하시오.

01. 비상등 스위치를 사용해서 좌우측 방향등이 깜박이도록 하는 경우에 회로도상의 전류가 흐르는 요소들을 잘 보고 6개의 (   )를 채우시오.

(1) 비상등스위치를 ON시킨다.

상시전원 → 실내 정션박스의 퓨즈 2번 → I/P-M의 7번 핀 → I13의 7번 핀 → 비상등스위치 → ON → I13의 8번 핀 → M43의 2번 핀 → 플래셔 유닛 → M43의 1번 핀 → I13의 6번 핀 → 비상등스위치 → ON

→ I13의 10번 핀 → I/P-M의 10번 핀

→ I13의 9번 핀 → I/P-M의 2번 핀

(2) 좌측 방향등

I/P-M의 10번 핀 → 실내 정션박스

→ I/P-G의 6번 핀 → A

→ I/P-F의 2번 핀 → B

→ I/P-M의 11번 핀 → I21-2의 7번 핀

① 계기판의 좌측 방향등 점등 : I21-2의 7번 핀 → 계기판(좌측 방향지시등) → I21-3의 14번 핀 → G04접지

② 좌측 방향등 점등 : A → JM09의 (   )번 핀 → 엔진룸 정션박스 → JE01의 A8번 핀 → E23의 2번 핀 → 좌측 방향등 → E23의 3번 핀 → G02접지

③ 좌측 사이드 리피터 램프 점등 : A → M40의 1번 핀 → 좌측 사이드 리피터 램프 → M40의 (   )번 핀 → M08의 16번 핀 → 조인트 커넥터 → M08의 6번 핀 → G04접지

④ 좌측 뒤 콤비 램프 점등 : B → R01의 2번 핀 → 좌측 뒤 방향등 → R01의 3번 핀 → ( )접지

(3) 우측 방향등

I/P-M의 2번 핀 → 실내 정션박스
- → I/P-E의 4번 핀 → C
- → I/P-C의 4번 핀 → D
- → I/P-M의 ( )번 핀 → I21-2의 8번 핀

① 계기판의 우측 방향등 점등 : I21-2의 8번 핀 → 계기판(우측 방향지시등) → I21-3의 14번 핀 → G04접지

② 우측 방향등 점등 : C → JM09의 E8 핀 → 엔진룸 정션박스 → JE01의 B2번 핀 → ( )의 2번 핀 → 우측 방향등 → E11의 3번 핀 → G01접지

③ 우측 사이드 리피터 램프 점등 : C → M26의 1번 핀 → 우측 사이드 리피터 램프 → M26의 ( )번 핀 → G05접지

④ 우측 뒤 콤비 램프 점등 : D → R03의 2번 핀 → 우측 뒤 방향등 → R03의 3번 핀 → G21접지

(4) 플래셔 유닛 접지

M43의 2번 핀 → 플래셔 유닛 → M43의 3번 핀 → M08의 19번 핀 → 조인트 커넥터 → M08의 6번 핀 → G04접지

02. 위의 전기회로도에서 비상등 스위치를 사용하여 좌우측 방향등을 켜는 경우에 전류가 흐르는 배선의 색깔이 아닌 것을 다음에서 2가지를 찾아 ( )안에 적으시오.

오렌지색, 검정색에 오렌지색 줄무늬, 자주색, 갈색에 흰색 줄무늬, 파랑색, 흰색, 갈색, 하늘색, 초록색, 검정색

( ) ( ) ( )

Automotive Electronic Circuits

3.3. 통신을 사용한 차량의 비상등제어 회로실습

주요어

IPM, IPS 컨트롤모듈, 전조등 RH, 전조등 LH, 리어 콤비네이션램프 RH, 리어 콤비네이션램프 LH, 운전석 아웃사이드 미러, 동승석 아웃사이드 미러, 다기능 스위치, 계기판, B-CAN

개요

통신을 사용한 자동차 비상등의 고장진단 및 정비에 필요한 관련 지식과 그 목적을 달성하기 위한 기본적이 능력인 통신을 사용한 자동차 비상등 전기 회로도를 해독할 수 있도록 실습을 구성하였다.

여러 가지 해석문제와 실습을 통해 학생 스스로 흥미를 갖고 회로도의 해석에 자신감을 갖을 수 있도록 한다. 학습 후 학생 스스로 자신의 학습능력을 검토할 수 있도록 하였다.

학습목표

여러 가지 종류의 통신을 사용한 자동차 비상등장치를 고장 진단하고 정비하는데 필요한 여러 차종의 비상등 전기 회로도를 설명할 수 있다.

3.3.1. 비상등제어 순서

(1) 운전자가 비상등 스위치를 조작한다.

- 왼쪽 방향-LH
- 오른쪽 방향-RH

(2) IPM의 IPS 컨트롤모듈에서는 운전자의 비상등 신호를 감지한다.

- I/P-H의 23번 5V → 0V

(3) IPM의 IPS 컨트롤모듈은 IPS 6 & TURN장치를 통해 좌우방향등을 모두 작동시킨다.

- 왼쪽 방향등 : I/P-L의 1번 & I/P-K의 12번 0V → 12V
- 오른쪽 방향등 : I/P-L의 10번 & I/P-K의 24번 0V → 12V

(4) 리어 콤비네이션램프 좌우 방향등은 IPS가 모두 작동시킨다.

- 왼쪽 방향등 : I/P-H의 24번 0V → 12V
- 오른쪽 방향등 : I/P-G의 17번 0V → 12V

(5) 계기판 방향등은 IPM에서 계기판으로 통신을 통해 신호를 전달하고 계기판이 계기판의 좌우 방향등을 모두 작동시킨다.

- HIGH : IPS 컨트롤모듈 I/P-H의 16번 & 계기판 M08의 39번
- LOW : IPS 컨트롤모듈 I/P-H의 15번 & 계기판 M08의 40번

(6) 좌우 방향등의 점멸신호는 TURN장치에서 자동으로 제어한다.

Question 다음 회로도를 보고 비상등 스위치를 사용해서 좌우측 방향등을 ON시킬 때의 전류의 흐름을 상시전원부터 접지까지 회로도 위에 표시하시오

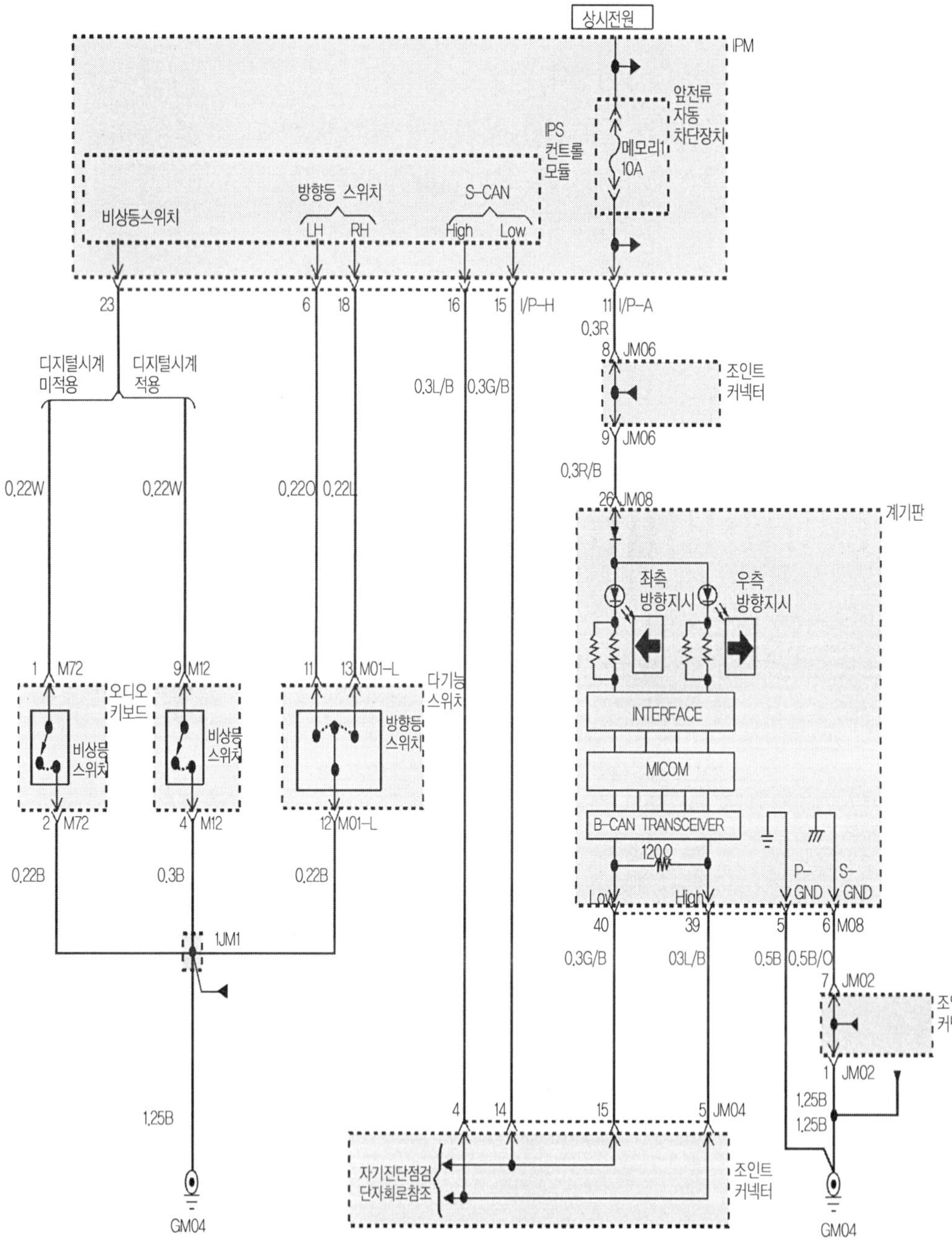

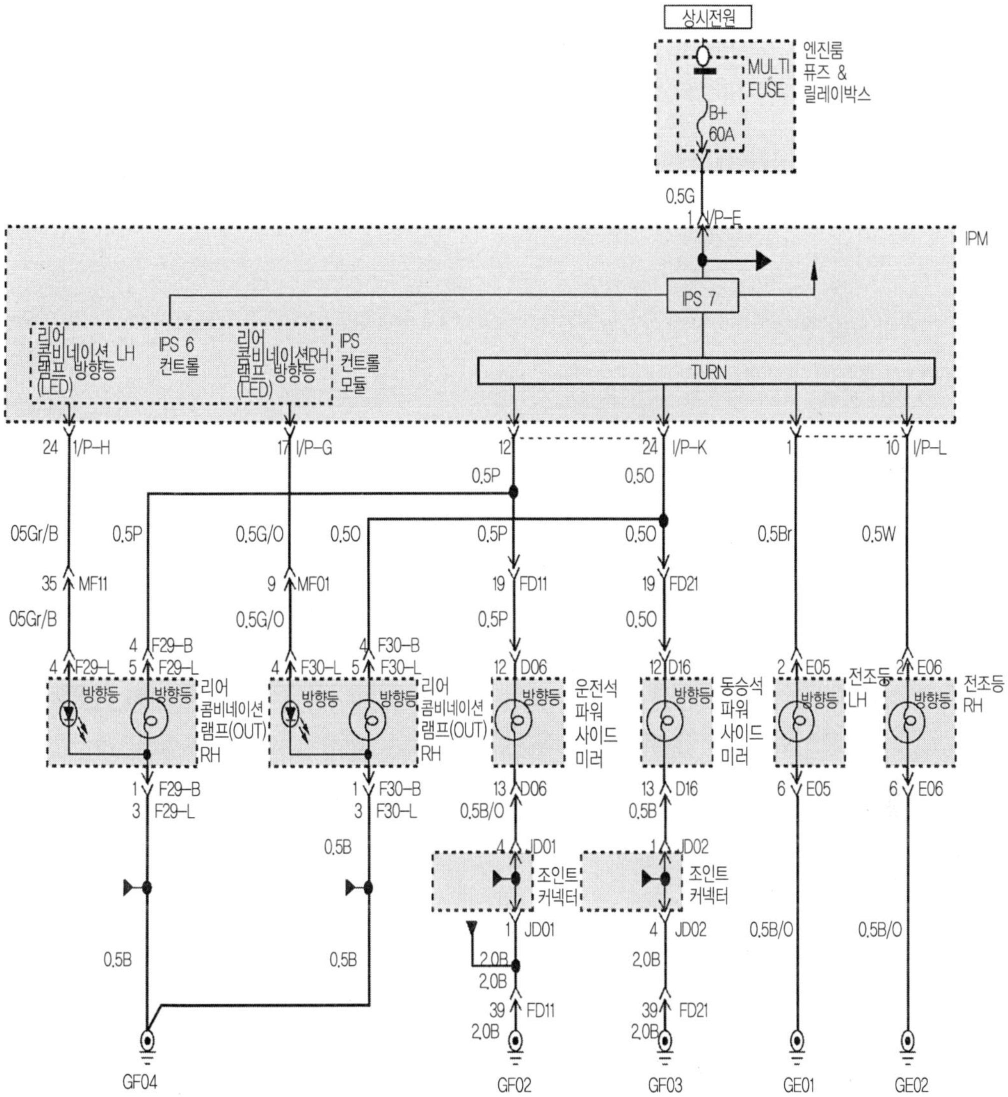
상시전원
MULTI FUSE
B+ 60A
엔진룸 퓨즈 & 릴레이박스
0.5G
1 I/P-E
IPM
IPS 7
리어 콤비네이션 램프 (LED) LH 방향등
IPS 6 컨트롤
리어 콤비네이션 램프 (LED) RH 방향등
IPS 컨트롤 모듈
TURN
24 1/P-H
17 I/P-G
12
24 I/P-K
1
10 I/P-L
0.5P
0.5O
05Gr/B
0.5P
0.5G/O
0.5O
0.5P
0.5O
0.5Br
0.5W
35 MF11
9 MF01
19 FD11
19 FD21
05Gr/B
0.5G/O
0.5P
0.5O
4 F29-B
4 F30-B
4 F29-L
5 F29-L
4 F30-L
5 F30-L
12 D06
12 D16
2 E05
2 E06
방향등
방향등
리어 콤비네이션 램프(OUT) RH
방향등
방향등
리어 콤비네이션 램프(OUT) RH
방향등
운전석 파워 사이드 미러
방향등
동승석 파워 사이드 미러
전조등 LH
방향등
방향등
전조등 RH
1 F29-B
3 F29-L
1 F30-B
3 F30-L
13 D06
0.5B/O
13 D16
0.5B
6 E05
6 E06
0.5B
4 JD01
1 JD02
조인트 커넥터
조인트 커넥터
1 JD01
4 JD02
0.5B
0.5B
2.0B
2.0B
2.0B
0.5B/O
0.5B/O
39 FD11
39 FD21
2.0B
2.0B
GF04
GF02
GF03
GE01
GE02

Automotive Electronic Circuits

Question 전류 흐름도를 보고 다음 물음에 답하시오

01. 디지털시계 적용된 차량의 비상등스위치를 사용해서 비상등이 깜박이도록 하는 경우에 회로 도상의 전류가 흐르는 요소들을 잘 보고 빈 괄호( )를 채우시오.

(1) 디지털시계의 비상등스위치를 ON 함, IPM으로 스위치신호 입력

IPM의 IPS 컨트롤모듈 비상등스위치 → I/P-H의 23번 핀 → 디지털시계 M12의 ( )번→ 다기능스위치의 비상등스위치 → 디지털시계 M12의 4번 → GM04접지

(2) 비상등 점등

상시전원 → 엔진룸 퓨즈 & 릴레이박스의 MULTI FUSE 60A → I/P-E의 1번 → IPM의 IPS 6 → TURN

①, ②, ③, ④로 분리

---

① I/P-L의 1번 → E05의 2번 → 전조등 LH의 방향등 → E05의 ( )번 → G01

② I/P-K의 12번 → ⑤, ⑥로 분리

---

⑤ D06의 12번→ 운전석 파워 아웃사이드 미러의 방향등 → D06의 13번 → JD01의 4번 → 조인트 커넥터 → JD01의 1번 → GF02

⑥ F29-B(Bulb)의 4번, F29-L(LED)의 5번 → 리어 콤비네이션램프 LH의 방향등 → F29-B(Bulb)의 1번, F29-L(LED)의 3번→ GF04

③ I/P-L의 10번 → E06의 ( )번 → 전조등 RH의 방향등 → E06의 6번 → G02

④ I/P-K의 24번 → ⑦, ⑧로 분리

---

⑦ D16의 12번→ 동승석 파워 아웃사이드 미러의 방향등 → D16의 13번 → JD02의 1번 → 조인트 커넥터 → JD02의 4번 → GF03

⑥ F30-B(Bulb)의 4번, F30-L(LED)의 5번 → 리어 콤비네이션램프 RH의 방향등 → F30-B(Bulb)의 1번, F30-L (LED)의 3번→ GF04

IPS의 컨트롤모듈의 리어 콤비네이션 LH 램프 방향등(LED) → I/P-H의 24번→ F29-L(LED)의 4번→ 리어 콤비네이션램프 LH의 방향등 → F29-B(Bulb)의 1번, F29-L(LED)의 3번→ ( )

IPS의 컨트롤모듈의 리어 콤비네이션 RH 램프 방향등(LED) → I/P-G의 17번→ F30-L(LED)의 4번→ 리어 콤비네이션램프 RH의 방향등 → F30-B(Bulb)의 1번, F30-L(LED)의 3번→ GF04

(3) 계기판 점등

IPS 컨트롤모듈의 B-SCAN의 LOW → I/P-H의 15번 → JM04의 14번 → 조인트 커넥터 → JM04의 15번 →M08의 40번

IPS 컨트롤모듈의 B-SCAN의 HIGH → I/P-H의 16번 → JM04의 4번 → 조인트 커넥터 → JM04의 5번 → M08의 39번

상시 전원 → IPM의 암전류 자동 차단장치의 메모리1 10A 퓨즈 → I/P-A의 11번 → JM06의 8번 → 조인트 커넥터 → JM06의 9번 → M08의 26번 → 계기판의 좌측 방향지시등 → INTERFACE/MICOM/B-SCAN TRANSCEIVER

계기판의 우측 방향지시등 → INTERFACE/MICOM/B-SCAN TRANSCEIVER

〈계기판 접지〉

계기판의 P-GND → M08의 5번 → GM04

계기판의 S-GND → M08의 6번 → GM04

04. 위의 전기회로도에서 비상등 스위치를 사용하여 좌우측 방향등을 켜는 경우에 전류가 흐르는 배선의 색깔을 찾아 아래에 적으시오.

3.4. 비상등제어 실험 실습

01. 실험 준비물을 확인한다.

실습 교재, 비상등 스위치 모듈, 방향등 모듈, 배선, 전원공급기

02. 다음 방법에 따라서 실험을 실시한다.

① 전원공급기의 1A의 (+), (-)를 자동차의 배터리로 사용한다.

② 회로도를 보고 비상등 스위치를 사용해서 모든 방향등이 점등할 수 있도록 회로를 연결한다.

③ 회로도에 나타나 있는 배선의 색깔과 커넥터의 핀을 잘 확인하여 연결한다.

④ 실내 정션박스, 엔진룸 정션박스 등은 없으므로 직접 배선으로 연결한다.

⑤ 전원공급기의 (-)를 자동차의 접지(G01, G02, G04, G05, G21)로 사용한다.

⑥ 비상등 스위치를 누르면서 좌측 우측 방향등이 점등되는지 살펴본다.

⑦ 비상등이 작동하지 않으면 회로도와 비교하면서 틀린 곳을 찾아 바르게 연결한다.

⑧ 위의 과정을 반복해서 실시하여 숙달이 되도록 한다.

03. 비상등은 정상적으로 구동이 되었는가 ?

예(　　　), 아니오(　　　)

04. 만약 비상등이 정상적으로 점등이 되지 않았다면 그 원인은 무엇이라고 생각되는지 아래에 적으시오.

05. 위의 실험을 통해 느낀 점을 아래에 적으시오.

4 미등제어

4.1. 교재의 구성

내용소개

자동차 미등의 고장진단 및 정비에 필요한 관련 지식과 그 목적을 달성하기 위한 기본적이 능력인 자동차 미등 전기 회로도를 해독할 수 있도록 실습을 구성하였다. 여러 가지 해석문제와 실습을 통해 학생 스스로 흥미를 갖고 회로도의 해석에 자신감을 갖을 수 있도록 한다. 학습 후 학생 스스로 자신의 학습능력을 검토할 수 있도록 하였다.

학습목표

여러 가지 종류의 자동차 미등장치를 고장 진단하고 정비하는데 필요한 여러 차종의 미등과 안개등 전기 회로도를 설명할 수 있다.

선수 학습모듈

자동차 전기부품 및 전자장치에 대한 구조 및 작동원리에 대한 기초적인 지식을 타 교과에서 이수하도록 한다.

4.2. 일반 차량의 미등제어 회로실습

주요어

미등, 다기능 스위치, 전조등, 미등 릴레이

개요

자동차 미등의 고장진단 및 정비에 필요한 관련 지식과 그 목적을 달성하기 위한 기본적이 능력인 자동차 미등 전기 회로도를 해독할 수 있도록 실습을 구성하였다. 여러 가지 해석문제와 실습을 통해 학생 스스로 흥미를 갖고 회로도의 해석에 자신감을 갖을 수 있도록 한다. 학습 후 학생 스스로 자신의 학습능력을 검토할 수 있도록 하였다.

학습목표

여러 가지 종류의 자동차 미등장치를 고장진단하고 정비하는데 필요한 여러 차종의 미등 전기 회로도를 설명할 수 있다.

Question 다음 회로도를 보고 라이트스위치를 사용해서 미등을 점등시킬 때의 전류의 흐름을 상시전원부터 접지까지 회로도 위에 표시하시오(LED 미적용회로의 경우).

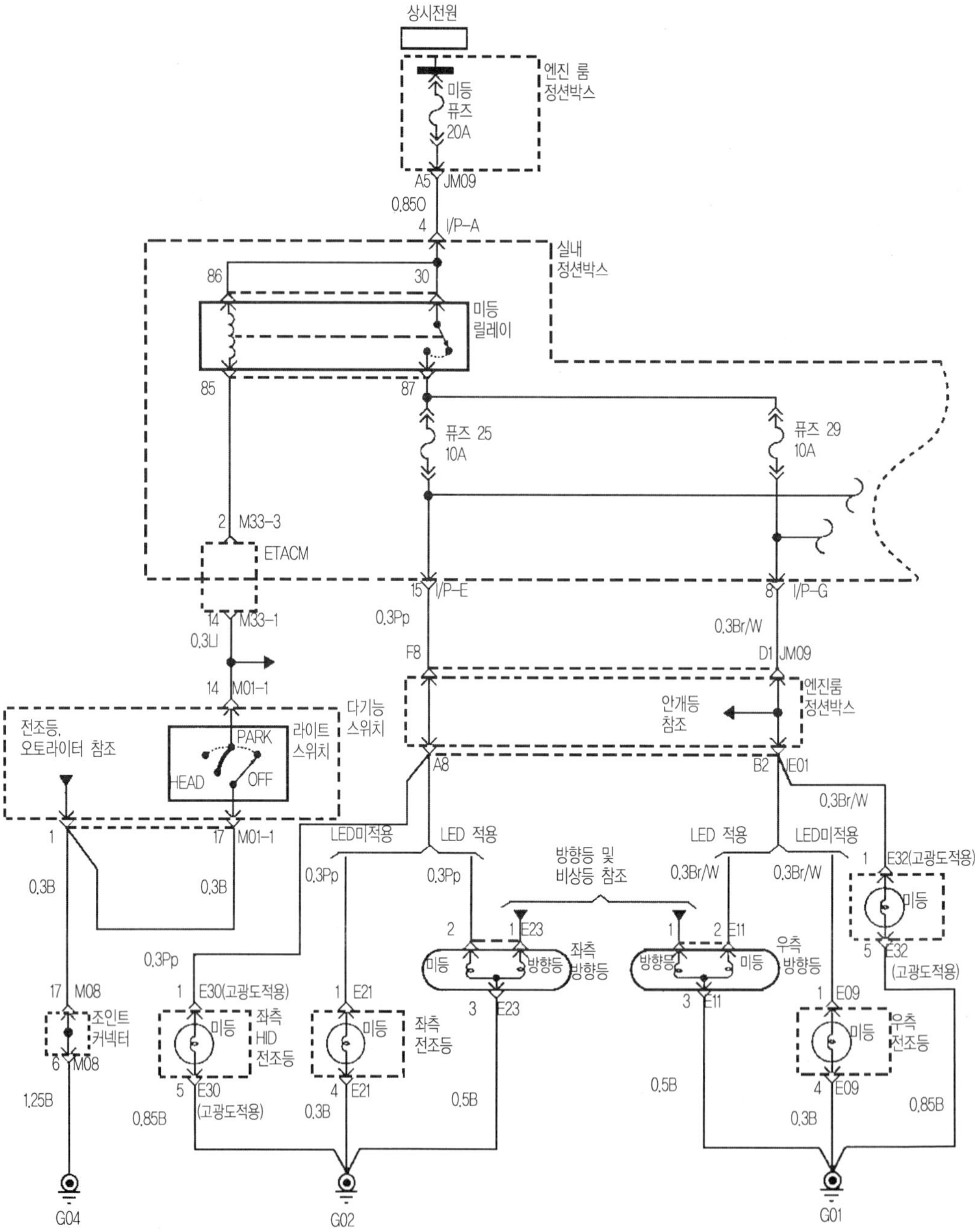

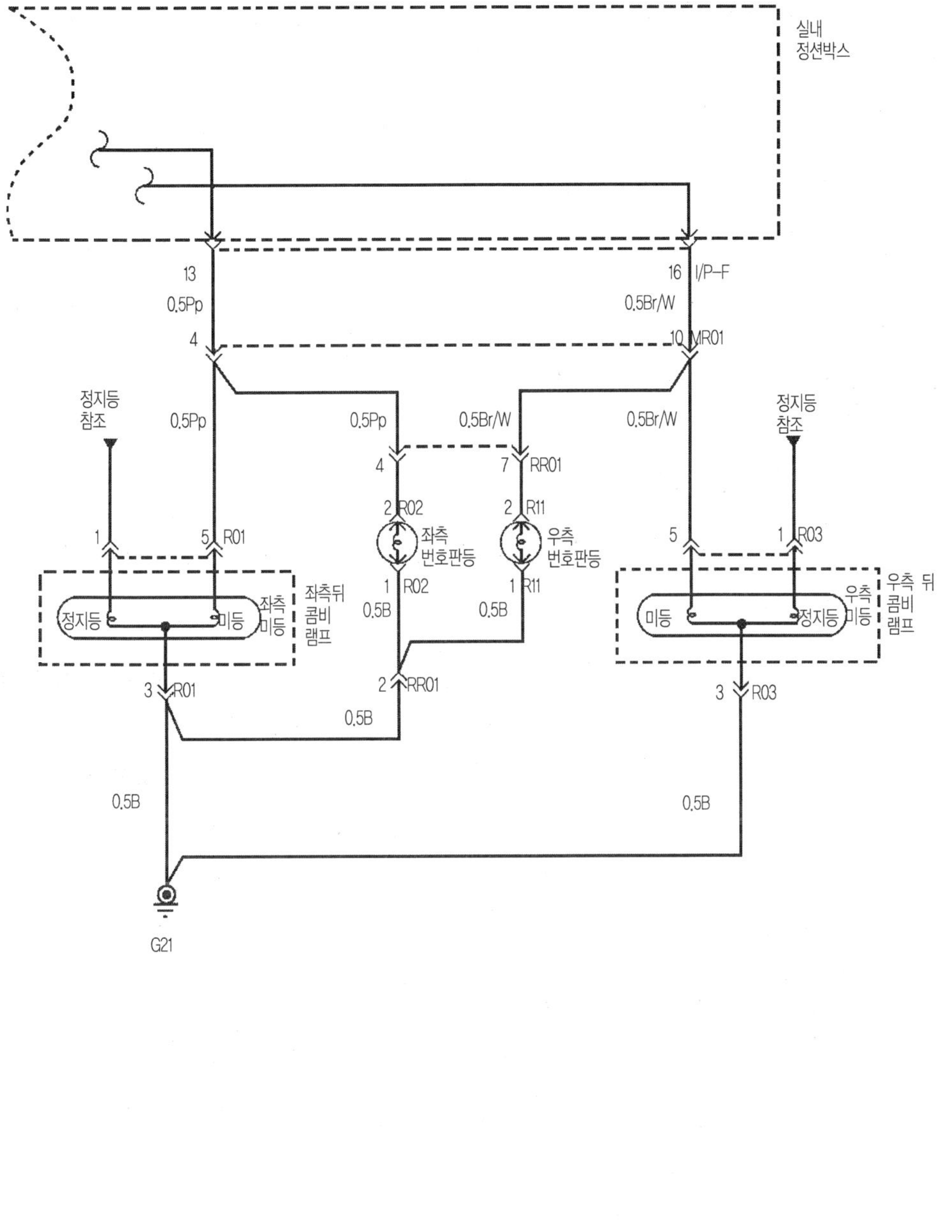

실내 정션박스
13
16 I/P-F
0.5Pp
0.5Br/W
4
10 MR01
정지등 참조
0.5Pp
0.5Pp
0.5Br/W
0.5Br/W
정지등 참조
4
7 RR01
2 R02
2 R11
1
5 R01
좌측 번호판등
우측 번호판등
5
1 R03
1 R02
1 R11
좌측뒤 콤비 램프
우측 뒤 콤비 램프
정지등
미등
좌측 미등
0.5B
0.5B
미등
정지등
우측 미등
2 RR01
3 R01
3 R03
0.5B
0.5B
0.5B
G21

Question 전류 흐름도를 보고 다음 물음에 답하시오.

01. 다기능 스위치에 있는 라이트스위치를 사용해서 미등을 점등시키는 경우에 회로도상의 전류가 흐르는 요소들을 잘 보고 4개의 ( )를 채우시오(LED 미적용 회로의 경우).

(1) 라이트스위치를 PARK에 놓으면 미등 릴레이가 작동한다.

상시전원 → 엔진룸 정션박스 미등 퓨즈 → JM09의 A5번 핀 → IP-A의 4번 핀 → 미등 릴레이 → M33-1의 14번 핀 → M01-1의 ( )번 핀 → 라이트스위치 → PARK → M01-1의 17번 핀 → M08의 17번 핀 → 조인트 커넥터 → M08의 6번 핀 → G04접지

(2) 미등 릴레이가 ON

상시전원→ 엔진룸 정션박스 미등 퓨즈 → JM09의 A5번 핀 → IP-A의 4번 핀 → 미등 릴레이 스위치 → ON
- → 퓨즈25→ I/P-E의 15번→ JM09의 F8번 핀
- → 퓨즈29 → I/P-G의 8번 → JM09의 D1번 핀
- → I/P-F의 ( )번 핀
  - → R01의 5번 핀
  - → R02의 2번 핀
- → I/P-F의 16번 핀
  - → R03의 5번 핀
  - → R11의 2번 핀

(3) 좌측 전조등의 미등 ON

JM09의 F8번 핀 → 엔진룸 정션박스 → JE01의 A8번 핀 → E21의 1번 핀 → 좌측 전조등의 미등 → E21의 ( )번 핀 → G02접지

(4) 우측 전조등의 미등 ON

JM09의 D1번 핀 → 엔진룸 정션박스 → JE01의 B2번 핀 → E09의 1번 핀 → 우측 전조등의 미등 → E09의 4번 핀 → G01접지

(5) 좌측 뒤 콤비 램프의 미등과 번호판등 ON

① R01의 5번 핀 → 좌측 뒤 콤비램프의 미등 → R01의 3번 핀 → G21접지

② R02의 2번 핀 → 좌측 번호판등 → R02의 1번 핀 → G21접지

(6) 우측 뒤 콤비 램프의 미등과 번호판등 ON

① R03의 5번 핀 → 좌측 뒤 콤비램프의 미등 → R03의 (　)번 핀→ G21접지

② R11의 2번 핀 → 우측 번호판등 → R11의 1번 핀 → G21접지

02. 위의 전기회로도에서 라이트 스위치를 사용해서 미등을 점등시킬 때에 전류가 흐르는 배선의 색깔이 5가지를 찾아 (　) 안에 배선 색깔 이름을 적으시오(LED 미적용의 경우).

(　　　) (　　　) (　　　) (　　　) (　　　)

4.3. 통신을 사용한 차량의 미등제어 회로실습

주요어

IPM, IPS컨트롤모듈, 전조등 RH, 전조등 LH, 리어 콤비네이션램프 RH, 리어 콤비네이션램프 LH, 운전석 아웃사이드 미러, 동승석 아웃사이드 미러, 다기능스위치, 계기판, B-CAN

개요

통신을 사용한 자동차 미등의 고장진단 및 정비에 필요한 관련 지식과 그 목적을 달성하기 위한 기본적이 능력인 통신을 사용한 자동차 미등 전기 회로도를 해독할 수 있도록 실습을 구성하였다.

여러 가지 해석문제와 실습을 통해 학생 스스로 흥미를 갖고 회로도의 해석에 자신감을 갖을 수 있도록 한다. 학습 후 학생 스스로 자신의 학습능력을 검토할 수 있도록 하였다.

학습목표

여러 가지 종류의 통신을 사용한 자동차 미등장치를 고장 진단하고 정비하는데 필요한 여러 차종의 미등 전기 회로도를 설명할 수 있다.

4.3.1. 미등제어 방법

(1) 운전자가 다기능 스위치의 라이트 스위치를 TAIL로 조작한다.

(2) IPM의 IPS 컨트롤모듈에서는 운전자의 신호를 감지한다.

- I/P-H의 5번 5V → 0V

(3) IPM의 IPS 컨트롤모듈은 IPS3(왼쪽 미등) & IPS7(오른쪽 미등) 장치를 통해 미등을 작동시킨다.

- IPS 3 : I/P-F의 5번 & I/P-D의 41번 0V → 12V
- IPS 7 : I/P-D의 40번 & I/P-F의 6번 0V → 12V

(4) 계기판 방향등은 IPM에서 계기판으로 통신을 통해 신호를 전달하고 계기판이 계기판의 방향등을 작동시킨다.

- HIGH : IPS 컨트롤모듈 I/P-H의 16번 & 계기판 M08의 39번
- LOW : IPS 컨트롤모듈 I/P-H의 15번 & 계기판 M08의 40번

Question 다음 회로도를 보고 라이트스위치를 사용해서 미등을 점등 시킬 때의 전류의 흐름을 상시전원부터 접지까지 회로도 위에 표시하시오(LED 미적용의 경우).

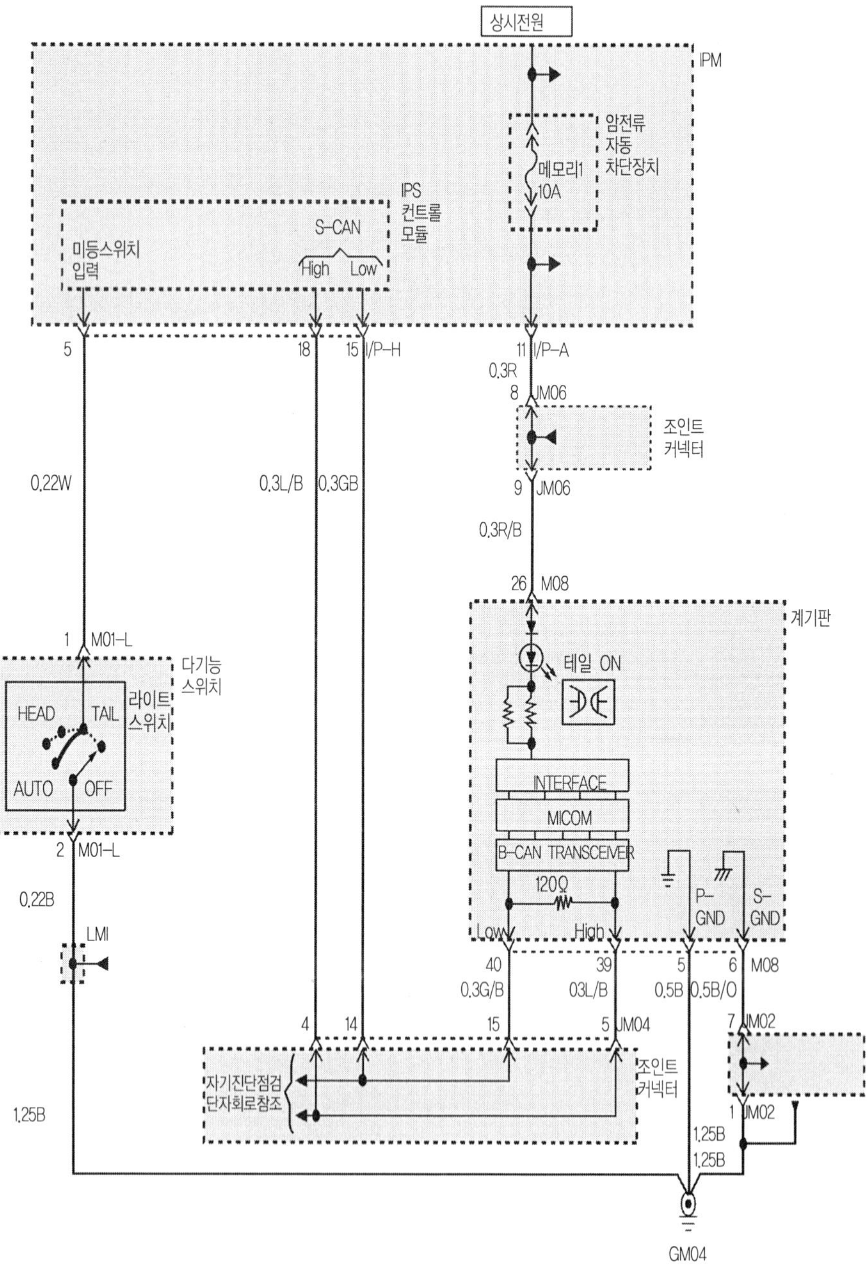

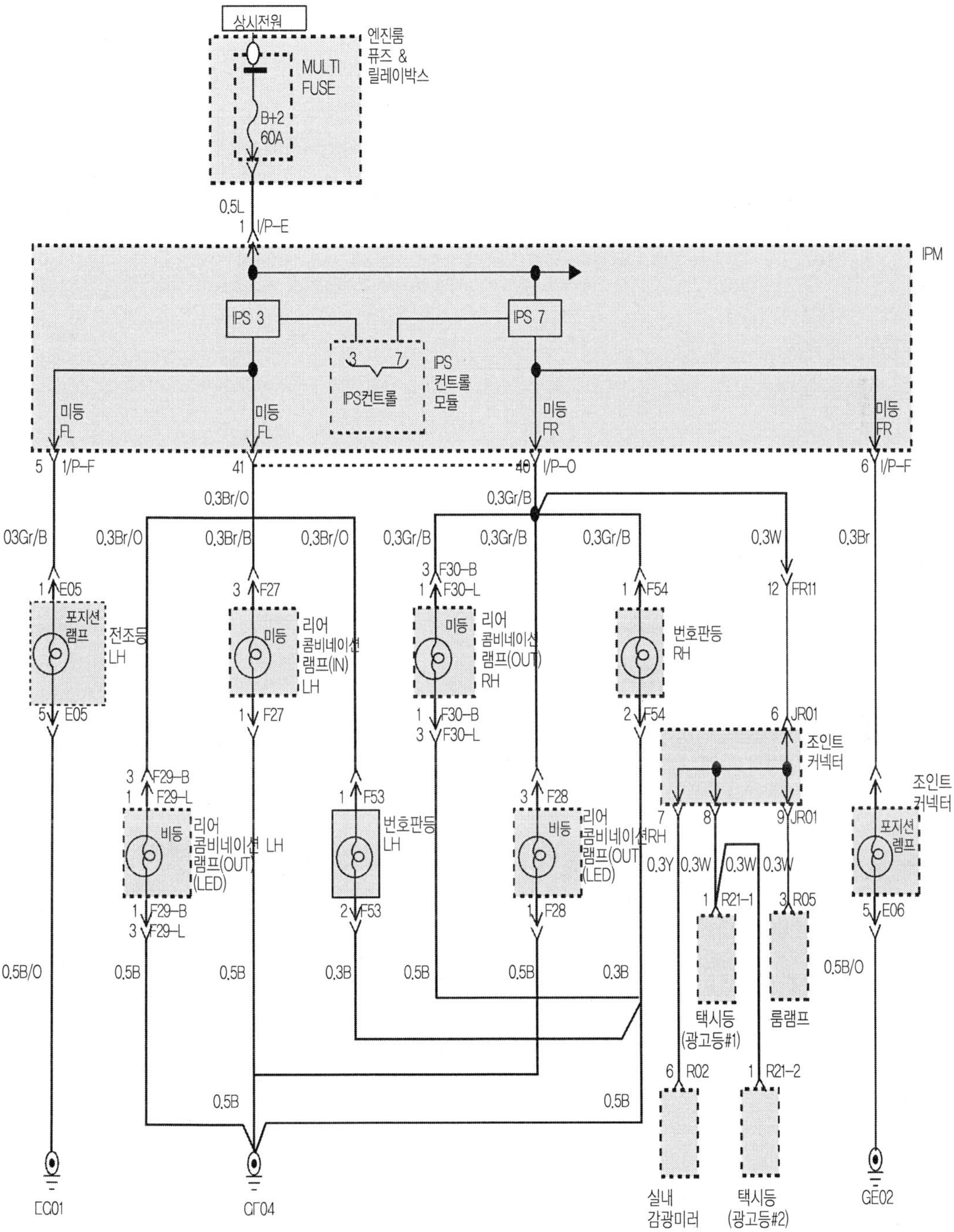
상시전원
MULTI FUSE
B+2 60A
엔진룸 퓨즈 & 릴레이박스
0.5L
1 I/P-E
IPM
IPS 3
IPS 7
3 7
IPS컨트롤
IPS 컨트롤 모듈
미등 FL
미등 FL
미등 FR
미등 FR
5 I/P-F
41
40 I/P-O
6 I/P-F
0.3Br/O
0.3Gr/B
03Gr/B
0.3Br/O
0.3Br/B
0.3Br/O
0.3Gr/B
0.3Gr/B
0.3Gr/B
0.3W
0.3Br
1 E05
포지션 램프
전조등 LH
5 E05
3 F27
미등
리어 콤비네이션 램프(IN) LH
1 F27
3 F30-B
1 F30-L
미등
리어 콤비네이션 램프(OUT) RH
1 F30-B
3 F30-L
1 F54
번호판등 RH
2 F54
12 FR11
6 JR01
조인트 커넥터
3 F29-B
1 F29-L
비등
리어 콤비네이션 LH 램프(OUT) (LED)
1 F29-B
3 F29-L
1 F53
번호판등 LH
2 F53
3 F28
비등
리어 콤비네이션RH 램프(OUT) (LED)
1 F28
7
8
9 JR01
0.3Y
0.3W
0.3W
0.3W
1 R21-1
3 R05
택시등 (광고등#1)
룸램프
6 R02
1 R21-2
실내 감광미러
택시등 (광고등#2)
조인트 커넥터
포지션 램프
5 E06
0.5B/O
0.5B
0.5B
0.3B
0.5B
0.5B
0.3B
0.5B/O
0.5B
0.5B
EC01
GF04
GE02

Question 전류 흐름도를 보고 다음 물음에 답하시오

01. 다기능 스위치에 있는 라이트 스위치를 사용해서 미등을 점등시키는 경우에 회로도상의 전류가 흐르는 요소들을 잘 보고 ( )를 채우시오.

(1) 운전자가 다기능스위치의 라이트스위치를 TAIL로 조작한다.

IPM의 IPS 컨트롤모듈 미등스위치 입력 → I/P-H의 5번 핀 → 다기능스위치 M01-L의 1번 → 다기능스위치의 라이트스위치 TAIL → 다기능스위치 M01-L의 ( ) 번 → GM04접지

(2) 미등 점등

상시전원 → 엔진룸 퓨즈 & 릴레이박스의 MULTI FUSE 60A → I/P-E의 1번 → ①②로 분리

① IPM의 IPS 3 → ③, ④로 분리

---

③ I/P-F의 5번 → E05의 1번 → 전조등 LH의 포지션 램프 → E05의 5번 → GE01

④ I/P-D의 41번 → ⑤⑥⑦로 분리

---

⑤ F29-B(Bulb)의 3번, F29-L(LED)의 1번→ 리어 콤비네이션램프(OUT) LH의 미등 → F29-B(Bulb)의 1번, F29-L (LED)의 ( )번→ GF04

⑥ F27의 3번 → 리어 콤비네이션램프(IN) LH의 미등 → F27의 1번 → GF04

⑦ F53의 1번 → 번호판등 LH → F53의 2번 → GF04

② IPM의 IPS 7 → ⑧, ⑨로 분리

---

⑧ I/P-F의 6번 → E06의 ( )번 → 전조등 RH의 포지션 램프 → E06의 5번 → GE02

⑨ I/P-D의 40번 → ⑩⑪⑫로 분리

⑩ F30-B(Bulb)의 3번, F30-L(LED)의 1번→ 리어 콤비네이션램프(OUT) RH의 미등 → F30-B(Bulb)의 1번, F30-L (LED)의 3번→ GF04

⑪ F28의 3번 → 리어 콤비네이션램프(IN) RH의 미등 → F28의 1번 → GF04

⑫ F54의 1번 → 번호판등 RH → F54의 2번 → GF04

(3) 계기판 점등

IPS 컨트롤모듈의 BSCAN의 LOW → I/P-H의 15번 → JM04의 14번 → 조인트 커넥터 → JM04의 15번 →M08의 40번

IPS 컨트롤모듈의 BSCAN의 HIGH → I/P-H의 16번 →JM04의 (   )번 → 조인트 커넥터 → JM04의 5번 → M08의 39번

상시 전원 → IPM의 암전류 자동 차단장치의 메모리1 10A 퓨즈 → I/P-A의 11번 → JM06의 8번 → 조인트 커넥터 → JM06의 9번 → M08의 26번 → 계기판의 TAIL 등 → INTERFACE/MICOM/B-SCAN TRANSCEIVER

〈계기판 접지〉

계기판의 P-GND → M08의 5번 → GM04

계기판의 S-GND → M08의 6번 → GM04

02. 위의 전기회로도에서 라이트 스위치를 사용해서 미등을 점등시킬 때에 전류가 흐르는 배선의 색깔을 찾아 아래에 배선 색깔 이름을 적으시오

4.4. 미등제어 회로 실험 실습

01. 실험 준비물을 확인한다.

실습 교재, 다기능스위치, 미등 모듈, 배선, 전원공급기

02. 다음 방법에 따라서 실험을 실시한다.

① 전원공급기의 1A의 (+), (-)를 자동차의 배터리로 사용한다.

② 회로도를 보고 라이트 스위치를 사용해서 미등을 구동할 수 있도록 회로를 연결한다.

③ 회로도에 나타나 있는 배선의 색깔과 커넥터의 핀을 잘 확인하여 연결한다.

④ 실내 정션박스, 엔진룸 정션박스 등은 없으므로 직접 배선으로 연결한다.

⑤ 전원공급기의 (-)를 자동차의 접지(G01, G02, G04, G21)로 사용한다.

⑥ 라이트 스위치를 PARK에 위치시켜서 미등이 점등이 되는지 살펴본다.

⑦ 미등이 작동하지 않으면 회로도와 비교하면서 틀린 곳을 찾아 바르게 연결한다.

⑧ 위의 과정을 반복해서 실시하여 숙달이 되도록 한다.

03. 미등은 정상적으로 구동이 되었는가 ?

예( ), 아니오( )

04. 만약 미등이 잘 점등이 되지 않았다면 그 원인은 무엇이라고 생각되는지 아래에 적으시오.

05. 위의 실험을 통해 느낀 점을 아래에 적으시오.

05 안개등제어

5.1. 교재의 구성

내용소개

자동차 안개등의 고장진단 및 정비에 필요한 관련지식과 그 목적을 달성하기 위한 기본적이 능력인 자동차 안개등 전기회로도를 해독할 수 있도록 실습을 구성하였다. 여러 가지 해석문제와 실습을 통해 학생 스스로 흥미를 갖고 회로도의 해석에 자신감을 갖을 수 있도록 한다. 학습 후 학생 스스로 자신의 학습능력을 검토할 수 있도록 하였다.

학습목표

여러 가지 종류의 자동차 안개등장치를 고장진단하고 정비하는데 필요한 여러 차종의 미등과 안개등 전기 회로도를 설명할 수 있다.

선수 학습모듈

자동차 전기 부품 및 전자장치에 대한 구조 및 작동원리에 대한 기초적인 지식을 타 교과에서 이수하도록 한다.

5.2. 일반 차량의 안개등 제어 회로실습

주요어

안개등, 다기능 스위치, 미등 릴레이, 안개등 릴레이

개요

자동차 안개등의 고장진단 및 정비에 필요한 관련지식과 그 목적을 달성하기 위한 기본적이 능력인 자동차 안개등 전기회로도를 해독할 수 있도록 실습을 구성하였다. 여러 가지 해석문제와 실습을 통해 학생 스스로 흥미를 갖고 회로도의 해석에 자신감을 갖을 수 있도록 한다. 학습 후 학생 스스로 자신의 학습능력을 검토할 수 있도록 하였다.

학습목표

여러 가지 종류의 자동차 안개등 장치를 고장 진단하고 정비하는데 필요한 여러 차종의 안개등 전기 회로도를 설명할 수 있다.

Question 다음 회로도를 보고 안개등 스위치를 사용해서 안개등을 점등시킬 때의 전류의 흐름을 상시전원부터 접지까지 회로도 위에 표시하시오.

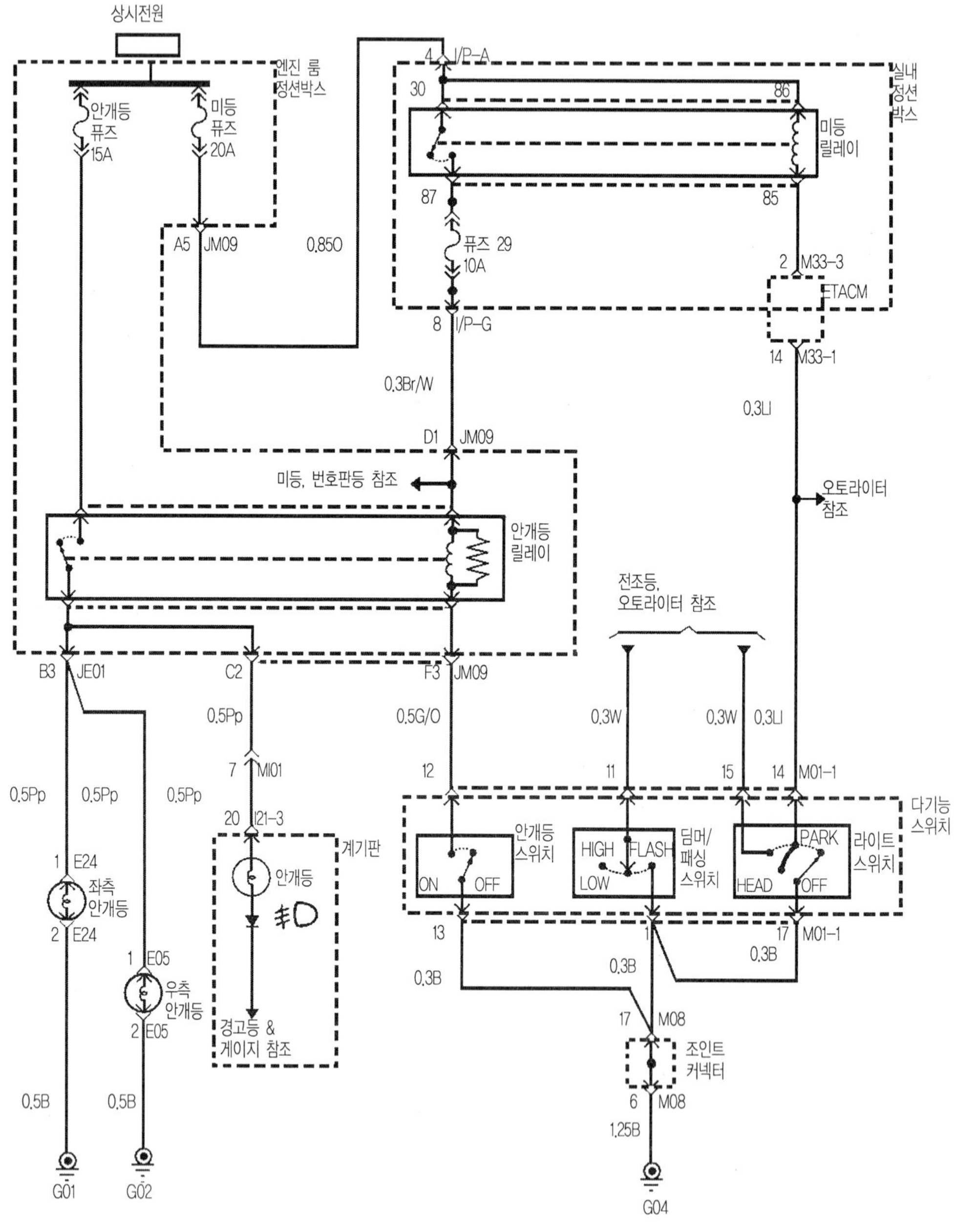

Question 전류 흐름도를 보고 다음 물음에 답하시오.

01. 안개등 스위치를 사용해서 안개등을 점등시키는 경우에 회로도상의 전류가 흐르는 요소들을 잘 보고 4개의 ( )를 채우시오.

(1) 라이트스위치를 PARK → 미등 릴레이 구동

상시전원 → 엔진룸 정션박스 미등 퓨즈 → JM09의 A5번 핀 → IP-A의 4번 핀 → 미등 릴레이 → ETACM → M33-1의 14번 핀 → M01-1의 14번 핀 → 라이트스위치 → PARK → ( )의 17번 핀 → M08의 17번 핀 → 조인트 커넥터 → M08의 6번 핀 → G04접지

(2) 안개등 스위치를 ON하여 안개등 릴레이 구동

상시전원 → 엔진룸 정션박스 미등 퓨즈 → JM09의 A5번 핀 → IP-A의 4번 핀 → 미등 릴레이 스위치 → ON → 퓨즈29 → I/P-G의 8번 핀 → JM09의 ( ) 번 핀 → 안개등 릴레이 → JM09의 F3번 핀 → M01-1의 12번 핀 → 안개등 스위치 → ON → M01-1의 13번 핀 → M08의 17번 핀 → 조인트 커넥터 → M08의 6번 핀 → G04접지

(3) 안개등 점등

상시전원 → 엔진룸 정션박스 안개등 퓨즈 안개등 릴레이 스위치→ON
- → JE01의 B3번
  - → E24의 1번 핀
  - → E05의 1번 핀
- → JM09의 C2번핀→I21-3의 20번핀

(4) 좌측 안개등 점등

E24의 1번 핀 → 좌측 안개등 → E24의 ( )번 핀 → G01접지

(5) 우측 안개등 점등

E05의 1번 핀 → 우측 안개등 → E05의 ( )번 핀 → G02접지

(6) 계기판의 안개등

I21-3의 20번 핀 → 계기판의 안개등 → 접지

02. 위의 전기 회로도에서 미등을 켜지 않고 안개등 스위치만 ON시키면 안개등이 점등될 수 있는가? 아니면 될 수 없는가 ? 만약 될 수 없다면 그 이유는 무엇인지 회로도를 보면서 적으시오.

03. 안개등이 점등되지 않았을 경우에 점검해야할 퓨즈는 어느 곳의 몇 번 퓨즈를 확인해야 하는지 회로도를 보고 아래의 빈칸에 퓨즈 위치와 번호를 적으시오.

04. 위의 전기회로도에서 라이트 스위치를 사용해서 안개등을 점등시킬 때에 전류가 흐르는 배선의 색깔이 6가지를 찾아 ( )안에 배선 색깔 이름을 적으시오(LED 미적용의 경우).

( ) ( ) ( ) ( ) ( )

5.3. 통신을 사용한 차량의 안개등제어 회로실습

주요어

IPM, IPS컨트롤모듈, 전방 안개등 RH, 전방 안개등 LH, 다기능 스위치, 계기판, B-CAN

개요

통신을 사용한 자동차 안개등의 고장진단 및 정비에 필요한 관련 지식과 그 목적을 달성하기 위한 기본적이 능력인 통신을 사용한 자동차 안개등 전기 회로도를 해독할 수 있도록 실습을 구성하였다. 여러 가지 해석문제와 실습을 통해 학생 스스로 흥미를 갖고 회로도의 해석에 자신감을 갖을 수 있도록 한다. 학습 후 학생 스스로 자신의 학습 능력을 검토할 수 있도록 하였다.

학습목표

여러 가지 종류의 통신을 사용한 자동차 안개등 장치를 고장 진단하고 정비하는데 필요한 여러 차종의 안개등 전기 회로도를 설명할 수 있다.

5.3.1. 안개등제어 방법

① 운전자가 다기능 스위치의 라이트 스위치를 TAIL로 조작한다.

② IPM의 IPS 컨트롤모듈에서는 운전자의 TAIL 신호를 감지한다.

- I/P-H의 5번 5V → 0V

③ 운전자가 다기능 스위치의 안개등 스위치를 ON로 조작한다.

④ IPM의 IPS 컨트롤모듈에서는 운전자의 안개등 신호를 감지한다.

- I/P-H의 1번 5V → 0V

⑤ IPM의 IPS 컨트롤모듈은 IPS2 장치를 통해 미등을 작동시킨다.

- IPS 2 : I/P-F의 16번 0V → 12V

⑥ 계기판 안개등은 IPM에서 계기판으로 통신을 통해 신호를 전달하고 계기판이 계기판의 방향등을 작동시킨다.

- HIGH : IPS 컨트롤모듈 I/P-H의 16번 & 계기판 M08의 39번
- LOW : IPS 컨트롤모듈 I/P-H의 15번 & 계기판 M08의 40번

Automotive Electronic Circuits

Question 다음 회로도를 보고 안개등 스위치를 사용해서 안개등을 점등시킬 때의 전류의 흐름을 상시전원부터 접지까지 회로도 위에 표시하시오

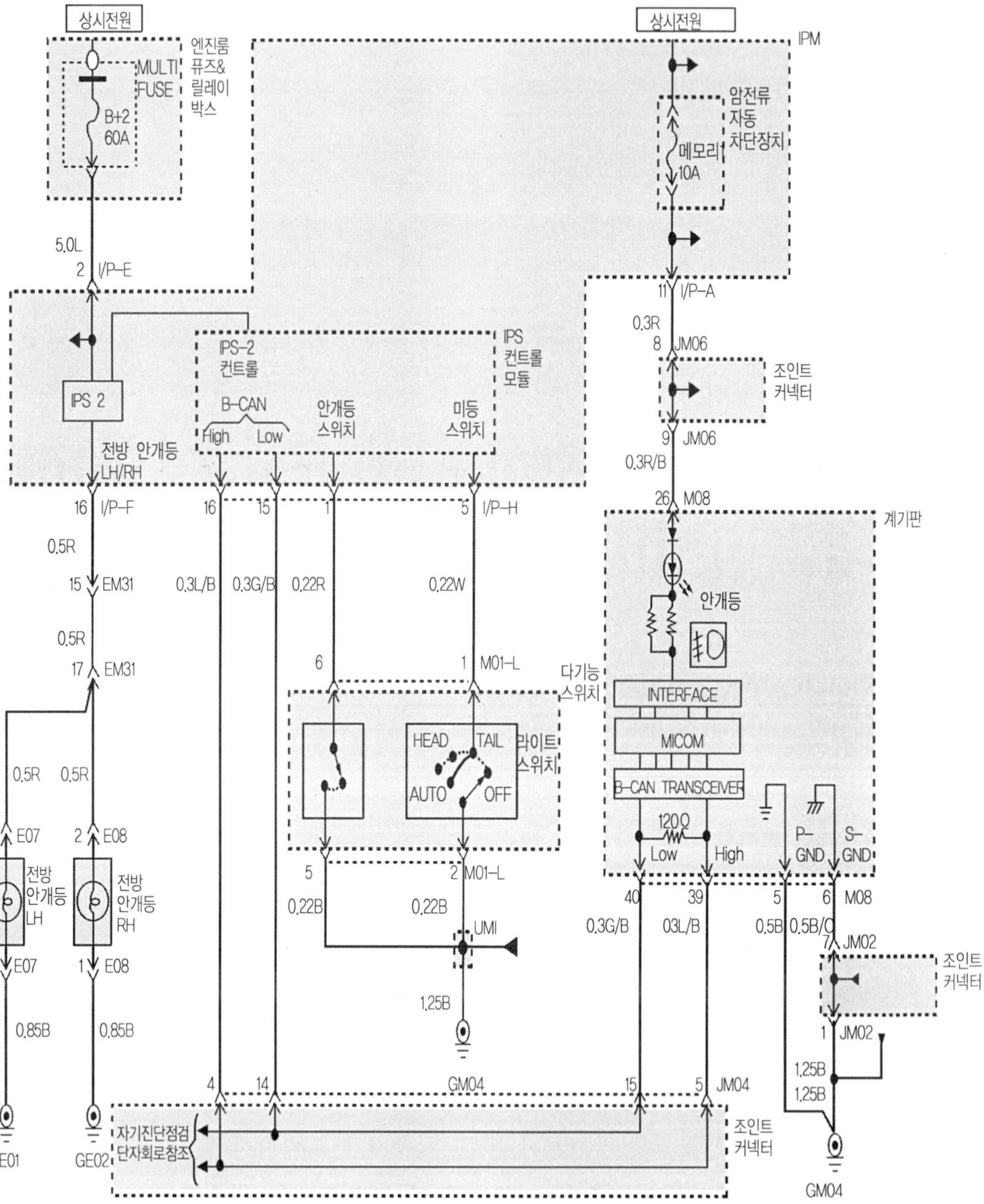

CHAPTER 02

Question 전류 흐름도를 보고 다음 물음에 답하시오

01. 안개등 스위치를 사용해서 안개등을 점등시키는 경우에 회로도상의 전류가 흐르는 요소들을 잘 보고 ( )를 채우시오.

(1) 운전자가 다기능스위치의 라이트 스위치를 TAIL로 조작한다.

IPM의 IPS 컨트롤모듈 미등스위치 입력 → I/P-H의 5번 → 다기능스위치 M01-L의 1번 → 다기능스위치의 라이트스위치 TAIL → 다기능스위치 M01-L의 ( )번 → GM04접지

(2) 운전자가 다기능스위치의 안개등 스위치를 ON으로 조작한다.

IPM의 IPS 컨트롤모듈 안개등스위치 입력 → I/P-H의 1번 → 다기능스위치 M01-L의 ( )번 → 다기능스위치의 안개등 스위치 → 다기능스위치 M01-L의 5번 → GM04접지

(3) 안개등 점등

상시전원 → 엔진룸 퓨즈 & 릴레이박스의 MULTI FUSE 60A → I/P-E의 2번→ IPM의 IPS 2 → I/P-F의 16번 ①, ②로 분리

① E07의 2번 → 전방 안개등 LH → E07의 ( )번 → GE01

② E08의 2번 → 전방 안개등 RH → E08의 1번 → GE02

(4) 계기판 점등

IPS 컨트롤모듈의 BSCAN의 LOW → I/P-H의 15번 → JM04의 14번 → 조인트 커넥터 → JM04의 15번 →M08의 40번

IPS 컨트롤모듈의 BSCAN의 HIGH → I/P-H의 ( )번 →JM04의 4번 → 조인트 커넥터 → JM04의 5번 → M08의 39번

상시 전원 → IPM의 암전류 자동 차단장치의 메모리1 10A 퓨즈 → I/P-A의 11번 → JM06의 8번 → 조인트 커넥터 → JM06의 9번 → M08의 26번 → 계기판의 안개등 → INTERFACE/MICOM/B-SCAN TRANSCEIVER

〈계기판 접지〉

계기판의 P-GND → M08의 5번 → GM04

계기판의 S-GND → M08의 6번 → GM04

02. 위의 전기 회로도에서 미등을 켜지 않고 안개등 스위치만 ON시키면 안개등이 점등될 수 있는가? 아니면 될 수 없는가? 만약 될 수 없다면 그 이유는 무엇인지 회로도를 보면서 아래의 빈칸에 적으시오.

03. 안개등이 점등되지 않았을 경우에 점검해야할 퓨즈는 어느 곳의 몇 번 퓨즈를 확인해야 하는지 회로도를 보고 아래의 빈칸에 퓨즈 위치와 번호를 적으시오.

04. 위의 전기회로도에서 라이트스위치를 사용해서 미등을 점등시킬 때에 전류가 흐르는 배선의 색깔을 찾아 아래에 배선 색깔 이름을 적으시오.

5.4. 안개등제어 회로 실험 실습

01. 실험 준비물을 확인한다.

실습 교재, 다기능 스위치, 안개등 모듈, 배선, 전원공급기

02. 다음 방법에 따라서 실험을 실시한다.

① 전원공급기의 1A의 (+), (-)를 자동차의 배터리로 사용한다.
② 회로도를 보고 안개등을 점등할 수 있도록 회로를 연결한다.
③ 회로도에 나타나 있는 배선의 색깔과 커넥터의 핀을 잘 확인하여 연결한다.
④ 실내 정션박스, 엔진룸 정션박스 등은 없으므로 직접 배선으로 연결한다.
⑤ 전원공급기의 (-)를 자동차의 접지(G01, G02, G04)로 사용한다.
⑥ 라이트 스위치를 PARK에 위치시키고 안개등을 ON시켜서 안개등이 점등되는지 살펴본다.
⑦ 안개등이 작동하지 않으면 회로도와 비교하면서 틀린 곳을 찾아 바르게 연결한다.
⑧ 위의 과정을 반복해서 실시하여 숙달이 되도록 한다.

03. 안개등은 정상적으로 구동이 되었는가 ?

예(　　　), 아니오(　　　)

04. 만약 안개등이 정상적으로 작동이 되지 않았다면 그 원인은 무엇이라고 생각되는지 아래에 적으시오.

05. 위의 실험을 통해 느낀 점을 아래에 적으시오.

MEMO

06 전조등제어

6.1. 교재의 구성

내용소개

자동차 전조등장치의 고장진단 및 정비에 필요한 관련 지식과 그 목적을 달성하기 위한 기본적이 능력인 자동차 전조등장치 전기 회로도를 해독할 수 있도록 실습을 구성하였다. 여러 가지 해석문제와 실습을 통해 학생 스스로 흥미를 갖고 회로도의 해석에 자신감을 갖을 수 있도록 한다. 학습 후 학생 스스로 자신의 학습능력을 검토할 수 있도록 하였다.

학습목표

여러 가지 종류의 자동차 전조등장치를 고장진단하고 정비하는데 필요한 여러 차종의 전조등장치 전기 회로도를 설명할 수 있다.

선수 학습모듈

자동차 전기부품 및 전자장치에 대한 구조 및 작동원리에 대한 기초적인 지식을 타 교과에서 이수하도록 한다.

6.2. 일반 차량의 전조등 제어회로

주요어

전조등 로우(LOW)빔 장치, 다기능스위치, 고광도 전조등, 전조등 로우(LOW)빔 릴레이

개요

자동차 전조등 로우(LOW) 빔 장치의 고장진단 및 정비에 필요한 관련 지식과 그 목적을 달성하기 위한 기본적이 능력인 자동차 전조등 로우(LOW) 빔 장치 전기 회로도를 해독할 수 있도록 실습을 구성하였다. 여러 가지 해석문제와 실습을 통해 학생 스스로 흥미를 갖고 회로도의 해석에 자신감을 갖을 수 있도록 한다. 학습 후 학생 스스로 자신의 학습능력을 검토할 수 있도록 하였다.

학습목표

여러 가지 종류의 자동차 전조등 로우(LOW) 빔 장치를 고장 진단하고 정비하는데 필요한 여러 차종의 전조등 로우(LOW) 빔 장치 전기 회로도를 설명할 수 있다.

Question 다음 회로도를 보고 라이트를 ON시킬 때(LOW상태)의 전류의 흐름을 상시전원부터 접지까지 회로도 위에 표시하시오. 일반 전조등과 고광도 전조등 모두 표시하시오.

【일반 전조등】

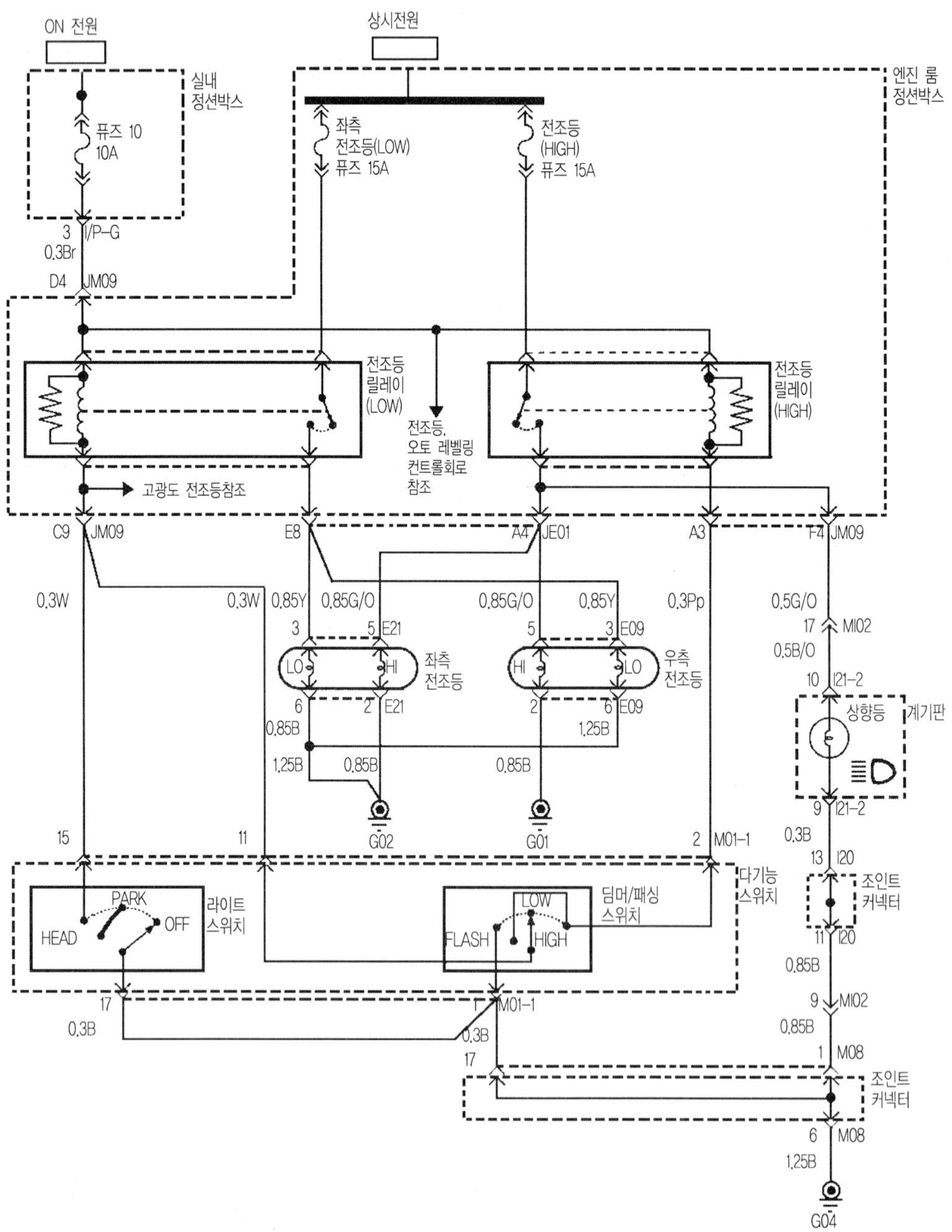

【고광도 전조등】

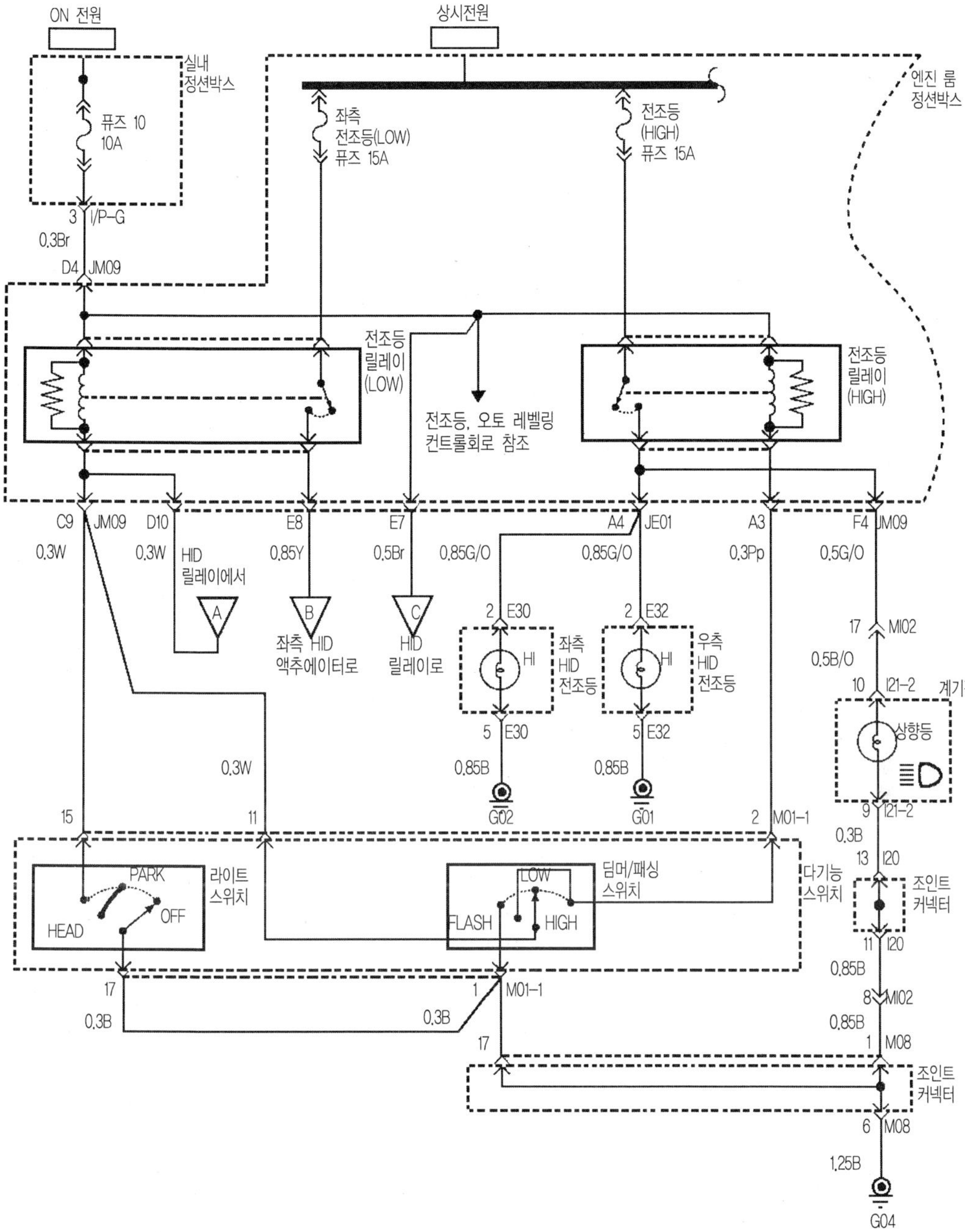
ON 전원
상시전원
실내 정션박스
퓨즈 10 10A
좌측 전조등(LOW) 퓨즈 15A
전조등 (HIGH) 퓨즈 15A
엔진 룸 정션박스
3 I/P-G
0.3Br
D4 JM09
전조등 릴레이 (LOW)
전조등 릴레이 (HIGH)
전조등, 오토 레벨링 컨트롤회로 참조
C9 JM09 D10
E8
E7
A4 JE01
A3
F4 JM09
0.3W
0.3W
HID 릴레이에서
0.85Y
0.5Br
0.85G/O
0.85G/O
0.3Pp
0.5G/O
A
B
C
좌측 HID 액추에이터로
HID 릴레이로
2 E30
2 E32
좌측 HID 전조등
우측 HID 전조등
HI
HI
5 E30
5 E32
0.85B
0.85B
G02
G01
17 MI02
0.5B/O
10 I21-2
계기판
상향등
9 I21-2
0.3B
13 I20
조인트 커넥터
11 I20
0.85B
8 MI02
0.85B
1 M08
0.3W
15
11
2 M01-1
라이트 스위치
PARK
HEAD
OFF
딤머/패싱 스위치
LOW
FLASH
HIGH
다기능 스위치
17
1 M01-1
0.3B
0.3B
17
조인트 커넥터
6 M08
1.25B
G04

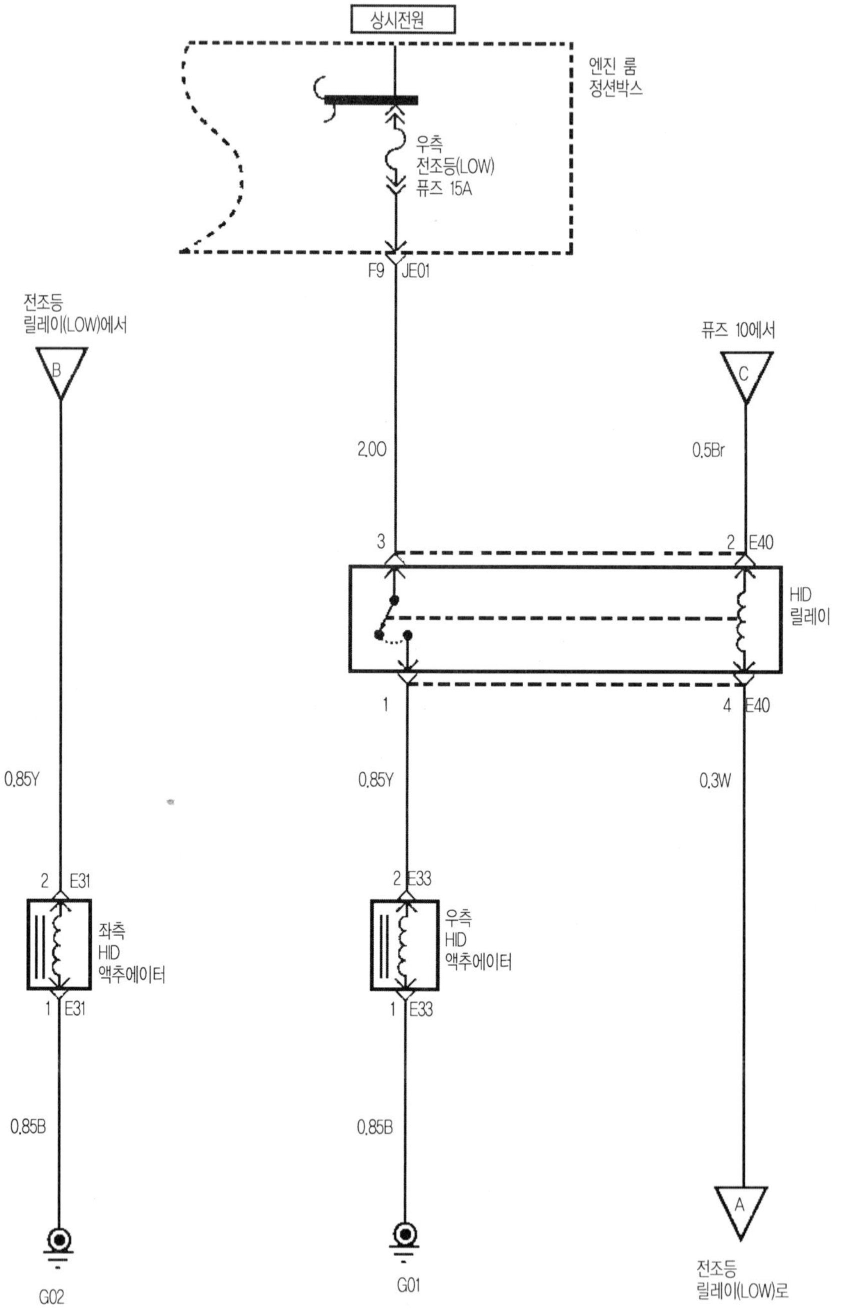
상시전원
엔진 룸
정션박스
우측
전조등(LOW)
퓨즈 15A
F9
JE01
전조등
릴레이(LOW)에서
B
퓨즈 10에서
C
2.0O
0.5Br
3
2
E40
HID
릴레이
1
4
E40
0.85Y
0.85Y
0.3W
2
E31
2
E33
좌측
HID
액추에이터
우측
HID
액추에이터
1
E31
1
E33
0.85B
0.85B
G02
G01
A
전조등
릴레이(LOW)로

Question 전류 흐름도를 보고 다음 물음에 답하시오.

01. 일반 전조등 회로에서 라이트를 HEAD에 놓고 딤머/패싱 스위치를 LOW상태로 ON시키는 경우에 회로도상의 전류가 흐르는 요소들을 잘 보고 4개의 (   )를 채우시오.

(1) 라이트 스위치를 HEAD에 위치시켜서 전조등 릴레이(LOW)를 구동함

ON전원 → 실내 정션박스 퓨즈 10 → I/P-G의 3번 핀 → JM09의 (   )번 핀 → 전조등 릴레이(LOW) → JM09의 C9번 핀 → M01-1의 15번 핀 → 라이트스위치 → HEAD → M01-1의 (   )번 핀 → M08의 17번 핀 → 조인트 커넥터 → M08의 6번 핀 → G04 접지

(2) 전조등 점등

상시전원 → 전조등(LOW) 퓨즈 → 전조등 릴레이(LOW)스위치 → ON → JE01의 E8번 → E21의 3번 핀
→ E09의 3번 핀

(3) 좌측 전조등(LOW) 점등

E21의 3번 핀 → 좌측 전조등 → E21의 (   )번 핀 → G02 접지

(4) 우측 전조등(LOW) 점등

E09의 (   )번 핀 → 우측 전조등 → E09의 6번 핀 → G02 접지

02. 고광도 전조등 회로에서 라이트를 HEAD에 놓고 딤머/패싱 스위치를 LOW상태로 ON시키는 경우에 회로도상의 전류가 흐르는 요소들을 잘 보고 4개의 ( )를 채우시오.

(1) 라이트 스위치를 HEAD에 위치시켜서 전조등 릴레이(LOW)를 구동함

ON전원 → 실내 정션박스 퓨즈 10 → I/P-G의 3번 핀 → JM09의 ( )번 핀 → 전조등 릴레이(LOW) → JM09의 C9번 핀 → M01-1의 ( )번 핀 → 라이트스위치 → HEAD → M01-1의 17번 핀 → M08의 17번 핀 → 조인트 커넥터 → M08의 6번 핀 → G04 접지

(2) 라이트 스위치를 HEAD에 위치시켜서 HID 릴레이 구동함

ON전원 → 실내 정션박스 퓨즈 10 → I/P-G의 3번 핀 → JM09의 D4번 핀 → 엔진 룸 정션박스 → JE01의 E7번 핀 → C → E40의 2번 핀 → HID 릴레이 → E40의 4번 핀 → A → JE01의 D10번 핀 → JM09의 C9번 핀 → M01-1의 15번 → 라이트 스위치 → HEAD → M01-1의 ( )번 핀 → M08의 17번 핀 → 조인트 커넥터 → M08의 6번 핀 → G04 접지

(3) 좌측 HID 액추에이터 점등

상시전원 → 좌측전조등(LOW) 퓨즈 → 전조등릴레이(LOW)스위치 → ON → JE01의 E8번 핀 → B → E31의 2번 핀 → 좌측 HID 액추에이터 → E31의 1번 핀 → G02 접지

(4) 우측 HID 액추에이터 점등

상시전원 → 우측 전조등(LOW) 퓨즈 → JE01의 F9번 핀 → E40의 3번 핀 → HID 릴레이 스위치 → ON → E40의 1번 핀 → E33의 2번 핀 → 우측 HID 액추에이터 → E33의 1번 핀 → G01 접지

03. 일반 전조등 회로와 고광도 전조등 회로를 비교하면서 라이트를 LOW상태로 ON시키는데 어떤 차이가 있는지 아래의 빈칸에 적으시오(릴레이를 위주로 생각할 것). 그리고 그 이유도 함께 적으시오.

04. 일반 전조등 전기회로도에서 라이트 스위치를 사용해서 헤드라이트(LOW)를 점등시킬 때에 전류가 흐르는 배선의 색깔 4가지를 찾아서 (　　)안에 배선 색깔 이름을 적으시오.

(　　　　　) (　　　　　) (　　　　　)(　　　　　)

05. 고광도 전조등 전기회로도에서 라이트 스위치를 사용해서 좌, 우측 HID 액추에이터(LOW)를 점등시킬 때에 전류가 흐르는 배선의 색깔 중에서 일반 전조등 회로도의 배선에서는 사용하지 않은 배선 색깔 이름 2가지를 적으시오.

(　　　　　) (　　　　　)

Question 다음 회로도를 보고 라이트 스위치를 OFF에 놓고 딤머/패싱 스위치를 FLASH로 놓았을 때의 전류의 흐름을 전원부터 접지까지 회로도 위에 표시하시오(일반 전조등과 고광도 전조등을 모두 표시하시오).

【일반 전조등】

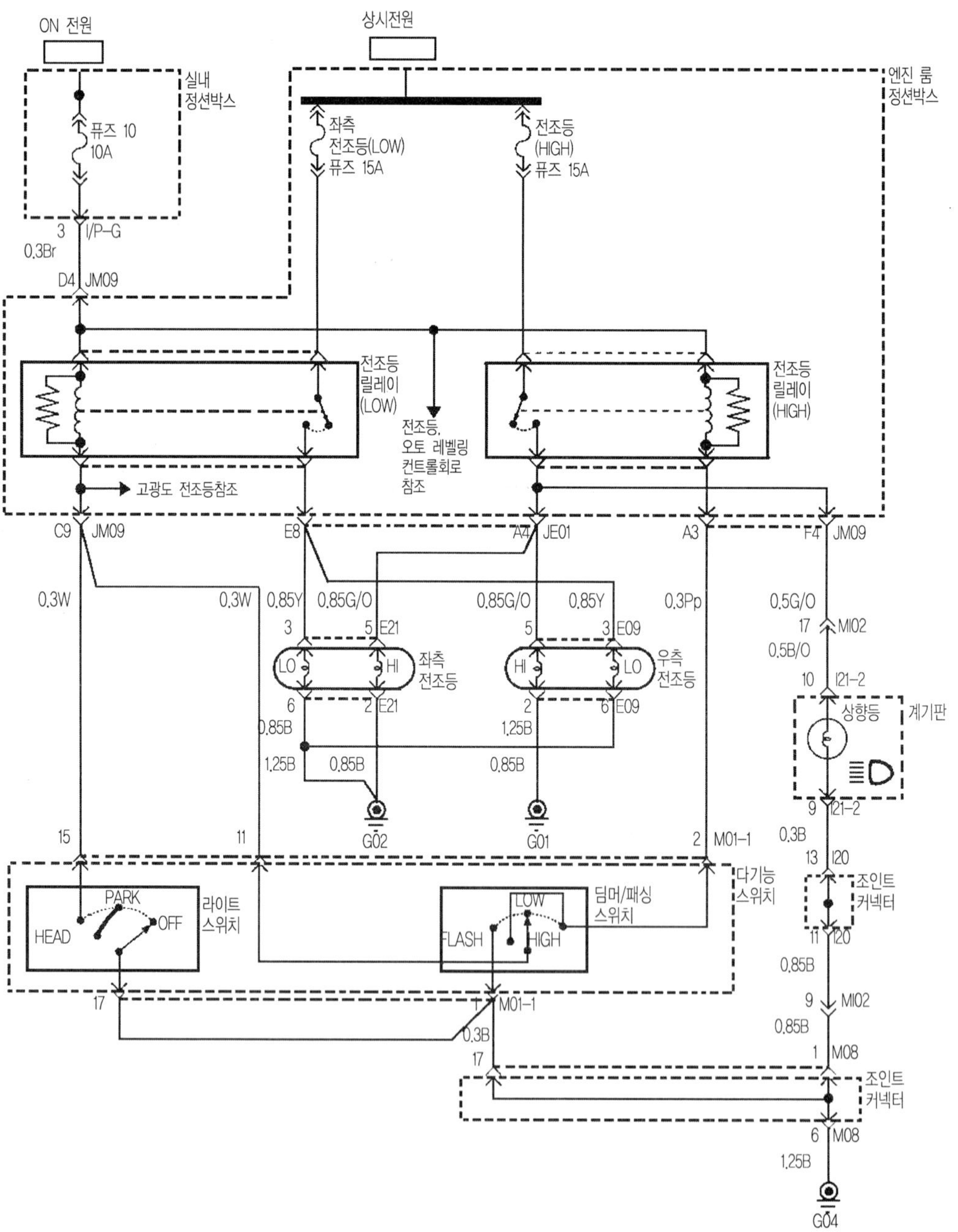

【고광도 전조등】

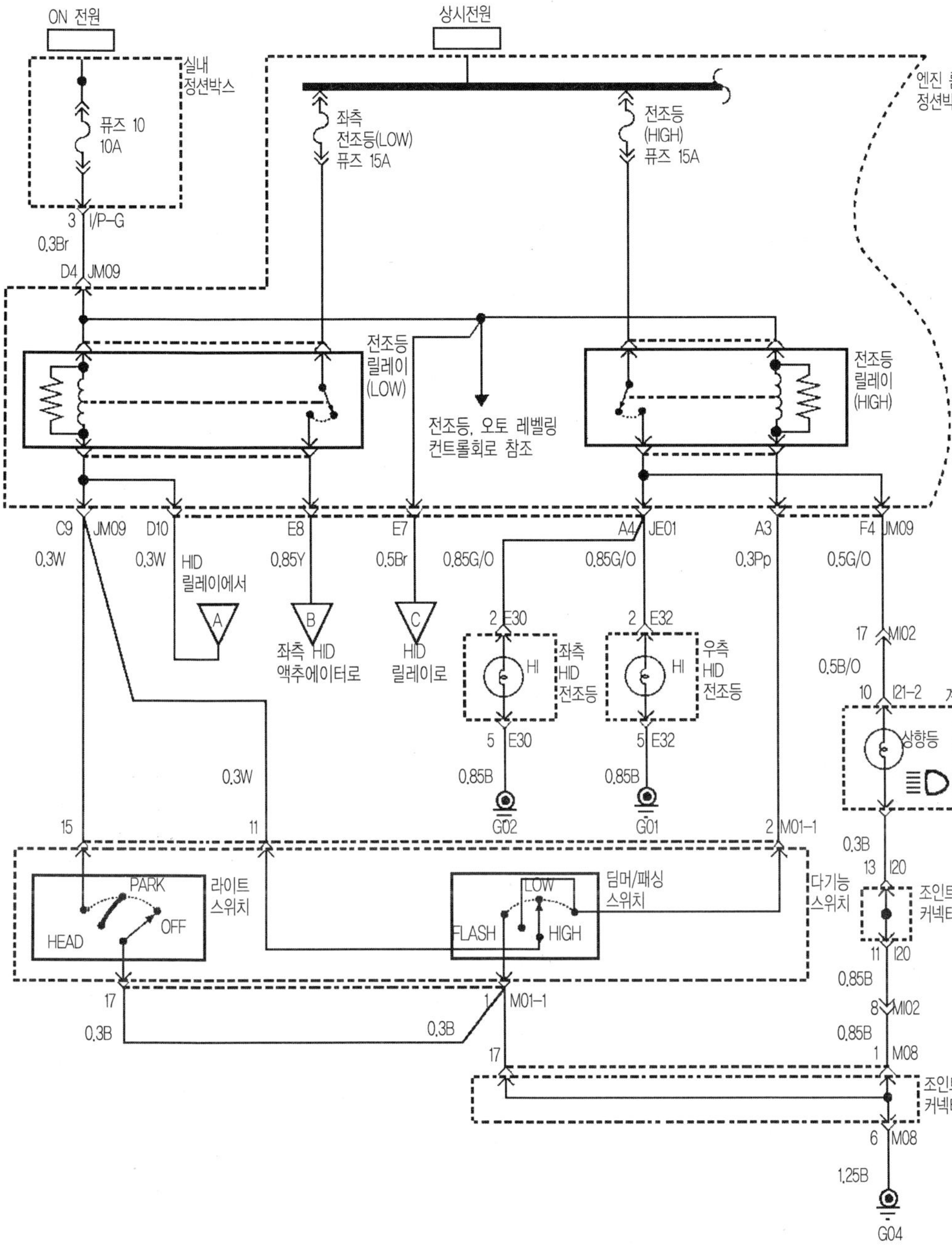
ON 전원
상시전원
실내 정션박스
퓨즈 10 10A
좌측 전조등(LOW) 퓨즈 15A
전조등 (HIGH) 퓨즈 15A
엔진 룸 정션박스
3 I/P-G
0.3Br
D4 JM09
전조등 릴레이 (LOW)
전조등 릴레이 (HIGH)
전조등, 오토 레벨링 컨트롤회로 참조
C9 JM09 D10
E8
E7
A4 JE01
A3
F4 JM09
0.3W
0.3W
HID 릴레이에서
0.85Y
0.5Br
0.85G/O
0.85G/O
0.3Pp
0.5G/O
A
B
C
좌측 HID 액추에이터로
HID 릴레이로
2 E30
2 E32
HI
좌측 HID 전조등
우측 HID 전조등
17 MI02
0.5B/O
10 I21-2
계기판
상향등
5 E30
5 E32
0.85B
0.85B
G02
G01
0.3W
15
11
2 M01-1
0.3B
13 I20
PARK
HEAD
OFF
라이트 스위치
LOW
FLASH
HIGH
딤머/패싱 스위치
다기능 스위치
조인트 커넥터
11 I20
0.85B
17
1 M01-1
0.3B
0.3B
8 MI02
0.85B
17
1 M08
조인트 커넥터
6 M08
1.25B
G04

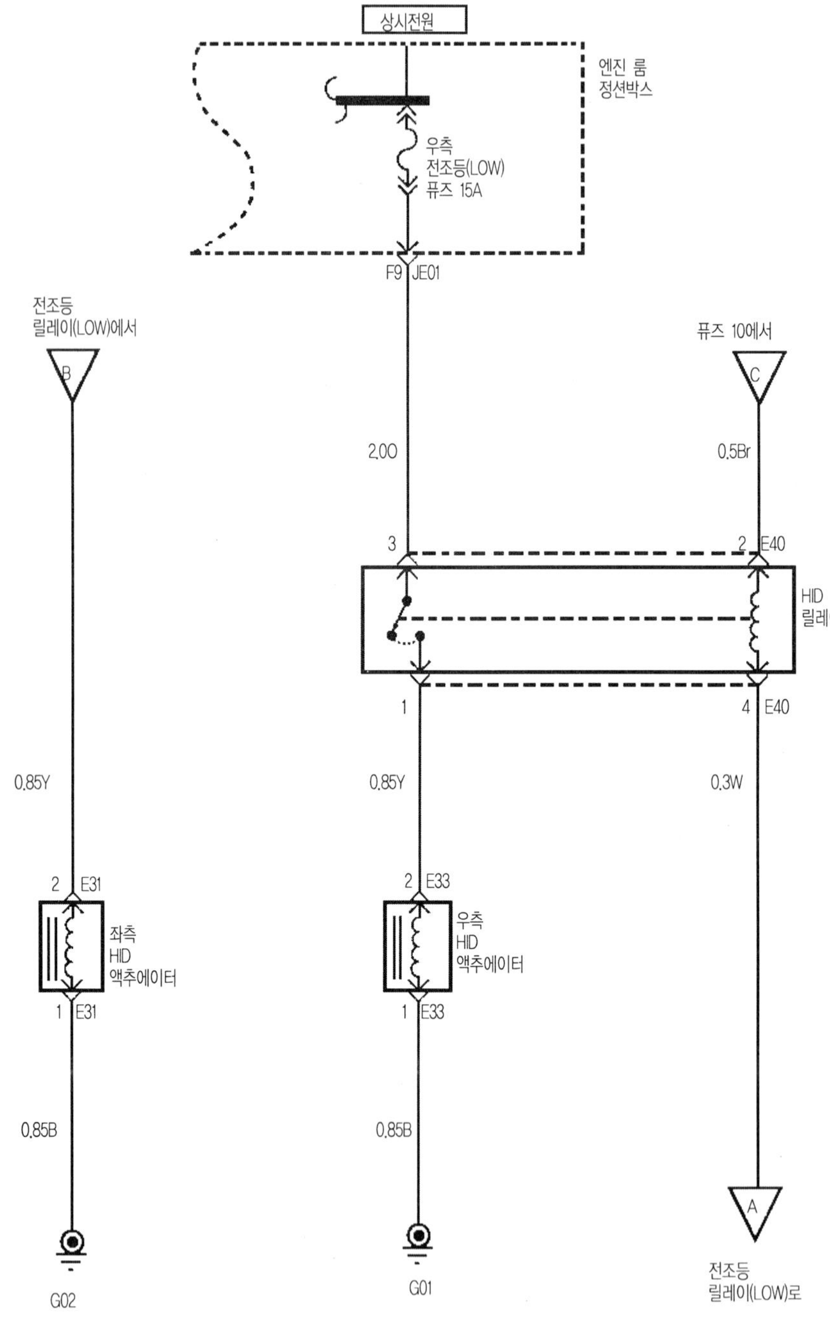
상시전원
엔진 룸
정션박스
우측
전조등(LOW)
퓨즈 15A
F9
JE01
전조등
릴레이(LOW)에서
B
퓨즈 10에서
C
2.0O
0.5Br
3
2
E40
HID
릴레이
1
4
E40
0.85Y
0.85Y
0.3W
2
E31
좌측
HID
액추에이터
1
E31
2
E33
우측
HID
액추에이터
1
E33
0.85B
0.85B
G02
G01
A
전조등
릴레이(LOW)로

Question 전류 흐름도를 보고 다음 물음에 답하시오.

01. 위의 일반 전조등 회로에서 라이트를 OFF상태로 놓고 딤머/패싱 스위치를 FLASH에 놓았을 경우에 회로도상의 전류가 흐르는 요소들을 잘 보고 6개의 ( )를 채우시오.

(1) 딤머/패싱 스위치를 FLASH에 위치시켜서 전조등 릴레이(LOW)를 구동함

ON전원 → 실내 정션박스 퓨즈 10 → I/P-G의 3번 핀 → JM09의 D4번 핀 → 전조등 릴레이(LOW) → JM09의 C9번 핀 → M01-1의 ( )번 핀 → 딤머/패싱 스위치 → FLASH → M01-1의 1번 핀 → M08의 17번 핀 → 조인트 커넥터 → M08의 6번 핀 → G04 접지

(2) 전조등 LO 점등

상시전원 → 전조등(LOW) 퓨즈 → 전조등 릴레이(LOW)스위치 → ON → JE01의 E8번 → E21의 3번 핀 / → E09의 3번 핀

① 좌측 전조등(LOW) 점등 : E21의 ( )번 핀 → 좌측 전조등 (LO) → E21의 6번 핀 → G02 접지

② 우측 전조등(LOW) 점등 : E09의 3번 핀 → 우측 전조등 (LO) → E09의 6번 핀 → ( ) 접지

(3) 딤머/패싱 스위치를 FLASH에 위치시켜서 전조등 릴레이(HIGH)를 구동함

ON전원 → 실내 정션박스 퓨즈 10 → I/P-G의 3번 핀 → JM09의 D4번 핀 → 전조등 릴레이 (HIGH) → JM09의 A3번 핀 → M01-1의 2번 핀→ 딤머/패싱 스위치 → FLASH → M01-1의 ( )번 핀 → M08의 17번 핀 → 조인트 커넥터 → M08의 6번 핀 → G04 접지

(4) 전조등 HI 점등

상시전원 → 전조등(HIGH) 퓨즈 → 전조등릴레이(HIGH)스위치 → ON → JE01의 A4번 → E09의 5번 핀 / → E21의 5번 핀

① 좌측 전조등(HI) 점등 : E21의 5번 핀 → 좌측 전조등 (HI) → E21의 (   )번 핀 → G02 접지

② 우측 전조등(HI) 점등 : E09의 5번 핀 → 우측 전조등 (HI) → E09의 2번 핀 → G01 접지

(5) 계기판의 상향등 점등

상시전원 → 전조등(HIGH) 퓨즈 → 전조등릴레이 (HIGH)스위치 → ON → JM09의 F4번 → I21-2의 (   )번 핀 → 계기판의 상향등 → I21-2의 9번 핀 → I20의 13번 핀 → 조인트 커넥터 → I20의 11번 핀 → M08의 1번 핀 → 조인트 커넥터 → M08의 6번 핀 → G04 접지

02. 고광도 전조등 회로에서 라이트를 OFF 상태에서 딤머/패싱 스위치를 FLASH로 ON시키는 경우에 회로도상의 전류가 흐르는 요소들을 잘 보고 6개의 (   )를 채우시오.

(1) 딤머/패싱 스위치를 FLASH에 위치시켜서 전조등 릴레이(LOW)를 구동함

ON전원 → 실내 정션박스 퓨즈 10 → I/P-G의 3번 핀 → JM09의 D4번 핀 → 전조등 릴레이 (LOW) → JM09의 C9번 핀 → M01-1의 11번 핀 → 딤머/패싱스위치 → FLASH →M01-1의 1번 핀 → M08의 17번 핀 →조인트 커넥터 → M08의 6번 핀 → (   ) 접지

(2) 딤머/패싱 스위치를 FLASH에 위치시켜서 HID 릴레이 구동함

ON전원 → 실내 정션박스 퓨즈 10 → I/P-G의 3번 핀 → JM09의 D4번 핀 →엔진 룸 정션박스 → JE01의 E7번 핀 → C → E40의 2번 핀 → HID 릴레이 → E40의 4번 핀 → A → JE01의 D10번 핀 → JM09의 C9번 핀 → M01-1의 11번 → 딤머/패싱스위치 → FLASH → M01-1의 1번 핀 → M08의 17번 핀 → 조인트 커넥터 → M08의 (   )번 핀 → G04 접지

① 좌측 HID 액추에이터 점등 : 상시전원 → 좌측 전조등(LOW) 퓨즈 → 전조등릴레이(LOW)스위치 → ON → JE01의 E8번 핀 → B → E31의 2번 핀 → 좌측 HID 액추에이터 → E31의 1번 핀 → G02 접지

② 우측 HID 액추에이터 점등 : 상시전원 → 우측 전조등(LOW) 퓨즈 → JE01의 F9번 핀 → E40의 3번 핀 → HID 릴레이 스위치 → ON → E40의 1번 핀 → E33의 2번 핀 → 우측 HID 액추에이터 → E33의 1번 핀 → G01 접지

(3) 딤머/패싱 스위치를 FLASH에 위치시켜서 전조등 릴레이(HIGH)를 구동한다.

ON전원 → 실내 정션박스 퓨즈 10 → I/P-G의 3번 핀 → JM09의 D4번 핀 → 전조등 릴레이 (HIGH) → JM09의 A3번 핀 → M01-1의 2번 핀 → 딤머/패싱스위치 → FLASH → M01-1의 (　)번 핀 → M08의 17번 핀→ 조인트 커넥터 → M08의 6번 핀 → G04 접지

(4) 전조등 HI 점등

상시전원 → 전조등(HIGH) 퓨즈 → 전조등릴레이(HIGH)스위치 → ON → JE01의 A4번
- → E30의 2번 핀
- → E32의 2번 핀

① 좌측 HID 전조등(HI) 점등 : E30의 (　)번 핀 → 좌측 HID 전조등 (HI) → E30의 5번 핀 → G02 접지

② 우측 HID 전조등(HI) 점등 : E32의 2번 핀 → 우측 HID 전조등 (HI) → E32의 5번 핀 → G01 접지

(5) 계기판의 상향등 점등

상시전원 → 전조등(HIGH) 퓨즈 → 전조등 릴레이(HIGH)스위치 → ON → JM09의 F4번 → I21-2의 10번 핀 → 계기판의 상향등 → I21-2의 (　)번 핀 → I20의 13번 핀→ 조인트 커넥터 → I20의 11번 핀 → M08의 1번 핀 → 조인트 커넥터 → M08의 6번 핀 → G04 접지

03. 일반 전조등 전기회로도에서 패싱 스위치를 사용해서 헤드라이트를 HIGH상태로 점등시킬 때에 전류가 흐르지 않는 배선 2가지의 색깔과 굵기를 찾아 아래 빈칸에 배선 색깔과 굵기를 적으시오.

6.3. 통신을 사용한 차량의 전조등제어 회로실습

주요어

IPM, IPS컨트롤모듈, 전조등,RH, 전조등 LH, 리어 콤비네이션램프 RH, 리어 콤비네이션램프 LH, 다기능 스위치, 계기판, B-CAN

개요

통신을 사용한 자동차 전조등장치의 고장진단 및 정비에 필요한 관련 지식과 그 목적을 달성하기 위한 기본적이 능력인 통신을 사용한 자동차 전조등 장치 전기 회로도를 해독할 수 있도록 실습을 구성하였다. 여러 가지 해석문제와 실습을 통해 학생 스스로 흥미를 갖고 회로도의 해석에 자신감을 갖을 수 있도록 한다. 학습 후 학생 스스로 자신의 학습능력을 검토할 수 있도록 하였다.

학습목표

여러 가지 종류의 통신을 사용한 자동차 전조등장치를 고장 진단하고 정비하는데 필요한 여러 차종의 전조등 장치 전기 회로도를 설명할 수 있다.

6.3.1. 전조등 LOW제어 방법

① 운전자가 다기능스위치의 라이트 스위치를 HEAD로 조작한다.

② IPM의 IPS 컨트롤모듈에서는 운전자의 HEAD신호를 감지한다.

- I/P-H의 22번 5V → 0V

③ 운전자가 다기능스위치의 딤머/패싱 스위치를 LOW로 조작한다.

④ IPM의 IPS 컨트롤모듈은 IPS0 & IPS4장치를 통해 전조등 LOW를 작동시킨다.

- IPS0 : I/P-F의 9번 0V → 12V
- IPS4 : I/P-F의 8번 0V → 12V

6.3.2. 전조등 HIGH제어 방법

① 운전자가 다기능스위치의 라이트 스위치를 HEAD로 조작한다.

② IPM의 IPS 컨트롤모듈에서는 운전자의 HEAD 신호를 감지한다.

- I/P-H의 22번 5V → 0V

③ 운전자가 다기능 스위치의 딤머/패싱스위치를 HIGH로 조작한다.

- I/P-H의 13번 5V → 0V

④ IPM의 IPS 컨트롤모듈은 IPS0 , IPS4, IPS1, IPS5장치를 통해 전조등 LOW와 HIGH를 작동시킨다.

- IPS0 : I/P-F의 9번 0V → 12V
- IPS4 : I/P-F의 8번 0V → 12V
- IPS1 : I/P-F의 7번 0V → 12V
- IPS5 : I/P-F의 4번 0V → 12V

⑤ 계기판 상향등은 IPM에서 계기판으로 통신을 통해 신호를 전달하고 계기판이 계기판의 상향등을 작동시킨다.

- HIGH : IPS컨트롤모듈 I/P-H의 16번 & 계기판 M08의 39번
- LOW : IPS컨트롤모듈 I/P-H의 15번 & 계기판 M08의 40번

6.3.3. 전조등 PASS제어 방법

① 운전자가 다기능 스위치의 라이트 스위치를 OFF로 조작한다.

② 운전자가 다기능 스위치의 딤머/패싱스위치를 PASS로 조작한다.

- I/P-H의 21번 5V → 0V
- I/P-H의 13번 5V → 0V

③ IPM의 IPS 컨트롤모듈은 IPS0 , IPS4, IPS1, IPS5장치를 통해 전조등 LOW와 HIGH를 작동시킨다.

- IPS0 : I/P-F의 9번 0V → 12V
- IPS4 : I/P-F의 8번 0V → 12V
- IPS1 : I/P-F의 7번 0V → 12V
- IPS5 : I/P-F의 4번 0V → 12V

④ 계기판 상향등은 IPM에서 계기판으로 통신을 통해 신호를 전달하고 계기판이 계기판의 상향등을 작동시킨다.

- HIGH : IPS컨트롤모듈 I/P-H의 16번 & 계기판 M08의 39번
- LOW : IPS컨트롤모듈 I/P-H의 15번 & 계기판 M08의 40번

CHAPTER 02

Question 다음 회로도를 보고 전조등을 LOW상태로 ON시킬 때의 전류의 흐름을 상시전원부터 접지까지 회로도 위에 표시하시오.

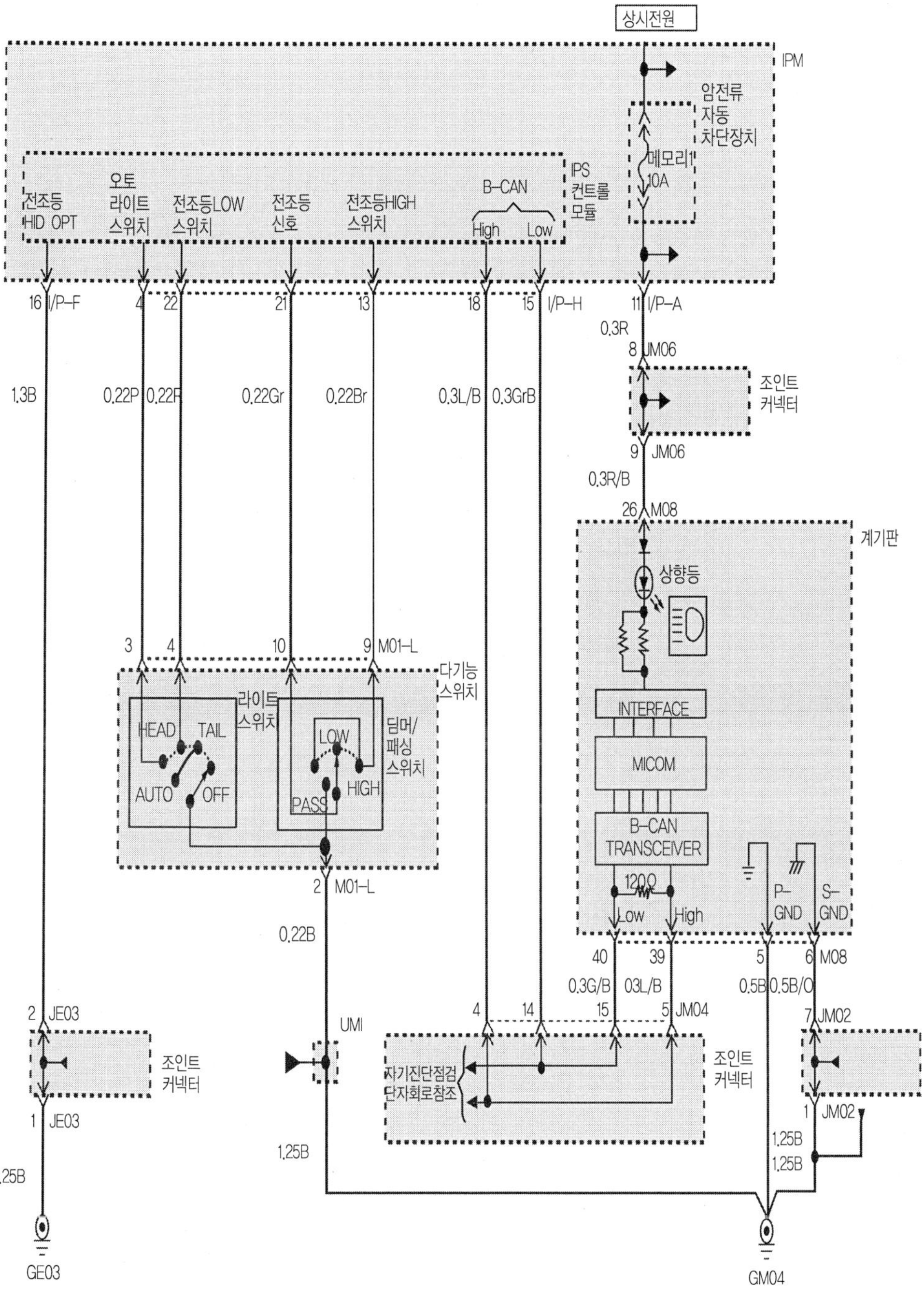

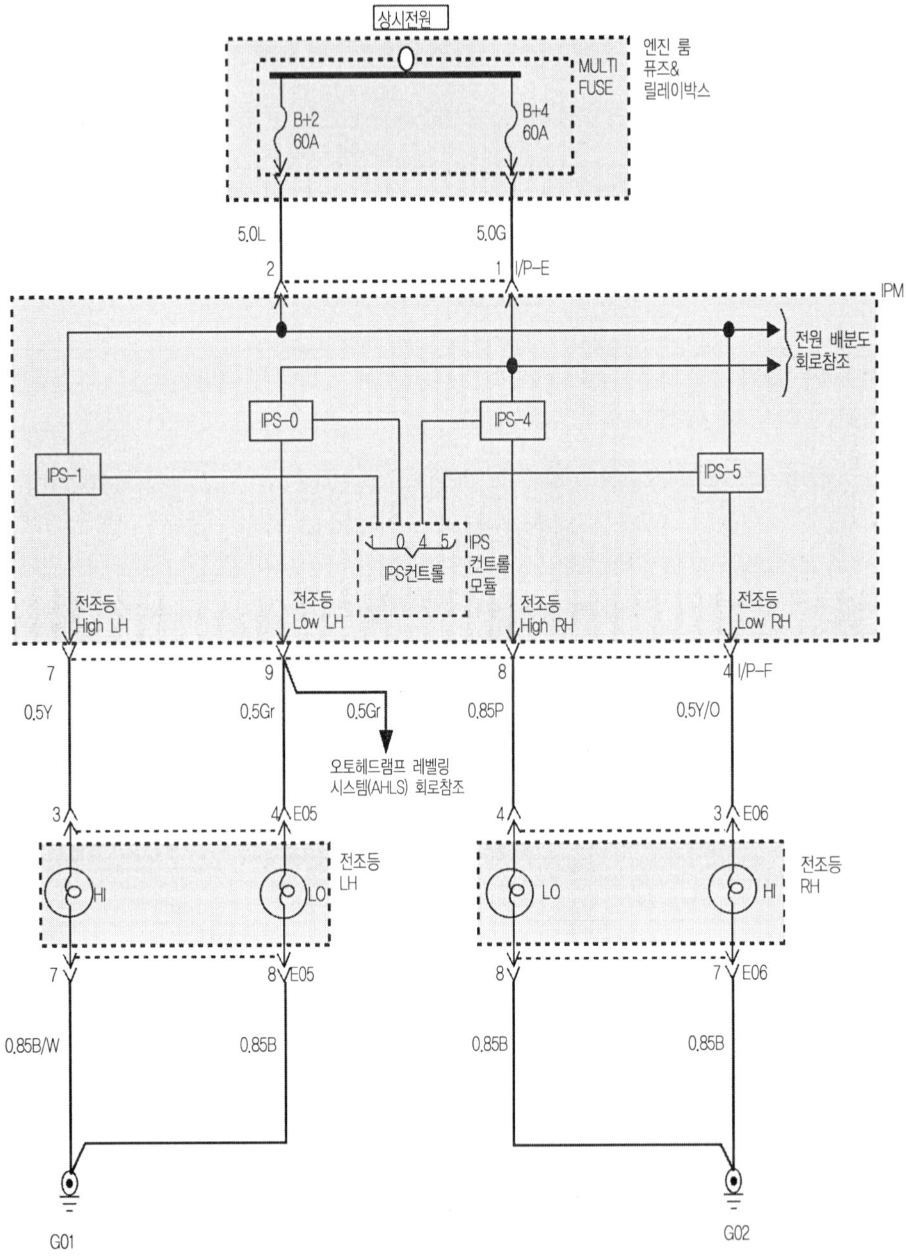
상시전원
엔진 룸
퓨즈&
릴레이박스
MULTI
FUSE
B+2
60A
B+4
60A
5.0L
5.0G
2
1
I/P-E
IPM
전원 배분도
회로참조
IPS-0
IPS-4
IPS-1
IPS-5
1 0 4 5
IPS컨트롤
IPS
컨트롤
모듈
전조등
High LH
전조등
Low LH
전조등
High RH
전조등
Low RH
7
9
8
4
I/P-F
0.5Y
0.5Gr
0.5Gr
0.85P
0.5Y/O
오토헤드램프 레벨링
시스템(AHLS) 회로참조
3
4
E05
4
3
E06
전조등
LH
HI
LO
LO
HI
전조등
RH
7
8
E05
8
7
E06
0.85B/W
0.85B
0.85B
0.85B
G01
G02

Question 전류 흐름도를 보고 다음 물음에 답하시오

01. 다기능스위치의 라이트스위치를 HEAD에 놓고 딤머/패싱 스위치를 LOW상태로 ON 시키는 경우에 회로도상의 전류가 흐르는 요소들을 잘 보고 ( )를 채우시오.

(1) 운전자가 다기능 스위치의 라이트 스위치를 HEAD로 조작한다.

IPM의 IPS 컨트롤모듈 전조등 LOW스위치 → I/P-H의 22번 → 다기능스위치 M01-L의 4번 → 다기능스위치의 라이트스위치 HEAD → 다기능스위치 M01-L의 ( )번 → GM04접지

(2) 전조등 LO 점등

상시전원 → 엔진룸퓨즈 & 릴레이박스의 MULTI FUSE B+4 60A → I/P-E의 1번 → ①②로 분리

---

① IPM의 IPS0 → I/P-F의 9번 → E05의 ( )번 → 전조등 LO LH → E05의 8번 → GE01

② IPM의 IPS4 → I/P-F의 8번 → E06의 4번 → 전조등 LO RH → E06의 8번 → GE02

(3) 계기판 점등

IPS 컨트롤모듈의 BSCAN의 LOW → I/P-H의 15번 → JM04의 14번 → 조인트 커넥터 → JM04의 15번 →M08의 40번

IPS 컨트롤모듈의 BSCAN의 HIGH → I/P-H의 16번 →JM04의 4번 → 조인트 커넥터 → JM04의 5번 → M08의 39번

〈계기판 접지〉

계기판의 P-GND → M08의 5번 → GM04

계기판의 S-GND → M08의 6번 → (   )

02. 다기능스위치의 라이트스위치를 HEAD에 놓고 딤머/패싱 스위치를 HIGH상태로 ON 시키는 경우에 회로도상의 전류가 흐르는 요소들을 잘 보고 (   )를 채우시오.

(1) 운전자가 다기능스위치의 라이트 스위치를 HEAD로 조작한다.

IPM의 IPS 컨트롤모듈 전조등 LOW스위치 → I/P-H의 22번 → 다기능스위치 M01-L의 4번 → 다기능스위치의 라이트 스위치 HEAD → 다기능스위치 M01-L의 (   )번 → GM04접지

(2) 운전자가 다기능 스위치의 딤머/패싱스위치를 HIGH로 조작한다.

IPM의 IPS 컨트롤모듈 전조등 HIGH스위치 → I/P-H의 13번 → 다기능스위치 M01-L의 9번 → 다기능스위치의 딤머 패싱스위치 HIGH → 다기능스위치 M01-L의 2번 → GM04접지

(3) 전조등 LO 점등

상시전원 → 엔진룸 퓨즈 & 릴레이박스의 MULTI FUSE B+4 60A → I/P-E의 (   )번→ ①, ②로 분리

---

① IPM의 IPS0 → I/P-F의 9번 → E05의 4번 → 전조등 LO LH → E05의 8번 → GE01

② IPM의 IPS4 → I/P-F의 8번 → E06의 4번 → 전조등 LO RH → E06의 8번 → GE02

(4) 전조등 HI 점등

상시전원 → 엔진룸 퓨즈 & 릴레이박스의 MULTI FUSE B+2 60A → I/P-E의 2번 → ③, ④로 분리

---

③ IPM의 IPS1 → I/P-F의 7번 → E05의 3번 → 전조등 HI LH → E05의 7번 → GE01

④ IPM의 IPS5 → I/P-F의 4번 → E06의 (　　)번 → 전조등 HI RH → E06의 7번 → GE02

(5) 계기판 점등

IPS 컨트롤모듈의 B-SCAN의 LOW → I/P-H의 15번 → JM04의 14번 → 조인트 커넥터 → JM04의 15번 →M08의 40번

IPS 컨트롤모듈의 B-SCAN의 HIGH → I/P-H의 16번 →JM04의 4번 → 조인트 커넥터 → JM04의 5번 → M08의 39번

상시 전원 → IPM의 암전류 자동 차단장치의 메모리1 10A 퓨즈 → I/P-A의 11번 → JM06의 8번 → 조인트 커넥터 → JM06의 (　　)번 → M08의 26번 → 계기판의 상향등 → INTERFACE/MICOM/B-SCAN TRANSCEIVER

〈계기판 접지〉

계기판의 P-GND → M08의 5번 → GM04

계기판의 S-GND → M08의 6번 → GM04

03. 다기능스위치의 라이트스위치를 OFF에 놓고 딤머/패싱 스위치를 PASS상태로 ON 시키는 경우에 회로도상의 전류가 흐르는 요소들을 잘 보고 ( )를 채우시오.

(1) 운전자가 다기능스위치의 딤머/패싱 스위치를 PASS로 조작한다.

IPM의 IPS 컨트롤모듈 전조등 HIGH스위치 → I/P-H의 13번 → 다기능스위치 M01-L의 9번 → 다기능스위치의 딤머 패싱스위치 HIGH → 다기능스위치 M01-L의 2번 → GM04접지

IPM의 IPS 컨트롤모듈 전조등 신호 → I/P-H의 21번 → 다기능스위치 M01-L의 10번 → 다기능스위치의 딤머 패싱스위치 HIGH → 다기능스위치 M01-L의 ( )번 → GM04접지

(2) 전조등 LO 점등

상시전원 → 엔진룸 퓨즈 & 릴레이박스의 MULTI FUSE B+4 60A → I/P-E의 1번→ ①, ②로 분리

---

① IPM의 IPS0 → I/P-F의 9번 → E05의 4번 → 전조등 LO LH → E05의 8번 → GE01

② IPM의 IPS4 → I/P-F의 8번 → E06의 ( )번 → 전조등 LO RH → E06의 8번 → GE02

(3) 전조등 HI 점등

상시전원 → 엔진룸 퓨즈 & 릴레이박스의 MULTI FUSE B+2 60A → I/P-E의 2번 → ③, ④로 분리

---

③ IPM의 IPS1 → I/P-F의 7번 → E05의 3번 → 전조등 HI LH → E05의 ( )번 → GE01

④ IPM의 IPS5 → I/P-F의 4번 → E06의 3번 → 전조등 HI RH → E06의 7번 → GE02

(4) 계기판 점등

IPS 컨트롤모듈의 B-SCAN의 LOW → I/P-H의 15번 → JM04의 14번 → 조인트 커넥터 → JM04의 15번 →M08의 40번

IPS 컨트롤모듈의 B-SCAN의 HIGH → I/P-H의 16번 →JM04의 (   )번 → 조인트 커넥터 → JM04의 5번 → M08의 39번

상시 전원 → IPM의 암전류 자동 차단장치의 메모리1 10A 퓨즈 → I/P-A의 11번 → JM06의 8번 → 조인트 커넥터 → JM06의 9번 → M08의 26번 → 계기판의 상향등 → INTERFACE/MICOM/B-SCAN TRANSCEIVER

〈계기판 접지〉

계기판의 P-GND → M08의 5번 → GM04

계기판의 S-GND → M08의 6번 → GM04

03. 위의 2가지 종류의 회로도를 비교하면서 전조등을 LOW상태 또는 HIGH로 ON시키도록 제어하는 요소는 무엇인가? 어떻게 제어하고 있을지 생각하여 적으시오.

04. 전조등 전기회로도에서 라이트 스위치를 사용해서 헤드라이트를 HIGH로 점등시킬 때에 전류가 흐르는 배선의 색깔을 찾아서 배선 색깔 이름을 적으시오.

6.4. 전조등제어 회로 실험 실습

01. 실험 준비물을 확인한다.

실습 교재, 다기능스위치, 헤드라이트 모듈, 배선, 전원공급기

02. 다음 방법에 따라서 실험을 실시한다.

① 전원공급기의 1A의 (+), (-)를 자동차의 배터리로 사용한다.
② 회로도를 보고 헤드라이트를 점등할 수 있도록 회로를 연결한다.
③ 회로도에 나타나 있는 배선의 색깔과 커넥터의 핀을 잘 확인하여 연결한다.
④ 실내 정션박스, 엔진룸 정션박스 등은 없으므로 직접 배선으로 연결한다.
⑤ 전원공급기의 (-)를 자동차의 접지(G01, G02, G04)로 사용한다.
⑥ 라이트 스위치를 OFF에 위치시키고 딤머/패싱 스위치를 FLASH에 놓고 헤드라이트가 HIGH로 점등되는지 살펴본다.
⑦ 헤드라이트가 작동하지 않으면 회로도와 비교하면서 틀린 곳을 찾아 바르게 연결한다.
⑧ 위의 과정을 반복해서 실시하여 숙달이 되도록 한다.

03. 헤드라이트의 패싱 동작은 정상적으로 구동이 되었는가 ?

예( ), 아니오( )

04. 만약 헤드라이트가 정상적으로 작동이 되지 않았다면 그 원인은 무엇이라고 생각되는지 적으시오.

05. 위의 실험을 통해 느낀 점을 적으시오.

07 | 오토라이트 제어

7.1. 교재의 구성

내용소개

자동차 오토 라이트장치의 고장진단 및 정비에 필요한 관련 지식과 그 목적을 달성하기 위한 기본적이 능력인 자동차 오토라이트 장치 전기 회로도를 해독할 수 있도록 실습을 구성하였다. 여러 가지 해석문제와 실습을 통해 학생 스스로 흥미를 갖고 회로도의 해석에 자신감을 갖을 수 있도록 한다. 학습 후 학생 스스로 자신의 학습능력을 검토할 수 있도록 하였다.

학습목표

여러 가지 종류의 자동차 오토 라이트장치를 고장 진단하고 정비하는데 필요한 여러 차종의 오토 라이트장치 전기 회로도를 설명할 수 있다.

선수 학습모듈

자동차 전기부품 및 전자장치에 대한 구조 및 작동원리에 대한 기초적인 지식을 타 교과에서 이수하도록 한다.

7.2. 일반 차량의 오토라이트 제어회로

주요어

오토라이트, 다기능 스위치, 스티어링 휠, 전조등 릴레이

개요

자동차 오토라이트의 고장진단 및 정비에 필요한 관련 지식과 그 목적을 달성하기 위한 기본적이 능력인 자동차 오토라이트 전기 회로도를 해독할 수 있도록 실습을 구성하였다. 여러 가지 해석문제와 실습을 통해 학생 스스로 흥미를 갖고 회로도의 해석에 자신감을 갖을 수 있도록 한다. 학습 후 학생 스스로 자신의 학습능력을 검토할 수 있도록 하였다.

학습목표

여러 가지 종류의 자동차 오토 라이트장치를 고장진단하고 정비하는데 필요한 여러 차종의 오토라이트 전기 회로도를 설명할 수 있다.

Question 다음 회로도를 보고 라이트스위치를 AUTO에 놓고 딤머/패싱 스위치를 LOW로 놓았을 때의 전류의 흐름을 전원부터 접지까지 회로도 위에 표시하시오.

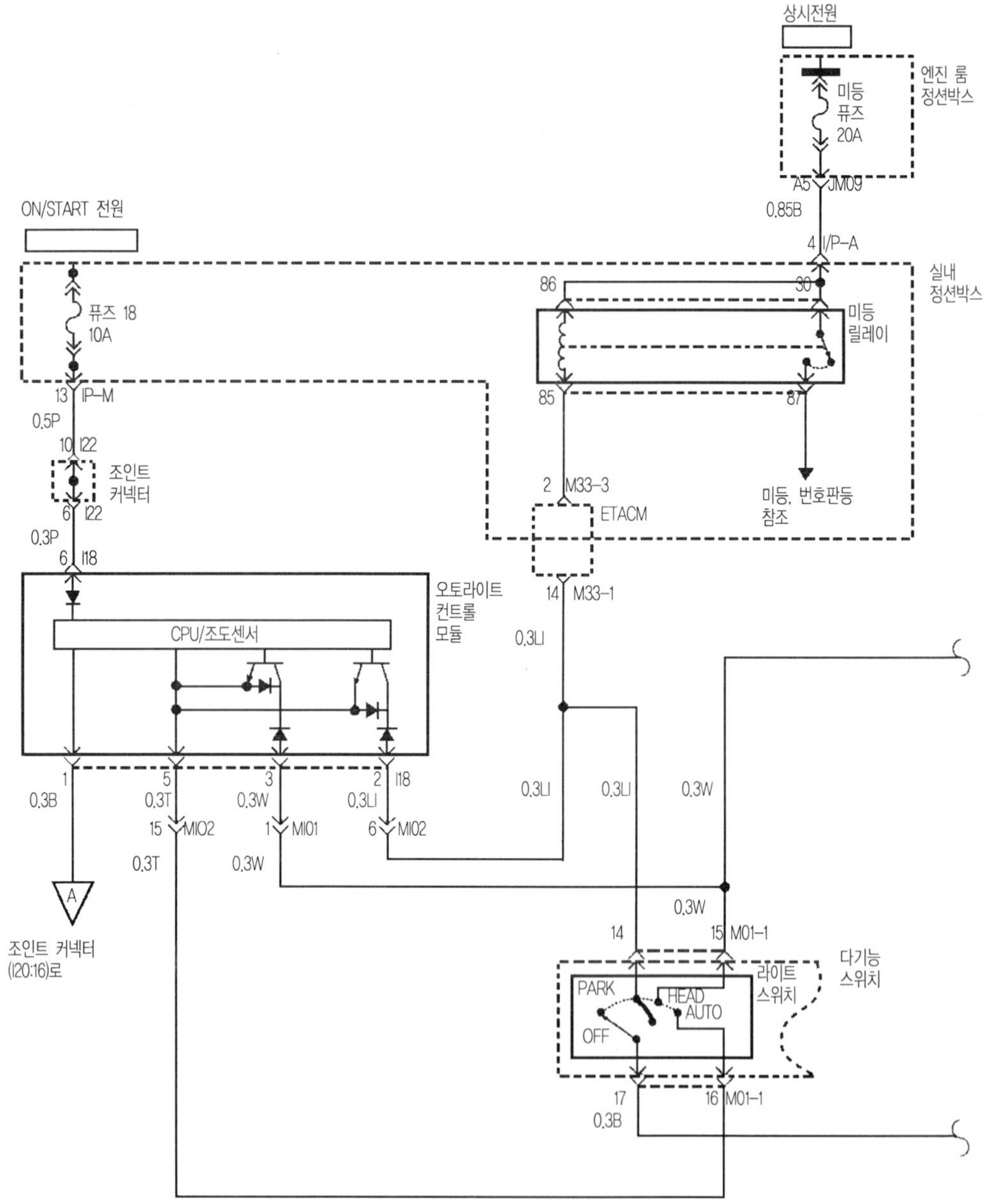

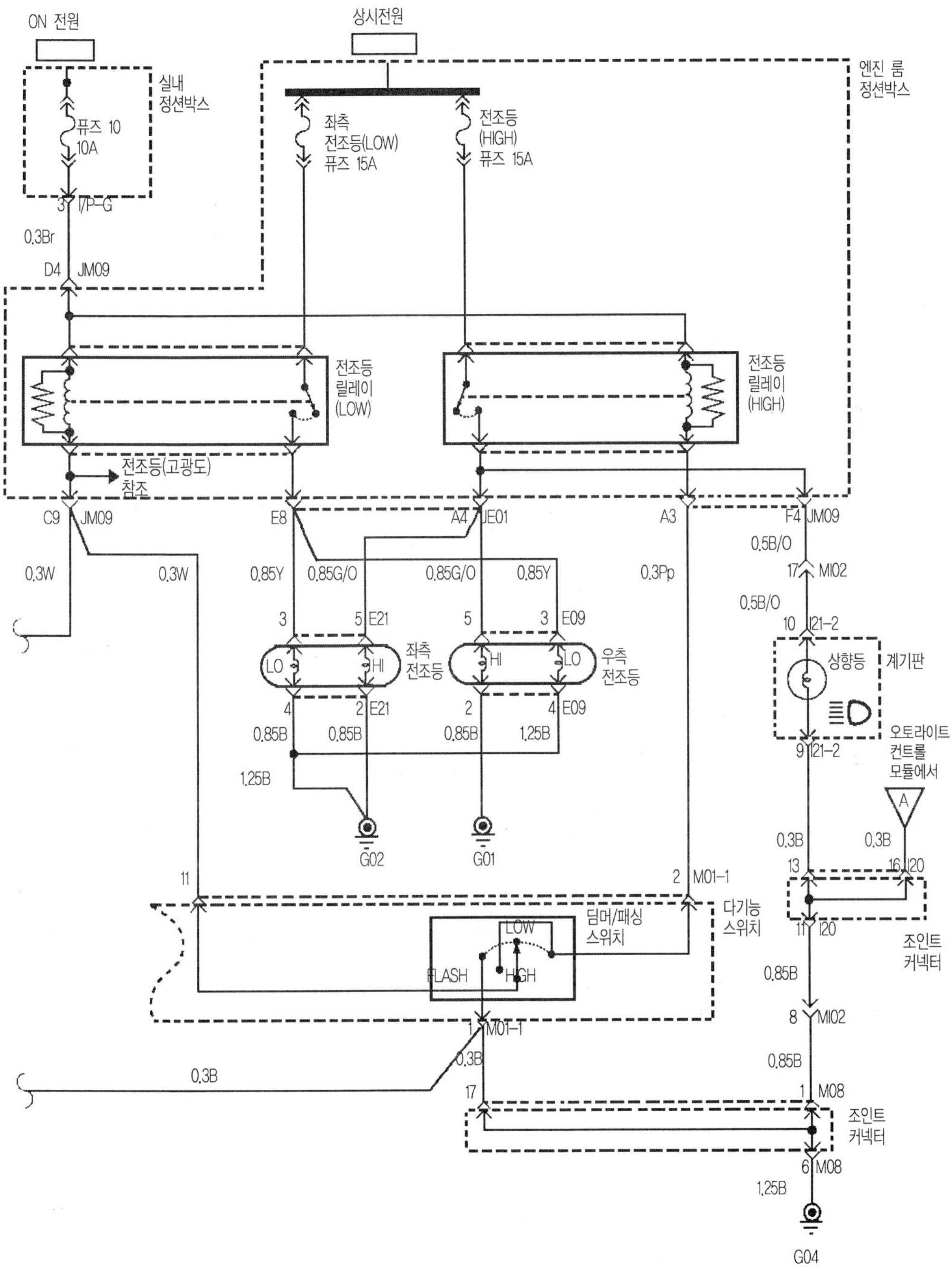
ON 전원
상시전원
실내 정션박스
퓨즈 10 10A
3 I/P-G
0.3Br
D4 JM09
좌측 전조등(LOW) 퓨즈 15A
전조등 (HIGH) 퓨즈 15A
엔진 룸 정션박스
전조등 릴레이 (LOW)
전조등 릴레이 (HIGH)
전조등(고광도) 참조
C9 JM09
E8
A4 JE01
A3
F4 JM09
0.3W
0.3W
0.85Y
0.85G/O
0.85G/O
0.85Y
0.3Pp
0.5B/O
17 MI02
0.5B/O
10 I21-2
3
5 E21
5
3 E09
LO
HI
HI
LO
좌측 전조등
우측 전조등
상향등
계기판
4
2 E21
2
4 E09
0.85B
0.85B
0.85B
1.25B
9 I21-2
오토라이트 컨트롤 모듈에서
A
1.25B
G02
G01
0.3B
0.3B
13
16 I20
11
2 M01-1
다기능 스위치
딤머/패싱 스위치
LOW
FLASH
HIGH
11 I20
조인트 커넥터
0.85B
8 MI02
1 M01-1
0.3B
0.3B
0.85B
17
1 M08
조인트 커넥터
6 M08
1.25B
G04

Question 전류 흐름도를 보고 다음 물음에 답하시오.

01. 위의 전기 회로도에서 라이트 스위치를 AUTO 상태로 놓고 딤머/패싱 스위치를 LOW에 놓았을 경우에 회로도상의 전류가 흐르는 요소들을 잘 보고 4개의 (　)를 채우시오.

(1) 라이트 스위치를 AUTO에 놓으면 조도 센서가 전조등 릴레이(LOW)를 제어함

ON전원 → 실내 정션박스 퓨즈 10 → I/P-G의 3번 핀 → JM09의 D4번 핀 → 전조등 릴레이 (LOW) → JM09의 C9번 핀 → I18의 (　　)번 핀 → 오토라이트 조도센서 → I18의 5번 핀→ M01-1의 16번 핀→ 라이트스위치 → AUTO → M01-1의 (　)번 핀 → M08의 17번 핀 → 조인트 커넥터 → M08의 6번 핀 → G04 접지

(2) 전조등 LO 점등

상시전원 → 전조등(LOW) 퓨즈 → 전조등 릴레이(LOW)스위치 → ON → JE01의 E8번 → E21의 3번 핀
→ E09의 3번 핀

① 좌측 전조등(LOW) 점등 : E21의 (　)번 핀 → 좌측 전조등(LO) → E21의 4번 핀 → G02 접지

② 우측 전조등(LOW) 점등 : E09의 3번 핀 → 우측 전조등(LO) → E09의 (　) 번 핀 → G02 접지

02. 위의 전기 회로도에서 라이트 스위치를 AUTO 상태로 놓고 딤머/패싱 스위치를 HIGH에 놓았을 경우에 회로도상의 전류가 흐르는 요소들을 잘 보고 6개의 ( )를 채우시오.

(1) 라이트 스위치를 AUTO에 놓으면 조도 센서가 전조등 릴레이(LOW)를 제어함

ON전원 → 실내 정션박스 퓨즈 10 → I/P-G의 3번 핀 → JM09의 D4번 핀 → 전조등 릴레이(LOW) → JM09의 C9번 핀 → I18의 3번 핀 → 오토라이트 조도센서 → I18의 5번 핀 → M01-1의 ( )번 핀 → 라이트스위치 → AUTO → M01-1의 17번 핀 → M08의 17번 핀 → 조인트 커넥터 → M08의 6번 핀 → G04접지

(2) 전조등 LO 점등

상시전원 → 전조등(LOW) 퓨즈 → 전조등 릴레이(LOW)스위치 → ON → JE01의 E8번 → E21의 3번 핀 / → E09의 3번 핀

① 좌측 전조등(LOW) 점등 : E21의 3번 핀 → 좌측 전조등(LO) → E21의 4번 핀 → ( ) 접지

② 우측 전조등(LOW) 점등 : E09의 3번 핀 → 우측 전조등(LO) → E09의 4번 핀 → G02 접지

(3) 딤머/패싱 스위치를 HIGH에 위치시켜서 전조등 릴레이(HIGH)를 구동함

ON전원 → 실내 정션박스 퓨즈 10 → I/P-G의 3번 핀 → JM09의 ( )번 핀 → 전조등 릴레이 (HIGH) → JM09의 A3번 핀 → M01-1의 2번 핀 → 딤머/패싱스위치 → HIGH → M01-1의 11번 핀 → I18의 3번 핀 → 오토라이트 조도센서 → I18의 ( )번 핀→ M01-1의 16번 핀→ 라이트스위치→AUTO → M01-1의 17번 핀 → M08의 17번 핀 → 소인트 커넥터 → M08의 6번 핀 → G04 접지

Automotive Electronic Circuits

(4) 전조등 HI 점등

상시전원 → 전조등(HIGH) 퓨즈 → 전조등릴레이(HIGH)스위치 → ON → JE01의 A4번 → E21의 5번 핀 / → E09의 5번 핀

① 좌측 전조등(HI) 점등 : E21의 5번 핀 → 좌측 전조등(HI) → E21의 (　)번 핀 → G02 접지

② 우측 전조등(HI) 점등 : E09의 5번 핀 → 우측 전조등(HI) → E09의 2번 핀 → G01 접지

(5) 계기판의 상향등 점등

상시전원 → 전조등(HIGH) 퓨즈 → 전조등 릴레이(HIGH)스위치 → ON → JM09의 F4번 → I21-2의 (　) 번 핀 → 계기판의 상향등 → I21-2의 9번 핀 → I20의 13번 핀 → 조인트 커넥터 →I20의 11번 핀 → M08의 1번 핀 → 조인트 커넥터 → M08의 6번 핀 → G04 접지

03. 위의 전기 회로도에서 라이트스위치를 AUTO 상태로 놓아서 오토라이트 컨트롤 모듈이 미등 릴레이를 제어하는 경우에 회로도상의 전류가 흐르는 요소들을 잘 보고 2개의 (　)를 채우시오.

(1) 라이트 스위치를 AUTO에 놓으면 조도 센서가 미등 릴레이를 제어함

상시전원 → 실내 정션박스 미등 퓨즈 → JM09의 A5번 핀 → I/P-A의 4번 핀 → 미등 릴레이 → ETACM → M33-1의 14번 핀 → I18의 (　　)번 핀 → 오토라이트 조도센서 → I18의 5번 핀 → M01-1의 (　　)번 핀 → 라이트 스위치 → AUTO → M01-1의 17번 핀 → M08의 17번 핀 → 조인트 커넥터 → M08의 6번 핀 → G04 접지

7.3. 통신을 사용한 차량의 오토라이트 제어회로

주요어

IPM, IPS컨트롤모듈, 전조등,RH, 전조등 LH, 오토라이트 & 포토센서, 다기능 스위치, 계기판, B-CAN

개요

통신을 사용한 자동차 오토라이트의 고장진단 및 정비에 필요한 관련 지식과 그 목적을 달성하기 위한 기본적이 능력인 통신을 사용한 자동차 오토 라이트 전기 회로도를 해독할 수 있도록 실습을 구성하였다.

여러 가지 해석문제와 실습을 통해 학생 스스로 흥미를 갖고 회로도의 해석에 자신감을 갖을 수 있도록 한다. 학습 후 학생 스스로 자신의 학습능력을 검토할 수 있도록 하였다.

학습목표

여러 가지 종류의 통신을 사용한 자동차 오토 라이트장치를 고장 진단하고 정비하는데 필요한 여러 차종의 오토 라이트 전기 회로도를 설명할 수 있다.

7.3.1. 오토라이트 제어 방법

(1) 운전자가 다기능스위치의 라이트스위치를 AUTO로 조작한다.

- I/P-H의 4번 5V → 0V

(2) IPM의 IPS 컨트롤모듈에서는 오토라이트 & 포토센서의 오토 라이트센서의 조도 신호를 감지한다.

- I/P-G의 10번 신호 전압 입력

(3) 입력된 조도 신호에 따라서 IPM의 IPS 컨트롤모듈은 미등, 전조등 LO를 작동시킨다.

- IPS3 : I/P-F의 5번 & I/P-D의 41번 0V → 12V(미등)
- IPS7 : I/P-D의 40번 & I/P-F의 6번 0V → 12V(미등)
- IPS0 : I/P-F의 9번 0V → 12V(전조등 LO)

- IPS4 : I/P-F의 8번 0V → 12V(전조등 LO)
- IPS1 : I/P-F의 7번 0V → 12V(전조등 HI)
- IPS5 : I/P-F의 4번 0V → 12V(전조등 HI)

(4) 계기판 미등, 상향등은 IPM에서 계기판으로 통신을 통해 신호를 전달하고 계기판이 계기판의 미등, 상향등을 작동시킨다.

- HIGH : IPS 컨트롤모듈 I/P-H의 16번 & 계기판 M08의 39번
- LOW : IPS 컨트롤모듈 I/P-H의 15번 & 계기판 M08의 40번

Question 다음 회로도를 보고 라이트 스위치를 AUTO에 놓고 딤머/패싱 스위치를 LOW로 놓았을 때의 전류의 흐름을 전원부터 접지까지 회로도 위에 표시하시오

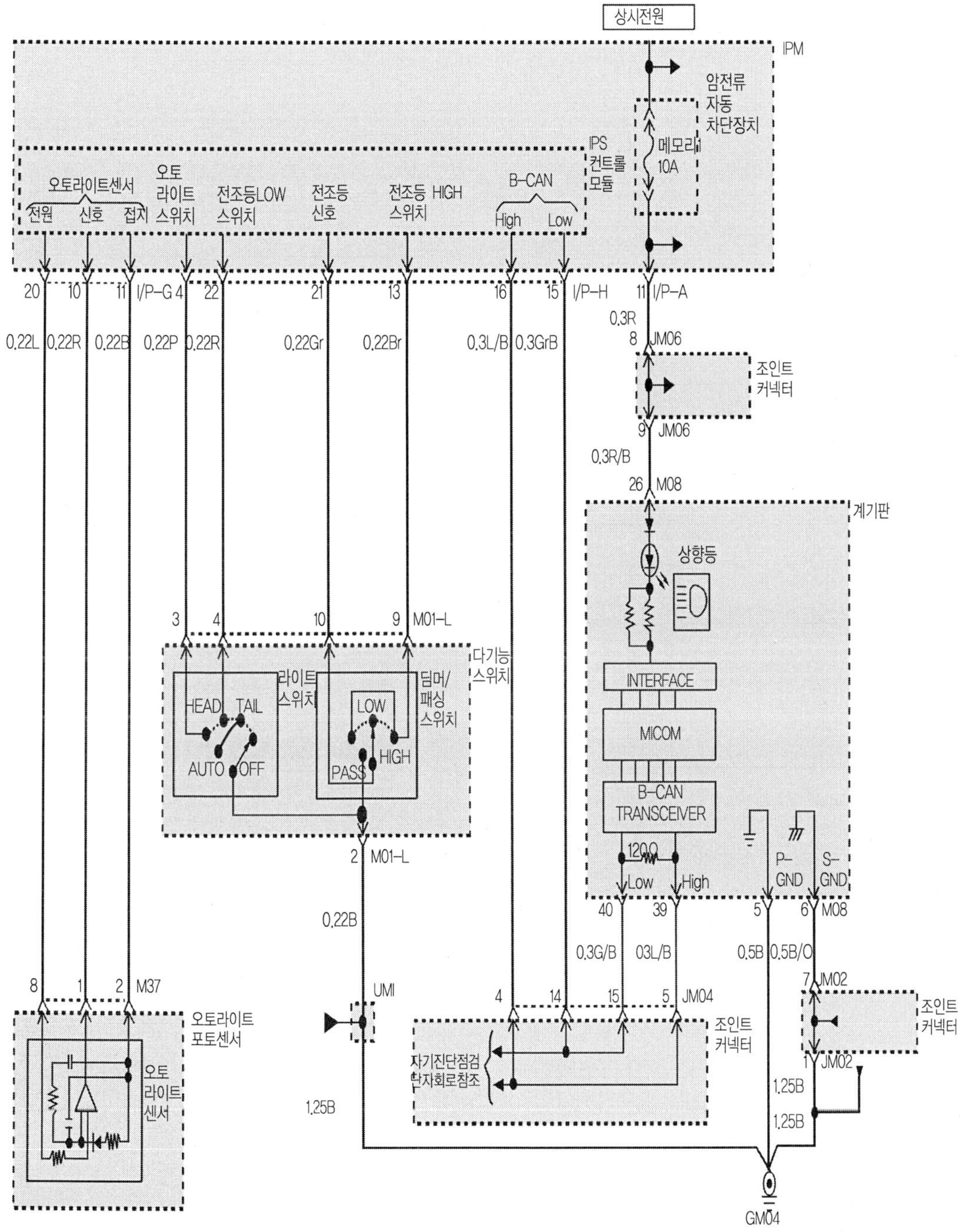

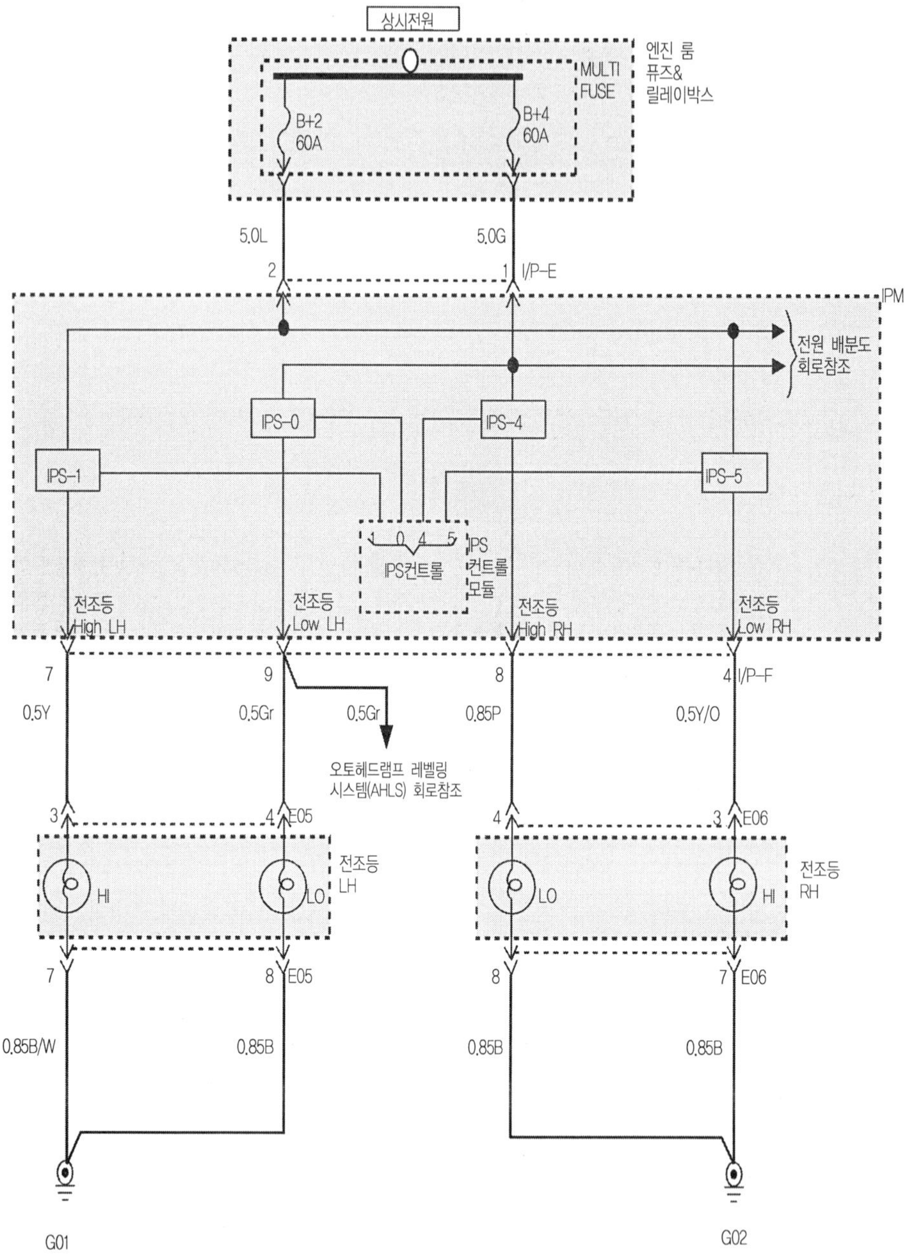
상시전원
MULTI FUSE
엔진 룸 퓨즈& 릴레이박스
B+2 60A
B+4 60A
5.0L
5.0G
2
1 I/P-E
IPM
전원 배분도 회로참조
IPS-0
IPS-4
IPS-1
IPS-5
1 0 4 5
IPS컨트롤
IPS 컨트롤 모듈
전조등 High LH
전조등 Low LH
전조등 High RH
전조등 Low RH
7
9
8
4 I/P-F
0.5Y
0.5Gr
0.5Gr
0.85P
0.5Y/O
오토헤드램프 레벨링 시스템(AHLS) 회로참조
3
4 E05
4
3 E06
HI
LO
전조등 LH
LO
HI
전조등 RH
7
8 E05
8
7 E06
0.85B/W
0.85B
0.85B
0.85B
G01
G02

Question 전류 흐름도를 보고 다음 물음에 답하시오

01. 위의 전기 회로도에서 라이트 스위치를 AUTO 상태로 놓고 딤머/패싱 스위치를 LOW에 놓았을 경우에 회로도상의 전류가 흐르는 요소들을 잘 보고 (   )를 채우시오.

(1) 운전자가 다기능 스위치의 라이트 스위치를 AUTO로 조작한다.

IPM의 IPS 컨트롤모듈 오토라이트 스위치 → I/P-H의 4번 → 다기능스위치 M01-L의 (   )번 → 다기능스위치의 라이트스위치 AUTO → 다기능스위치 M01-L의 2번 → GM04접지

(2) 오토라이트 센서 신호를 IPM이 입력받는다.

IPM의 IPS 컨트롤모듈 오토 라이트센서 전원 → I/P-H의 20번 → 오토라이트 M37의 8번

IPM의 IPS 컨트롤모듈 오토 라이트센서 접지 → I/P-H의 (   )번 → 오토라이트 M37의 2번

IPM의 IPS 컨트롤모듈 오토 라이트센서 신호 → I/P-H의 10번 → 오토라이트 M37의 1번

(3) 전조등 LO 점등

상시전원 → 엔진룸 퓨즈 & 릴레이박스의 MULTI FUSE B+4 60A → I/P-E의 1번→ ①, ②로 분리

---

① IPM의 IPS0 → I/P-F의 9번 → E05의 4번 → 전조등 LO LH → E05의 8번 → GE01

② IPM의 IPS4 → I/P-F의 8번 → E06의 4번 → 전조등 LO RH → E06의 (   )번 → GE02

(4) 전조등 HI 점등

상시전원 → 엔진룸 퓨즈 & 릴레이박스의 MULTI FUSE B+2 60A → I/P-E의 2번→ ③, ④로 분리

③ IPM의 IPS1 → I/P-F의 7번 → E05의 3번 → 전조등 HI LH → E05의 7번 → GE01

④ IPM의 IPS5 → I/P-F의 4번 → E06의 (   )번 → 전조등 HI RH → E06의 7번 → GE02

(5) 계기판 점등

IPS 컨트롤모듈의 B-SCAN의 LOW → I/P-H의 15번 → JM04의 14번 → 조인트 커넥터 → JM04의 15번 →M08의 40번

IPS 컨트롤모듈의 B-SCAN의 HIGH → I/P-H의 16번 →JM04의 4번 → 조인트 커넥터 → JM04의 5번 → M08의 39번

상시 전원 → IPM의 암전류 자동 차단장치의 메모리1 10A 퓨즈 → I/P-A의 11번 → JM06의 8번 → 조인트 커넥터 → JM06의 9번 → M08의 (   )번 → 계기판의 상향등 → INTERFACE/MICOM/B-SCAN TRANSCEIVER

〈계기판 접지〉

계기판의 P-GND → M08의 5번 → GM04

계기판의 S-GND → M08의 6번 → GM04

CHAPTER 02

7.2. 오토라이트 제어 실험 실습

01. 실험 준비물을 확인한다.

실습 교재, 다기능 스위치, 헤드라이트 모듈, 오토라이트 센서 모듈, 미등 모듈, 배선, 전원공급기

02. 다음 방법에 따라서 실험을 실시한다.

① 전원공급기의 1A의 (+), (-)를 자동차의 배터리로 사용한다.

② 회로도를 보고 헤드라이트를 점등할 수 있도록 회로를 연결한다.

③ 회로도에 나타나 있는 배선의 색깔과 커넥터의 핀을 잘 확인하여 연결한다.

④ 실내 정션박스, 엔진룸 정션박스 등은 없으므로 직접 배선으로 연결한다.

⑤ 전원공급기의 (-)를 자동차의 접지(G04)로 사용한다.

⑥ 라이트 스위치를 AUTO에 위치시키고 조도 센서의 햇빛을 차단하여 헤드라이트가 자동으로 점등되는지 살펴본다.

⑦ 라이트 스위치를 AUTO에 위치시키고 딤머/패싱 스위치를 HIGH에 놓은 후, 조도 센서의 햇빛을 차단하여 헤드라이트가 자동으로 점등되는지 살펴본다.

⑧ 라이트 스위치를 AUTO에 위치시키고 조도 센서의 햇빛을 조금 차단하여 미등이 자동으로 점등되는지 살펴본다.

⑨ 헤드라이트가 작동하지 않으면 회로도와 비교하면서 틀린 곳을 찾아 바르게 연결한다.

⑩ 위의 과정을 반복해서 실시하여 숙달이 되도록 한다.

03. 오토라이트의 동작은 정상적으로 구동이 되었는가 ?

예(　　), 아니오(　　)

04. 만약 오토라이트가 정상적으로 작동이 되지 않았다면 그 원인은 무엇이라고 생각되는지 아래에 적으시오.

Automotive Electronic Circuits

05. 위의 실험을 통해 느낀 점을 아래에 적으시오.

CHAPTER 03

자동차 모터제어

통신회로를 이용한 • 자동차 전기회로

01 와이퍼 및 와셔 모터제어

1.1. 교재의 구성

내용소개

자동차 와이퍼 및 와셔 모터의 고장진단 및 정비에 필요한 관련 지식과 그 목적을 달성하기 위한 기본적이 능력인 자동차 와이퍼 및 와셔 모터 전기 회로도를 해독할 수 있도록 실습을 구성하였다.

여러 가지 해석문제와 실습을 통해 학생 스스로 흥미를 갖고 회로도의 해석에 자신감을 갖을 수 있도록 한다. 학습 후 학생 스스로 자신의 학습능력을 검토할 수 있도록 하였다.

학습목표

여러 가지 종류의 자동차 와이퍼 및 와셔 모터장치를 고장진단하고 정비하는데 필요한 여러 차종의 와이퍼 및 와셔 모터 전기 회로도를 설명할 수 있다.

선수 학습모듈

자동차 전기부품 및 전자장치에 대한 구조 및 작동원리에 대한 기초적인 지식을 타 교과에서 이수하도록 한다.

1. 2. 일반 차량의 와이퍼 및 와셔 제어회로

주요어

와이퍼 제어장치, 다기능 스위치, 스티어링 휠, 와이퍼 제어장치 릴레이

개요

자동차 와이퍼 제어장치의 고장진단 및 정비에 필요한 관련 지식과 그 목적을 달성하기 위한 기본적이 능력인 자동차 와이퍼 제어장치 전기 회로도를 해독할 수 있도록 실습을 구성하였다.

여러 가지 해석문제와 실습을 통해 학생 스스로 흥미를 갖고 회로도의 해석에 자신감을 갖을 수 있도록 한다. 학습 후 학생 스스로 자신의 학습능력을 검토할 수 있도록 하였다.

학습목표

여러 가지 종류의 자동차 와이퍼 제어장치를 고장진단하고 정비하는데 필요한 여러 차종의 와이퍼 제어장치 전기 회로도를 설명할 수 있다.

Question 다음 전기 회로도를 보고 와이퍼 스위치 2단(LO) 작동 시 전류의 흐름을 ON 전원부터 접지까지 회로도 위에 표시하시오.

【레인센서 미적용】

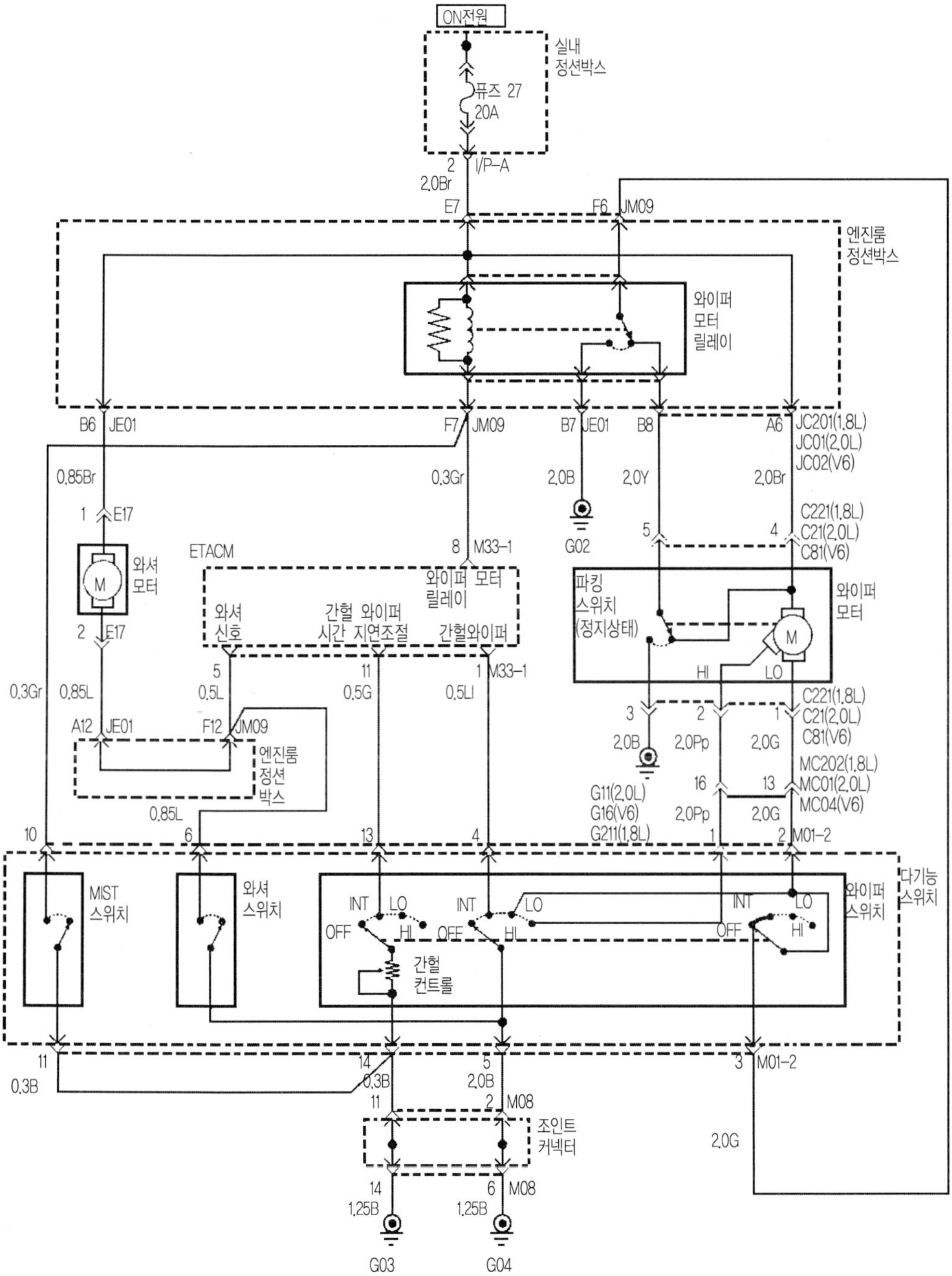

Question 전류 흐름도를 보고 다음 물음에 답하시오.

01. 와이퍼 스위치 2단 작동 시 전류가 흐르는 요소를 잘 보고 3개의 (　　)를 채우시오(2.0L를 기준으로).

ON전원 → 실내 정션박스 27번 퓨즈 → I/P-A커넥터의 2번 핀 → JM09의 E7 → JC01의 A6 → C21의 ( )번 핀 → 와이퍼 모터 LO → C21커넥터의 1번 핀 → MO1-2의 2번 핀 → 와이퍼 스위치 LO → M01-2의 ( )번 핀 → M08의 2번 핀 → 조인트 커넥터 → M08의 6번 핀 → (　　)접지

02. 위의 전기회로도에서 와이퍼 스위치 2단 작동 시 전류가 흐르지 않는 요소를 아래에서 모두 찾아 (　)안에 적으시오.

ETACM, 실내 정션박스, G04접지, 와이퍼 모터, 와셔 모터,
와이퍼 모터 릴레이, 와이퍼 스위치, G03 접지

(　　　　) (　　　　) (　　　　) (　　　　)

03. 와이퍼 2단 작동 시 전류가 흐르는 배선의 색깔 3가지를 모두 찾아 ( ) 안에 적으시오.

(　　　　) (　　　　) (　　　　)

Question 전류 흐름도를 보고 다음 물음에 답하시오.

01. 와이퍼 3단 작동 시 전류가 흐르는 요소를 잘 보고 3개의 ( )를 채우시오(2.0L를 기준으로).

ON전원 → 실내 정션박스 ( )번 퓨즈 → I/P-A커넥터의 2번 핀 → JM09의 E7 → JC01의 A6 → C21의 4번 핀 → 와이퍼 모터 HI → C21커넥터의 ( )번 핀 → MO1-2의 1번 핀 → 와이퍼 스위치 HI → M01-2의 5번 핀 → M08의 2번 핀 → 조인트 커넥터 → M08의 ( )번 핀 → G04접지

02. 위의 전기 회로도에서 와이퍼 3단 작동 시 전류가 흐르지 않는 요소를 아래에서 모두 찾아 ( )안에 적으시오.

ETACM, 실내 정션박스, G04접지, 와이퍼 모터, 와셔 모터,
와이퍼 모터 릴레이, 와이퍼 스위치, G03 접지

(   ) (   ) (   )

03. 와이퍼 3단 작동 시 전류가 흐르는 배선의 색깔 3가지를 모두 찾아 ( )안에 적으시오.

(   ) (   ) (   )

Question 전류 흐름도를 보고 다음 물음에 답하시오(2.0L을 기준으로).

※ 와이퍼 모터에 있는 파킹 스위치의 동작은 다음과 같다.

파킹스위치는 와이퍼 모터가 회전하기 시작하면 접지(G11)와 연결이 되었다가 와이퍼가 파킹위치(정지 위치)에 되돌아오게 되면 파킹 스위치가 접지에서 떨어지도록 되어 있다.

01. 와이퍼 스위치를 정지시켰는데도 와이퍼 모터는 계속 회전하는 파킹 동작 경우에 전류가 흐르는 요소를 잘 보고 3개의 (　)를 채우시오(2.0L를 기준으로).

ON전원 → 실내 정션박스 27번 퓨즈 → I/P-A 커넥터의 2번 핀 → JM09의 E7번 핀 → JC01의 A6번 핀 → C21의 4번 핀 → 와이퍼 모터 LO → C21의 (　)번 핀 → MO1-2의 2번 핀 → 와이퍼 스위치 OFF → M01-2의 3번 핀 → JM09의 F6번 핀 → 와이퍼 모터 릴레이 → JC01의 B8번 핀 → C21의 5번 핀 → 파킹 스위치 → C21의 (　)번 핀 → G11접지

02. 위의 전기 회로도에서 와이퍼 모터 파킹 작동 시 전류가 흐르지 않는 요소를 아래에서 모두 찾아 (　)안에 적으시오.

ETACM, 실내 정션박스, G11접지, 와이퍼 모터, 와셔 모터,
와이퍼 모터 릴레이, 와이퍼 스위치, G04 접지

(　　　　　　) (　　　　　　) (　　　　　　)

03. 와이퍼 모터 파킹 동작 시 전류가 흐르는 배선의 색깔 4가지를 모두 찾아 (　)안에 적으시오.

(　　　　　　) (　　　　　　) (　　　　　　) (　　　　　　)

Question 전류 흐름도를 보고 다음 물음에 답하시오(2.0L을 기준으로).

01. MIST스위치를 작동 시켰을 때 전류가 흐르는 요소를 잘 보고 4개의 ( )를 채우시오(2.0L를 기준으로).

(1) 와이퍼 릴레이 동작

ON전원 → 실내 정션박스 27번 퓨즈 → I/P-A 커넥터의 2번 핀 → JM09의 E7번 핀 → 와이퍼 모터 릴레이 → JM09의 ( )번 핀 → MO1-2의 10번 핀 → MIST 스위치 → M01-2의 ( )번 핀 → M08의 11번 핀 → 조인트 커넥터 → M08의 14번 핀 → G03접지

(2) 와이퍼 모터 동작

ON전원 → 실내 정션박스 27번 퓨즈 → I/P-A 커넥터의 2번 핀 → JM09의 E7번 핀 → JC01의 A6번 핀 → C21의 4번 핀 → 와이퍼 모터 LO → C21의 1번 핀 → MO1-2의 2번 핀 → 와이퍼 스위치 OFF → M01-2의 3번 핀 → JM09의 ( )번 핀 → 와이퍼 모터 릴레이 → JE01의 B7번 핀 → ( )접지

02. 위의 전기 회로도에서 와이퍼 모터 MIST 작동 시 전류가 흐르지 않는 요소를 아래에서 모두 찾아 ( )안에 적으시오.

ETACM , 실내 정션박스, G11접지, 와이퍼 모터, 와셔 모터,
와이퍼 모터 릴레이, MIST 스위치, G02 접지

( ) ( ) ( )

03. MIST 스위치 작동 시 와이퍼 모터가 회전할 경우에 회로도에 전류가 흐르는 배선의 색깔 4가지를 모두 찾아 ( )안에 적으시오.

( ) ( ) ( ) ( )

Automotive Electronic Circuits

Question 전류 흐름도를 보고 다음 물음에 답하시오.

01. 와셔 모터 작동 시 전류가 흐르는 요소를 잘 보고 2개의 (　　)를 채우시오(2.0L를 기준으로).

ON전원 → 실내 정션박스 27번 퓨즈 → I/P-A커넥터의 2번 핀 → JM09의 E7번 핀 → JE01의 B6번 핀 → E17의 ( )번 핀 → 와셔 모터 → E17의 2번 핀 → JE01의 A12번 핀 → JM09의 F12번 핀 → MO1-2의 (　　)번 핀 → 와셔 스위치 → M01-2의 5번 핀 → M08의 2번 핀 → 조인트 커넥터 → M08의 6번 핀 → G04접지

02. 위의 전기 회로도에서 와셔 모터 작동 시 전류가 흐르지 않는 요소를 아래에서 모두 찾아 (　)안에 적으시오.

실내 정션박스, G04접지, 와셔 모터, 와이퍼 스위치, G03 접지

(　　　　　　) (　　　　　　) (　　　　　　)

03. 와셔 모터 작동 시 전류가 흐르는 배선의 색깔 3가지를 모두 찾아 (　)안에 적으시오.

(　　　　　　) (　　　　　　) (　　　　　　)

1.3. 통신을 사용한 차량의 와이퍼 및 와셔 모터회로

주요어

IPM, IPS컨트롤모듈, 와셔 모터, 와이퍼 모터, 다기능스위치, 와이퍼릴레이, B-CAN

개요

통신을 사용한 자동차 와셔 모터 제어장치의 고장진단 및 정비에 필요한 관련 지식과 그 목적을 달성하기 위한 기본적이 능력인 통신을 사용한 자동차 와셔 모터 제어장치 전기 회로도를 해독할 수 있도록 실습을 구성하였다.

여러 가지 해석문제와 실습을 통해 학생 스스로 흥미를 갖고 회로도의 해석에 자신감을 갖을 수 있도록 한다. 학습 후 학생 스스로 자신의 학습능력을 검토할 수 있도록 하였다.

학습목표

여러 가지 종류의 통신을 사용한 자동차 와셔 모터 제어장치를 고장진단하고 정비하는데 필요한 여러 차종의 와셔 모터 제어장치 전기 회로도를 설명할 수 있다.

1.3.1. 와이퍼 1단(INT)제어 방법

(1) 운전자가 다기능 스위치의 와이퍼 스위치를 INT로 조작한다.

- I/P-H의 14번 0V → 12V

(2) 운전자가 다기능 스위치의 와이퍼 스위치를 INT-TIME을 조작한다.

- I/P-G의 6번 0V ~ 5V

(3) IPM의 IPS 컨트롤모듈에서는 와이퍼 릴레이를 작동시킨다. IPS 컨트롤모듈은 운전자의 INT-TIME 간헐컨트롤 스위치 신호에 따라서 와이퍼릴레이 작동 주기를 제어한다.

- I/P-L의 11번 12V → 0V

(4) 와이퍼 릴레이가 작동하여 와이퍼 모터가 회전한다.

1.3.2. 와이퍼 2단(LO)제어 방법

(1) 운전자가 다기능 스위치의 와이퍼 스위치를 LO로 조작한다.

(2) 와이퍼 모터로 전류가 입력되어 와이퍼 모터가 LO속도로 회전한다.

1.3.3. 와이퍼 3단(HI)제어 방법

(1) 운전자가 다기능 스위치의 와이퍼 스위치를 HI로 조작한다.

(2) 와이퍼 모터로 전류가 입력되어 와이퍼 모터가 HI속도로 회전한다.

1.3.4. 와이퍼 파킹제어 방법

(1) 운전자가 다기능 스위치의 와이퍼 스위치를 LO 또는 HI로 조작 후 OFF시킨다.

(2) 와이퍼 모터의 파킹스위치로 전원이 공급되어 와이퍼 모터는 계속 회전한다.

(3) 파킹스위치는 와이퍼 모터가 움직이기 시작하면 파킹스위치가 계속 ON되어 있다가 모터가 파킹위치로 모터가 복귀하면 파킹스위치가 OFF된다.

(4) 파킹스위치가 OFF되면 와이퍼 모터는 정지한다.

1.3.5. 와이퍼 MIST제어 방법

(1) 운전자가 다기능 스위치의 MIST 스위치를 한번 ON시켰다가 손을 뗀다.

(2) IPM은 MIST 신호를 입력받는다.

- I/P-H의 17번 0V → 12V

(3) IPM의 IPS 컨트롤모듈에서는 와이퍼 릴레이를 작동시킨다.

- I/P-L의 11번 12V → 0V

(4) 와이퍼 릴레이가 작동하여 와이퍼 모터가 회전한다.

(5) 와이퍼 모터는 파킹제어 되어 모터가 파킹위치로 모터가 복귀할 때까지 회전하고 파킹스위치로 복귀되면 모터가 정지한다. 즉 와이퍼는 1회 동작한다.

1.3.6. 워셔 모터제어 방법

(1) 운전자가 다기능 스위치의 와셔 스위치를 한번 ON시켰다가 손을 뗀다.

(2) IPM은 와셔스위치 신호를 입력받는다.

- I/P-G의 2번 0V → 12V

(3) IPM의 IPS 컨트롤모듈에서는 와이퍼 릴레이를 작동시킨다.

- I/P-L의 11번 12V → 0V

(4) 와이퍼 릴레이가 작동하여 와이퍼 모터가 회전한다.

(5) 윈도우에 분무된 와셔액이 지워질 때까지 와이퍼 모터를 2~3회 반복 동작시킨 후 와이퍼 릴레이를 정지한다. 즉 와이퍼는 2~3회 동작한다.

Question 다음 전기 회로도를 보고 와이퍼 작동 시 전류의 흐름을 ON 전원부터 접지까지 회로도 위에 표시하시오

【레인센서 미적용】

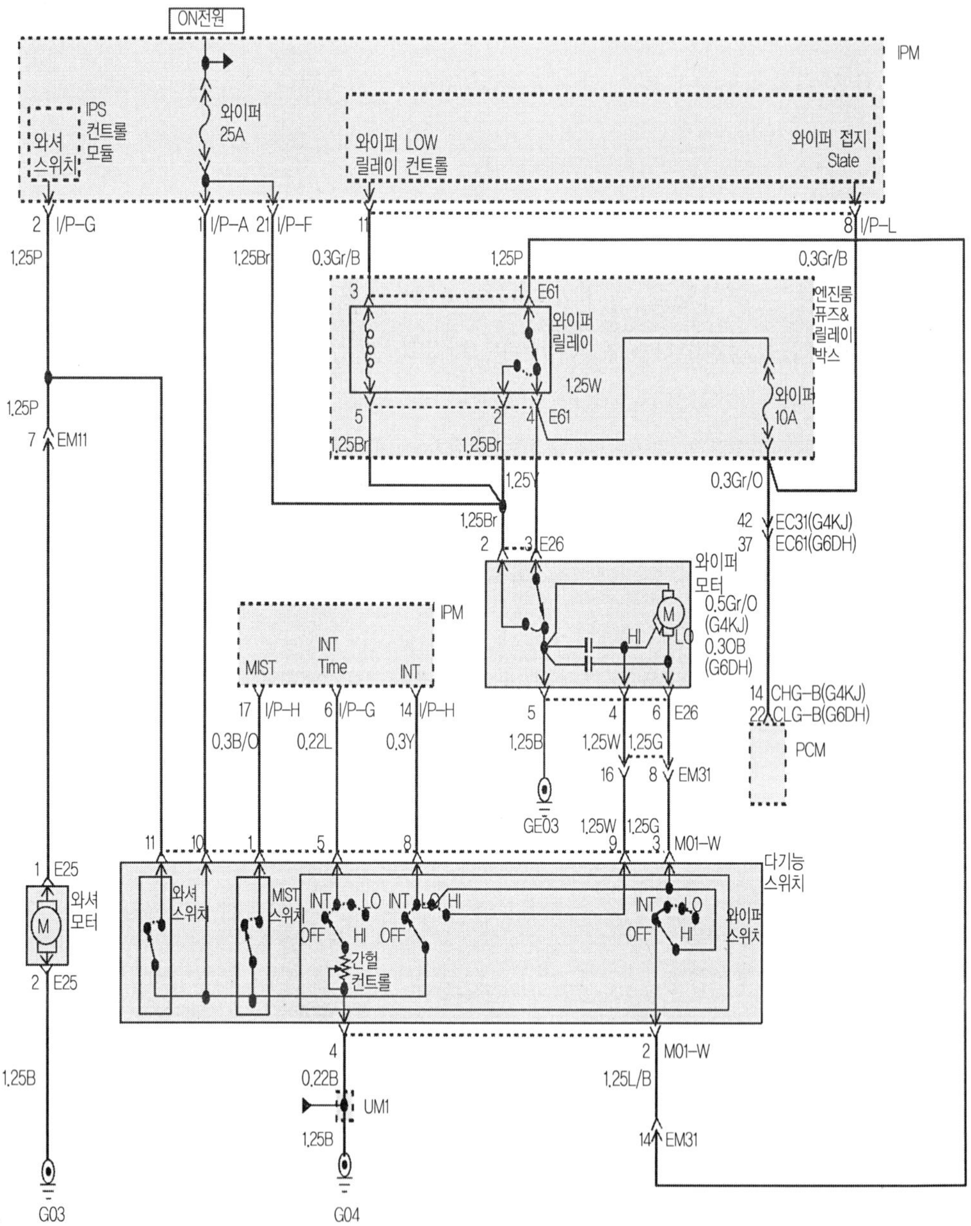

Question 전류 흐름도를 보고 다음 물음에 답하시오

01. 와이퍼스위치를 2단으로 작동 시 전류가 흐르는 요소를 잘 보고 ( )를 채우시오.

ON전원 → IPM의 와이퍼 25A 퓨즈 → I/P-A커넥터의 1번 → M01-W의 10번 → 다기능스위치의 와이퍼스위치 LO → M01-W의 3번 → E26의 (   )번 → 와이퍼 모터 LO E26의 5번 → GE03

02. 와이퍼스위치를 3단으로 작동 시 전류가 흐르는 요소를 잘 보고 ( )를 채우시오.

ON전원 → IPM의 와이퍼 25A 퓨즈 → I/P-A커넥터의 1번 → M01-W의 10번 → 다기능스위치의 와이퍼스위치 HI → M01-W의 (   )번 → E26의 4번 → 와이퍼 모터 HI E26의 5번 → GE03

03. 와이퍼스위치를 2단으로 작동 중 와이퍼스위치를 OFF시켰을 때 와이퍼가 계속 작동하여 파킹위치에서 자동으로 정지시키는 경우에서 전류가 흐르는 요소를 잘 보고 ( )를 채우시오.

ON전원 → IPM의 와이퍼 25A 퓨즈 → I/P-F커넥터의 21번 → E26의 2번 → 와이퍼모터의 파킹스위치 → E26의 3번 → E61의 (   )번 → 엔진룸 퓨즈 릴레이박스의 와이퍼 릴레이 → E61의 1번 → M01-W의 2번 → 다기능스위치의 와이퍼스위치 → M01-W의 3번 → E26의 6번 → 와이퍼 모터 LO → E26의 5번 → GE03

04. 다기능 스위치의 MIST스위치를 ON시켰을 때 와이퍼가 작동하는 경우에서 전류가 흐르는 요소를 잘 보고 ( )를 채우시오.

(1) 운전자가 다기능 스위치의 MIST 스위치를 ON으로 조작한다.

ON전원 → IPM의 와이퍼 25A 퓨즈 → I/P-A커넥터의 1번 → M01-W의 ( )번 → 다기능스위치의 MIST 스위치 → M01-W의 1번 → I/P-H의 17번 → IPM의 MIST

(2) IPM이 와이퍼릴레이를 작동시켜 와이퍼 모터를 구동한다.

ON전원 → IPM의 와이퍼 25A 퓨즈 → I/P-F커넥터의 21번 → E61의 5번 → E61의 3번 → I/P-L의 (　)번 → IPM의 IPS 컨트롤모듈 와이퍼 LOW 릴레이컨트롤

ON전원 → IPM의 와이퍼 25A 퓨즈 → I/P-F커넥터의 21번 → E61의 2번 → E61의 1번 → M01-W의 2번 → 다기능스위치의 와이퍼스위치 → M01-W의 3번 → E26의 6번 → 와이퍼 모터 LO → E26의 5번 → GE03

(3) 와이퍼모터의 파킹스위치의 작동으로 와이퍼모터가 파킹위치에서 정지한다.

05. 다기능 스위치의 와이퍼스위치를 1단(INT)을 ON시켰을 때 와이퍼가 작동하는 경우에서 전류가 흐르는 요소를 잘 보고 (　)를 채우시오.

(1) 운전자가 와이퍼스위치를 1단(INT)을 ON으로 조작한다.

ON전원 → IPM의 와이퍼 25A 퓨즈 → I/P-A커넥터의 (　)번 → M01-W의 10번 → 다기능스위치의 와이퍼스위치 INT → M01-W의 8번 → I/P-H의 14번 → IPM의 INT

(2) 운전자가 와이퍼스위치의 간헐컨트롤 스위치를 작동시킨다.

IPM의 INT Time → I/P-G의 6번 → M01-W의 5번 → 다기능스위치의 와이퍼 스위치 INT 간헐컨트롤 → M01-W의 4번 → (　)

(3) IPM이 IPS컨트롤모듈을 사용하여 와이퍼릴레이를 동작시킨다.

ON전원 → IPM의 와이퍼 25A 퓨즈 → I/P-F커넥터의 (　)번 → E61의 5번 → E61의 3번 → I/P-L의 11번 → IPM의 IPS 컨트롤모듈 와이퍼 LOW 릴레이컨트롤

ON전원 → IPM의 와이퍼 25A 퓨즈 → I/P-F커넥터의 21번 → E61의 2번 → E61의 1번 → M01-W의 2번 → 다기능스위치의 와이퍼스위치 → M01-W의 3번 → E26의 6번 → 와이퍼 모터 LO → E26의 5번 → GE03

(4) IPM이 운전자의 간헐 컨트롤 스위치 동작에 따라 IPS컨트롤모듈을 ON/OFF시키면서 와이퍼 모터의 작동시간을 제어한다.

06. 다기능 스위치의 와셔스위치를 ON시켰을 때 와이퍼가 자동으로 2회 작동하는 경우에서 전류가 흐르는 요소를 잘 보고 ( )를 채우시오.

(1) 운전자가 와셔스위치를 ON으로 조작한다. 그리고 IPM이 와셔스위치 신호를 입력받는다.

ON전원 → IPM의 와이퍼 25A 퓨즈 → I/P-A커넥터의 ( )번 → M01-W의 10번 → 다기능스위치의 와셔스위치 → M01-W의 11번 → ①, ②로 분리

① E25의 2번 → 와셔 모터 → E25의 1번 → GE02

② I/P-G의 2번 → IPM의 INS 컨트롤모듈의 와셔스위치

(2) IPM이 IPS컨트롤모듈을 사용하여 와이퍼릴레이를 동작시킨다.

ON전원 → IPM의 와이퍼 25A 퓨즈 → I/P-F커넥터의 21번 → E61의 5번 → ( )의 3번 → I/P-L의 11번 → IPM의 IPS 컨트롤모듈 와이퍼 LOW 릴레이컨트롤

ON전원 → IPM의 와이퍼 25A 퓨즈 → I/P-F커넥터의 21번 → E61의 2번 → E61의 1번 → M01-W의 2번 → 다기능스위치의 와이퍼스위치 → M01-W의 3번 → E26의 6번 → 와이퍼 모터 LO → E26의 5번 → ( )

Automotive Electronic Circuits

(3) IPM이 운전자의 정해진 시간(와이퍼 2회 동작시간) 동안 IPS컨트롤 모듈을 사용하여 와이퍼 릴레이를 ON시킨 후 와이퍼 모터를 정지시킨다.

07. 와이퍼릴레이가 고장이 났을 경우에 와이퍼를 2단으로 작동시키면 와이퍼가 작동을 하는가? 만약 작동을 한다면 그 이유는 무엇인지 적으시오.

08. 와이퍼가 정상적으로 동작을 하는 도중에 와이퍼 스위치를 OFF시켜도 와이퍼가 곧바로 멈추지 않고 윈도우 하단의 위치에 가면 자동적으로 멈추는 이유는 무엇인지 적으시오.

09. IPM으로 전원이 공급되지 않을 때(IPM전원 퓨즈가 단선) 와이퍼 모터는 어떤 현상이 일어날까 ? 아래에 적으시오.

10. 와이퍼 MIST 동작시 전류가 흐르는 배선의 색깔을 모두 찾아 적으시오.

1.4. 와이퍼 및 와셔 모터의 실험 실습

Question 다음 실험을 실시한다.

01. 실험 준비물을 확인한다.

실습 교재, 다기능 스위치, 와이퍼 모터, 배선, 전원공급기

02. 다음 방법에 따라서 실험을 실시한다.

① 전원공급기의 1A의 (+), (-)를 자동차의 배터리로 사용한다.

② 회로도를 보고 배선을 사용해서 와이퍼 모터를 구동할 수 있도록 연결한다.

③ 회로도에 나타나 있는 배선의 색깔과 커넥터의 핀을 잘 확인하여 연결한다.

④ 실내 정션박스, 엔진룸 정션박스 등은 없으므로 직접 배선으로 연결한다.

⑤ 전원공급기의 (-)를 자동차의 접지(G03, G02)로 사용한다.

⑥ MIST 스위치를 한 번 누른 후 와이퍼모터가 1번 회전하고 정지위치에 왔을 때 스스로 정지하는지 살펴본다.

⑦ 모터의 MIST 동작이 정상적으로 작동하지 않으면 회로도와 비교하면서 틀린 곳을 찾아 바르게 연결한다.

⑧ 위의 과정을 반복해서 실시하여 숙달이 되도록 한다.

03. 와이퍼 모터의 MIST 동작은 정상적으로 구동이 되었는가 ?

예(　　　), 아니오(　　　)

04. 만약 와이퍼 모터의 MIST 동작이 잘 구동이 되지 않았다면 그 원인은 무엇이라고 생각되는지 아래에 적으시오.

05. 위의 실험을 통해 느낀 점을 아래에 적으시오.

MEMO

02 레인센서 제어

2.1. 교재의 구성

내용소개

자동차 레인센서 제어장치의 고장진단 및 정비에 필요한 관련지식과 그 목적을 달성하기 위한 기본적이 능력인 자동차 레인센서 제어장치 전기회로도를 해독할 수 있도록 실습을 구성하였다. 여러 가지 해석문제와 실습을 통해 학생 스스로 흥미를 갖고 회로도의 해석에 자신감을 갖을 수 있도록 한다. 학습 후 학생 스스로 자신의 학습능력을 검토할 수 있도록 하였다.

학습목표

여러 가지 종류의 자동차 레인센서 제어장치를 고장진단하고 정비하는데 필요한 여러 차종의 레인센서 제어장치 전기 회로도를 설명할 수 있다.

선수 학습모듈

자동차 전기 부품 및 전자장치에 대한 구조 및 작동원리에 대한 기초적인 지식을 타 교과에서 이수하도록 한다.

2.2. 일반 차량의 레인센서 제어 실습

주요어

레인센서, 다기능 스위치, 스티어링 휠, 레인센서 릴레이

개요

자동차 레인센서의 고장진단 및 정비에 필요한 관련지식과 그 목적을 달성하기 위한 기본적이 능력인 자동차 레인센서 전기회로도를 해독할 수 있도록 실습을 구성하였다. 여러 가지 해석문제와 실습을 통해 학생 스스로 흥미를 갖고 회로도의 해석에 자신감을 갖을 수 있도록 한다. 학습 후 학생 스스로 자신의 학습능력을 검토할 수 있도록 하였다.

학습목표

여러 가지 종류의 자동차 레인센서 장치를 고장진단하고 정비하는데 필요한 여러 차종의 레인센서 전기 회로도를 설명할 수 있다.

Automotive Electronic Circuits

Question 다음 전기 회로도를 보고 레인센서 장착 차량의 AUTO모드 작동 시 전류의 흐름을 ON전원부터 접지까지 회로도 위에 표시하시오.

【레인센서 적용】

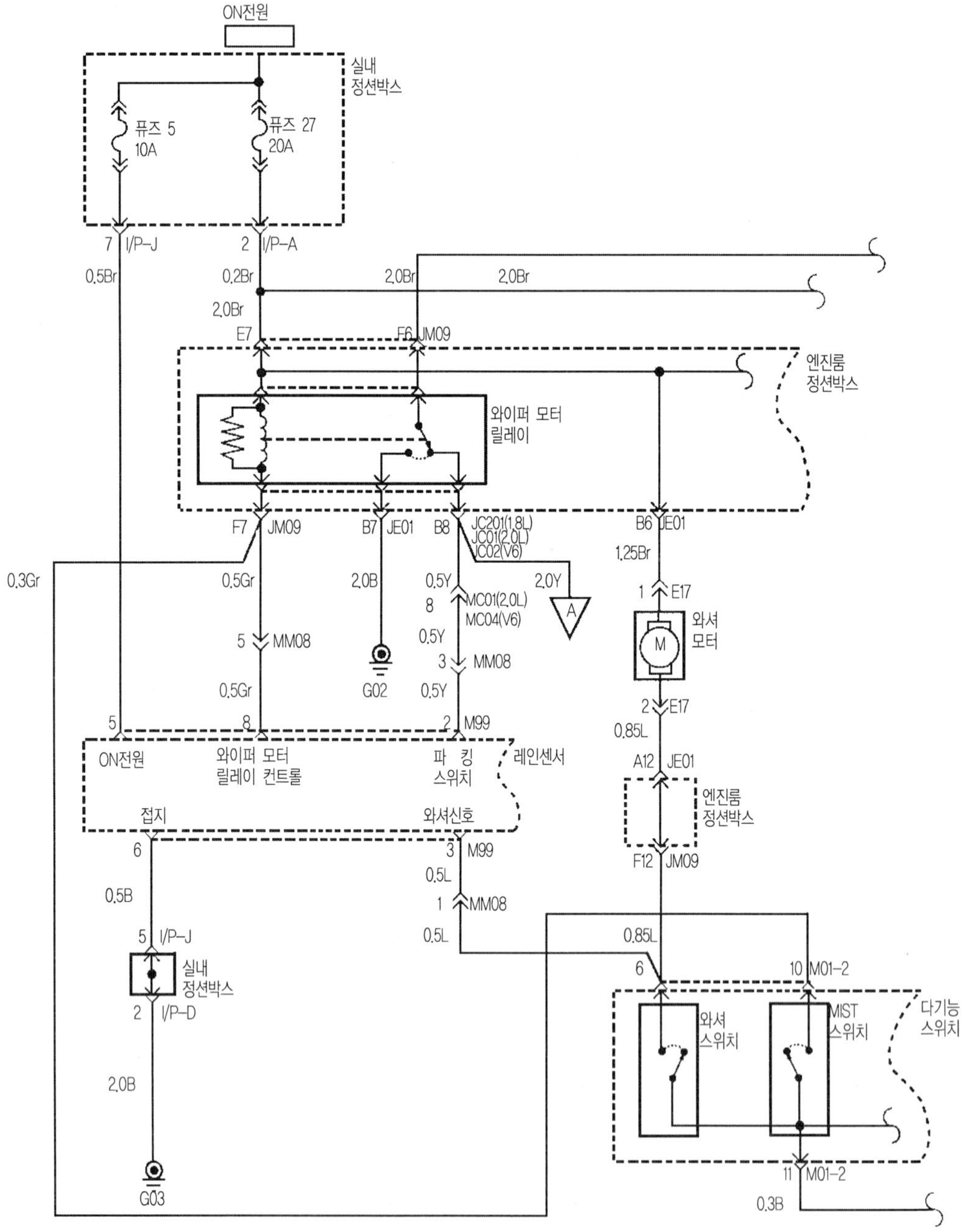

【레인센서 적용】

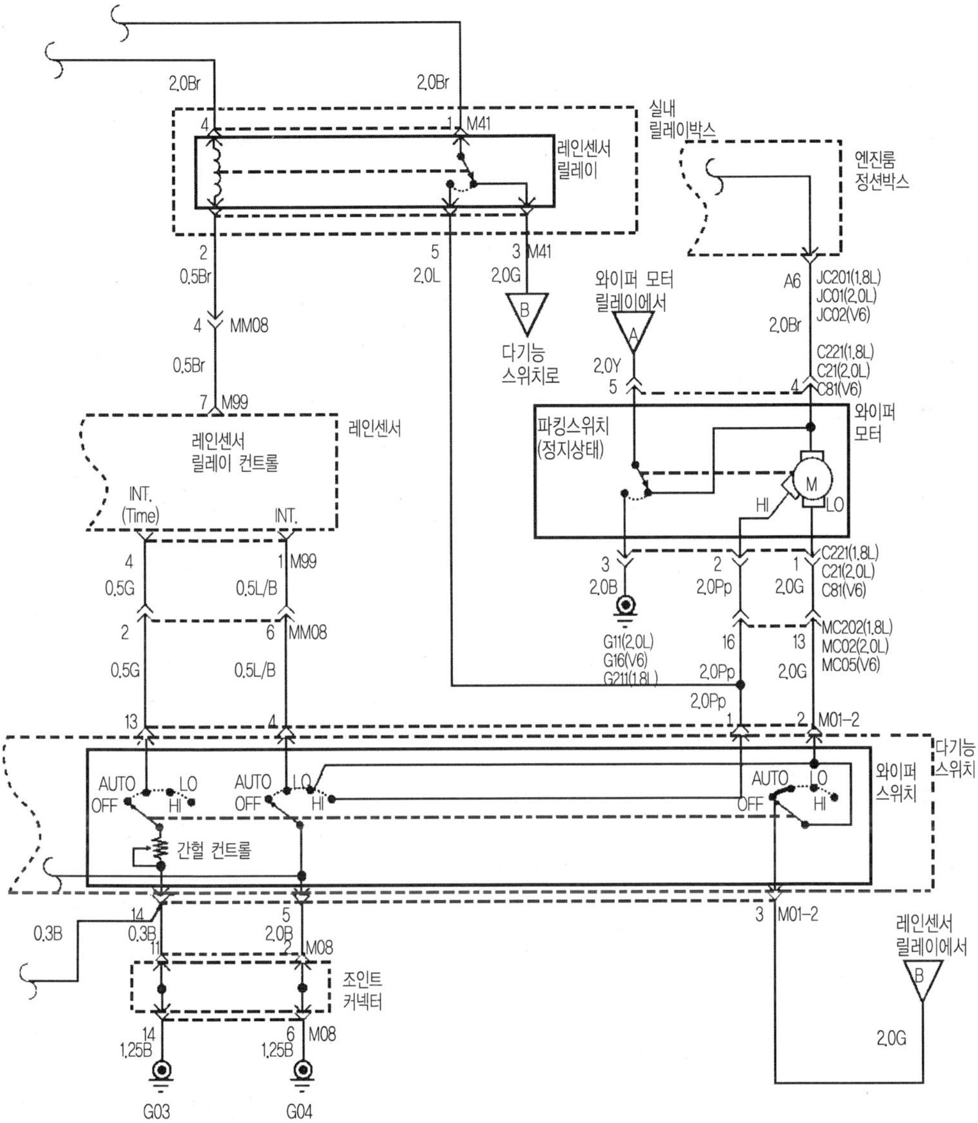
2.0Br
2.0Br
4
1 M41
실내 릴레이박스
레인센서 릴레이
엔진룸 정션박스
2
0.5Br
5
2.0L
3 M41
2.0G
B
다기능 스위치로
와이퍼 모터 릴레이에서
A
A6
JC201(1.8L)
JC01(2.0L)
JC02(V6)
2.0Br
4 MM08
0.5Br
2.0Y
5
C221(1.8L)
C21(2.0L)
C81(V6)
7 M99
레인센서
레인센서 릴레이 컨트롤
INT. (Time)
INT.
파킹스위치 (정지상태)
와이퍼 모터
M
HI
LO
4
1 M99
0.5G
0.5L/B
3
2.0B
2
2.0Pp
1
2.0G
2
6 MM08
0.5G
0.5L/B
G11(2.0L)
G16(V6)
G211(1.8L)
16
2.0Pp
13
2.0G
MC202(1.8L)
MC02(2.0L)
MC05(V6)
2.0Pp
13
4
1
2 M01-2
다기능 스위치
AUTO
LO
OFF
HI
AUTO
LO
OFF
HI
AUTO
LO
OFF
HI
와이퍼 스위치
간헐 컨트롤
14
0.3B
0.3B
5
2.0B
3 M01-2
레인센서 릴레이에서
B
11
2 M08
조인트 커넥터
14
1.25B
6 M08
1.25B
2.0G
G03
G04

Question 레인센서 적용 회로도와 레인센서 미적용 회로도를 보고 다음 물음에 답하시오.

01. 레인센서 장착 차량과 미 장착 차량의 전기 회로도를(01. 와이퍼 및 와셔 모터제어 참조) 비교하고 레인센서 장착 차량의 전기 회로도에 새로 추가되어 있는 2가지 요소는 무엇인지 다음 ( ) 안에 적으시오.

( ), ( )

02. 레인센서 장착 차량의 와이퍼 전기 회로도에는 ETACM은 있는가, 없는가 ? 알맞은 곳에 ○를 하시오.

(있다) (없다)

03. ETACM이 하는 역할을 어느 요소가 대신하고 있다고 생각되는지 ( )안에 적으시오.

( )

04. 와이퍼 스위치 AUTO는 다음 중 어느 것을 대신하고 있는가 ? ( )

① OFF ② INT ③ LO ④ HI

05. 와이퍼 스위치 AUTO 선택 시 전류가 흐르는 요소를 잘 보고 ( )를 채우시오.(2.0L을 기준으로)

(1) 레인센서의 전원 공급

ON전원 → 실내 정션박스 5번 퓨즈 → I/P-J의 ( )번 핀 → M99의 5번 핀 → 레인 센서 → M99의 6번 핀 → I/P-J의 5번 핀 → 실내 정션박스 → I/P-D의 2번 핀 → G03접지

(2) 와이퍼 스위치 AUTO 감지

레인 센서 → M99의 1번 핀 → M01-2의 4번 핀 → 와이퍼 스위치 AUTO → M01-2의 5번 핀 → M08의 2번 핀 → 조인트 커넥터 → M08의 6번 핀 → ( )접지

(3) 간헐 TIME 컨트롤 스위치 감지

레인 센서 → M99의 4번 핀 → M01-2의 ( )번 핀 → 간헐 컨트롤 스위치 → M01-2의 14번 핀 → M08의 11번 핀 → 조인트 커넥터 → M08의 14번 핀 → G03접지

(4) 빗방울 소량 감지 시 와이퍼 모터 LO 회전

① 레인센서가 와이퍼 릴레이 작동시킴 : ON전원 → 실내 정션박스 27번 퓨즈 → I/P-A 커넥터의 2번 핀 → JM09의 E7번 핀 → 와이퍼 모터 릴레이 → JM09의 ( )번 핀 → M99의 8번 핀 → 레인 센서 → M99의 6번 핀 → I/P-J의 5번 핀 → I/P-D의 2번 핀 → G03접지

② 와이퍼 모터 LO 회전 : ON전원 → 실내 정션박스 27번 퓨즈 → I/P-A의 2번 핀 → JM09의 E7번 핀 → JC01의 A6번 핀 → C21의 4번 핀 → 와이퍼 모터 LO → C21의 1번 핀 → MO1-2의 2번 핀 → 와이퍼 스위치 AUTO → M01-2의 3번 핀 → B → M41의 3번 핀 → 레인센서 릴레이 스위치 → M41의 1번 핀 → JM09의 ( )번 핀 → 와이퍼 모터 릴레이 스위치 → JE01의 B7번 핀 → G02접지

(5) 빗방울 대량 감지 시 와이퍼 모터 HI 회전

① 레인센서가 와이퍼 릴레이 작동시킴 : ON전원 → 실내 정션박스 27번 퓨즈 → I/P-A의 2번 핀 → JM09의 E7번 핀 → 와이퍼 모터 릴레이 → ( )의 F7번 핀 → M99의 8번 핀 → 레인센서 → M99의 6번 핀 → I/P-J의 5번 핀 → I/P-D의 2번 핀 → G03접지

② 레인센서가 레인센서 릴레이 작동시킴: ON전원 → 실내 정션박스 27번 퓨즈 → I/P-A의 2번 핀 → M41의 ( )번 핀 → 레인센서 릴레이 → M41의 2번 핀 → M99의 7번 핀 → 레인센서 → M99의 6번 핀 → I/P-J의 5번 핀 → I/P-D의 2번 핀 → G03접지

③ 와이퍼 모터 HI 회전 : ON전원 → 실내 정션박스 27번 퓨즈 → I/P-A의 2번 핀 → JM09의 E7번 핀 → JC01의 A6번 핀 → C21의 4번 핀 → 와이퍼 모터 HI → C21의 2번 핀 → M41의 5번 핀→ 레인센서 릴레이 스위치 → M41의 1번 핀 → JM09의 ( )번 핀 → 와이퍼 모터 릴레이 스위치 → JE01의 B7번 핀 → G02접지

06. 위의 전기 회로도에서 레인 센서가 빗방울을 소량으로 감지하여 와이퍼 모터가 LO상태로 회전하는 때에 전류가 흐르지 않는 요소를 아래에서 모두 찾아 ( )안에 적으시오.

레인센서 , 실내 정션 박스, G02접지, 와이퍼 모터, 와셔 모터,
와이퍼 모터 릴레이, 레인센서 릴레이, 와이퍼 스위치, G04 접지

( ) ( )

07. 위의 전기회로도에서 레인 센서에 전원이 들어오고 와이퍼스위치가 AUTO에 놓여 있으며 빗방울을 소량 감지하여 와이퍼 모터가 LO상태로 회전하는 경우에 전류가 흐르는 배선의 색깔 5가지를 모두 찾아 ( )안에 적으시오.

( ) ( ) ( ) ( ) ( )

2.3. 통신을 사용한 차량의 레인센서 제어 실습

주요어

IPM, IPS컨트롤모듈, 레인센서, 다기능 스위치, 와셔 모터, 와이퍼 모터, 와이퍼 릴레이, 레인센서 릴레이, B-CAN

개요

통신을 사용한 자동차 레인센서의 고장진단 및 정비에 필요한 관련 지식과 그 목적을 달성하기 위한 기본적이 능력인 통신을 사용한 자동차 레인센서 전기 회로도를 해독할 수 있도록 실습을 구성하였다.

여러 가지 해석문제와 실습을 통해 학생 스스로 흥미를 갖고 회로도의 해석에 자신감을 갖을 수 있도록 한다. 학습 후 학생 스스로 자신의 학습능력을 검토할 수 있도록 하였다.

학습목표

여러 가지 종류의 통신을 사용한 자동차 레인센서 장치를 고장진단하고 정비하는데 필요한 여러 차종의 레인센서 전기 회로도를 설명할 수 있다.

2.3.1. 레인센서 제어방법

(1) 운전자가 다기능 스위치의 와이퍼 스위치를 AUTO로 조작한다(INT와 동일).

- I/P-H의 14번 0V → 12V

(2) IPM은 레인센서와 통신을 하여 현재 비의 양을 감지한다.

- I/P-K의 22번 & 23번

(3) 비가 적게 올 때는 IPM의 IPS 컨트롤모듈에서는 와이퍼 릴레이를 작동시킨다.

- I/P-L의 11번 12V → 0V

(4) 비가 많이 올 때는 IPM의 IPS 컨트롤모듈에서는 와이퍼 릴레이와 레인센서 릴레이를 동작시킨다.

- I/P-L의 11번 12V → 0V
- I/P-L의 17번 12V → 0V

(5) 와이퍼 릴레이가 작동하여 와이퍼 모터가 회전한다.

Question 다음 전기 회로도를 보고 레인센서 장착 차량의 AUTO 모드 작동 시 비가 오는 경우의 전류의 흐름을 ON전원부터 접지까지 회로도 위에 표시하시오.

【레인센서 적용】

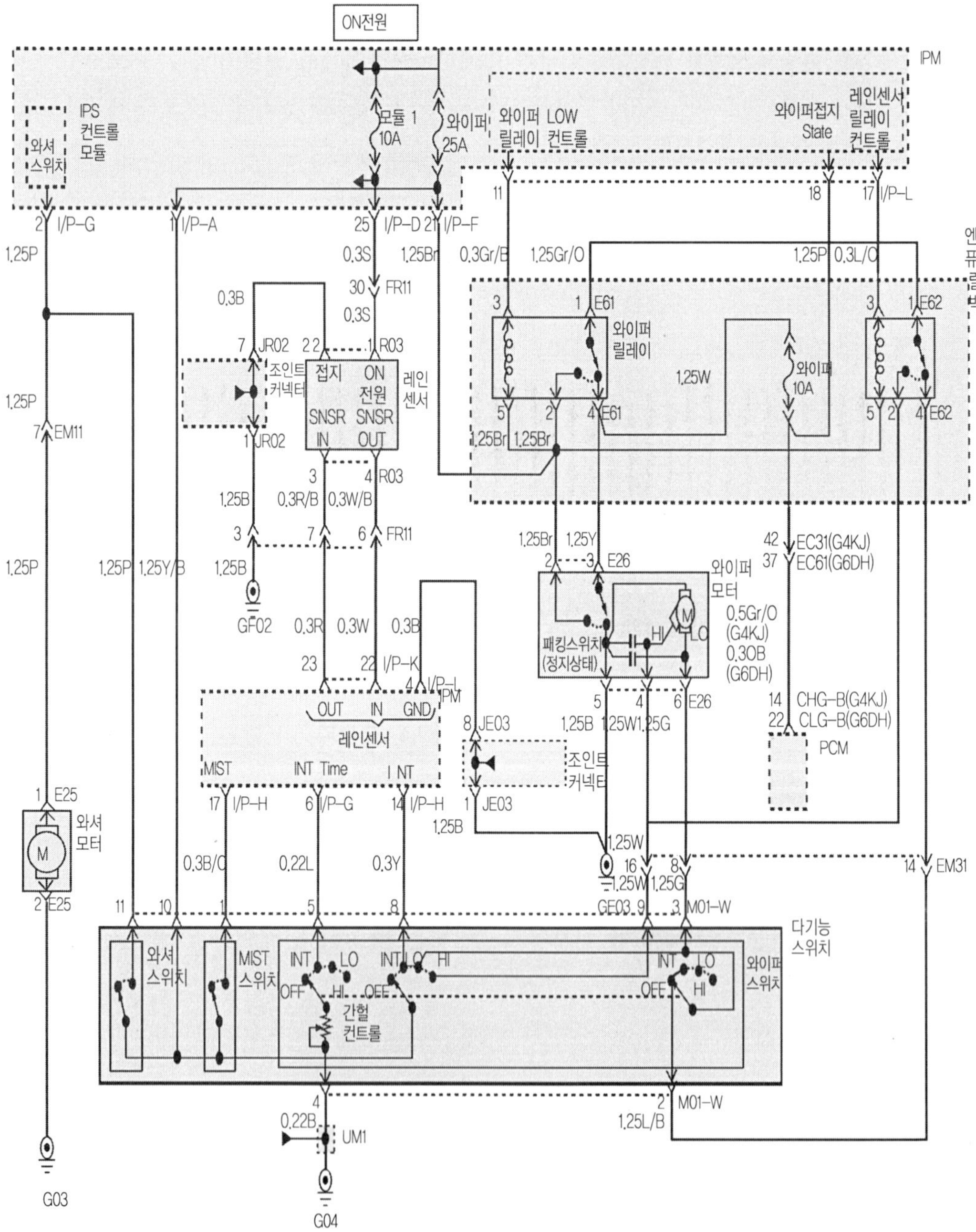

Question 전류 흐름도를 보고 다음 물음에 답하시오

01. 레인센서 적용 회로에서 와이퍼 스위치를 AUTO 선택하고 비가 오는 경우 전류가 흐르는 요소를 잘 보고 (　)를 채우시오.

(1) 레인센서의 전원 공급/접지 연결

ON전원 → IPM의 모듈1 퓨즈 10A → I/P-D의 25번 → R03의 (　　)번 → 레인 센서

레인 센서 → R03의 2번 → JR02의 7번 → 조인트 커넥터 → JR02의 1번 → GF02

(2) 와이퍼 스위치 AUTO 감지(INT 스위치)

ON전원 → IPM의 와이퍼 25A 퓨즈 → I/P-A커넥터의 1번 → M01-W의 10번 → 다기능스위치의 와이퍼스위치 INT → M01-W의 8번 → I/P-H의 (　　)번 → IPM의 INT

(3) 와이퍼스위치의 간헐 컨트롤 스위치를 감지

IPM의 INT Time → I/P-G의 6번 → M01-W의 5번 → 다기능스위치의 와이퍼스위치 INT 간헐컨트롤 → M01-W의 4번 → GM04

(4) IPM이 레인센서의 신호에 따라서 IPS 컨트롤모듈로 와이퍼릴레이를 동작시킨다(비가 적을 때).

레인센서의 SNSR_IN → R03의 3번 → I/P-K의 23번 → IPM의 레인센서 OUT

레인센서의 SNSR_OUT → R03의 4번 → I/P-K의 (　)번 → IPM의 레인센서 IN

IPM의 레인센서 GND → JE03의 8번 → 조인트 커넥터 → JE03의 1번 → GE03

ON전원 → IPM의 와이퍼 25A 퓨즈 → I/P-F커넥터의 21번 → E61의 5번 → E61의 3번 → I/P-L의 11번 → IPM의 IPS 컨트롤모듈 와이퍼 LOW 릴레이컨트롤

ON전원 → IPM의 와이퍼 25A 퓨즈 → I/P-F커넥터의 21번 → E61의 2번 → E61의 1번 → E62의1번 → 엔진룸 퓨즈 & 릴레이박스의 레인센서 릴레이 → E62의 4번 → M01-W의 2번 → 다기능스위치의 와이퍼스위치 → M01-W의 (　)번 → E26의 6번 → 와이퍼 모터 LO → E26의 5번 → GE03

(4) IPM이 레인센서의 신호에 따라서 IPS 컨트롤모듈로 레인센서 릴레이를 동작시킨다 (비가 많을 때).

ON전원 → IPM의 와이퍼 25A 퓨즈 → I/P-F커넥터의 21번 → E61의 5번 → E61의 3번 → I/P-L의 (　)번 → IPM의 IPS 컨트롤모듈 와이퍼 LOW 릴레이컨트롤

ON전원 → IPM의 와이퍼 25A 퓨즈 → I/P-F커넥터의 21번 → E62의 5번 → E62의 3번 → I/P-L의 17번 → IPM의 IPS 컨트롤모듈 레인센서 릴레이컨트롤

ON전원 → IPM의 와이퍼 25A 퓨즈 → I/P-F커넥터의 21번 → E61의 2번 → E61의 1번 → E62의1번 → 엔진룸 퓨즈 & 릴레이박스의 레인센서 릴레이 → E62의 2번 → E26의 4번 → 와이퍼 모터 HI → E26의 (　)번 → GE03

03. 위의 전기 회로도에서 레인센서가 빗방울을 소량으로 감지하여 와이퍼 모터가 LO 상태로 회전하는 때에 전류가 흐르는 배선의 색깔을 적으시오.

2.4. 레인센서 제어 실험 실습

Question 다음 실험을 실시한다.

01. 실험 준비물을 확인한다.

실습교재, 다기능스위치, 와이퍼 모터, 레인센서 및 릴레이, 배선, 전원공급기

02. 다음 방법에 따라서 실험을 실시한다.

① 전원공급기의 1A의 (+), (-)를 자동차의 배터리로 사용한다.

② 회로도를 보고 배선을 사용해서 비가 왔을 때 레인센서가 자동으로 빗방울을 감지하여 와이퍼 모터를 구동할 수 있도록 회로를 연결한다.

③ 회로도에 나타나 있는 배선의 색깔과 커넥터의 핀을 잘 확인하여 연결한다.

④ 실내 정션박스, 엔진룸 정션박스 등은 없으므로 직접 배선으로 연결한다.

⑤ 전원공급기의 (-)를 자동차의 접지(G04)로 사용한다.

⑥ 와이퍼스위치를 AUTO에 놓고 분무기를 사용해서 레인 센서에 물방울을 뿌리면서 모터가 회전하는지 살펴본다.

⑦ 모터가 작동하지 않으면 회로도와 비교하면서 틀린 곳을 찾아 바르게 연결한다.

⑧ 위의 과정을 반복해서 실시하여 숙달이 되도록 한다.

03. 와이퍼 모터는 정상적으로 구동이 되었는가 ?

예(　　), 아니오(　　)

04. 만약 모터가 잘 구동이 되지 않았다면 그 원인은 무엇이라고 생각되는지 적으시오.

05. 위의 실험을 통해 느낀 점을 적으시오.

MEMO

03 파워 윈도우 제어

3.1. 교재의 구성

내용소개

자동차 파워 윈도우장치의 고장진단 및 정비에 필요한 관련 지식과 그 목적을 달성하기 위한 기본적이 능력인 자동차 파워 윈도우장치 전기 회로도를 해독할 수 있도록 실습을 구성하였다. 여러 가지 해석문제와 실습을 통해 학생 스스로 흥미를 갖고 회로도의 해석에 자신감을 갖을 수 있도록 한다. 학습 후 학생 스스로 자신의 학습능력을 검토할 수 있도록 하였다.

학습목표

여러 가지 종류의 자동차 파워 윈도우장치를 고장 진단하고 정비하는데 필요한 여러 차종의 파워 윈도우장치 전기 회로도를 설명할 수 있다.

선수 학습모듈

자동차 전기부품 및 전자장치에 대한 구조 및 작동원리에 대한 기초적인 지식을 타 교과에서 이수하도록 한다.

3.2. 일반 차량의 윈도우제어 실습

주요어

파워 윈도우, 다기능 스위치, 스티어링 휠, 파워 윈도우 릴레이

개요

자동차 파워 윈도우의 고장진단 및 정비에 필요한 관련 지식과 그 목적을 달성하기 위한 기본적이 능력인 자동차 파워 윈도우 전기 회로도를 해독할 수 있도록 실습을 구성하였다. 여러 가지 해석문제와 실습을 통해 학생 스스로 흥미를 갖고 회로도의 해석에 자신감을 갖을 수 있도록 한다. 학습 후 학생 스스로 자신의 학습능력을 검토할 수 있도록 하였다.

학습목표

여러 가지 종류의 자동차 파워 윈도우장치를 고장진단하고 정비하는데 필요한 여러 차종의 파워 윈도우 전기 회로도를 설명할 수 있다.

Question 다음 회로도를 보고 운전석 윈도우 스위치를 사용해서 운전석 측(좌측 앞) 윈도우를 열기위해서 스위치를 작동시킬 때의 전류의 흐름을 상시전원부터 접지까지 회로도 위에 표시하시오.

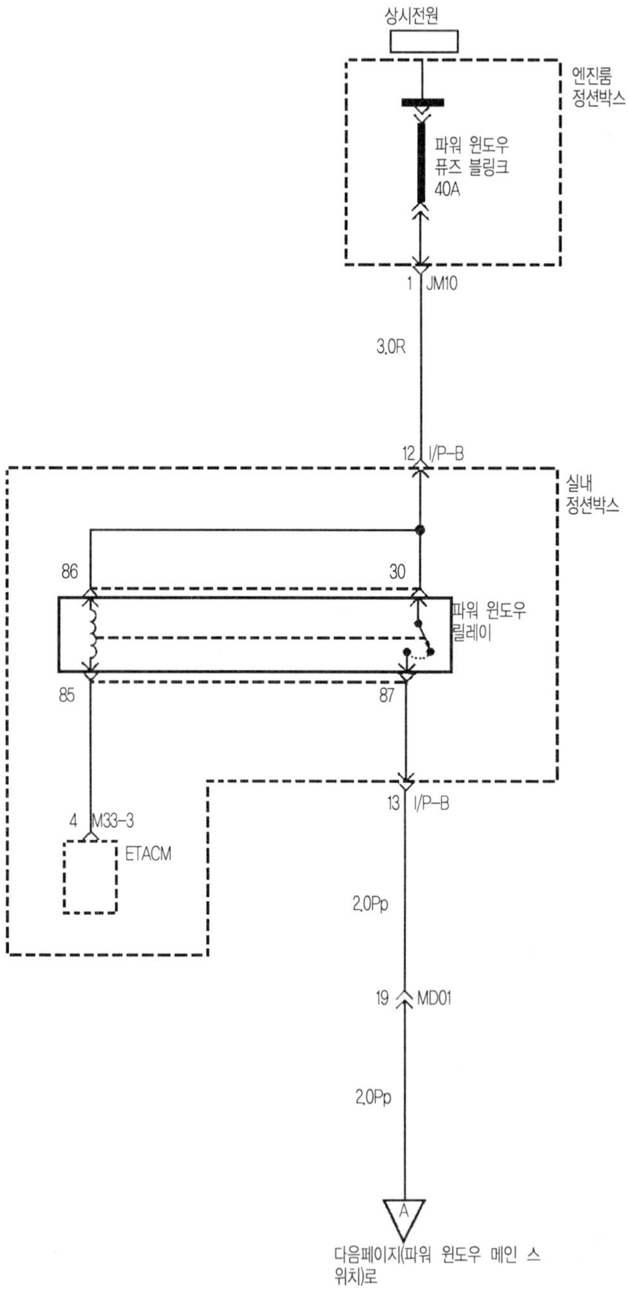

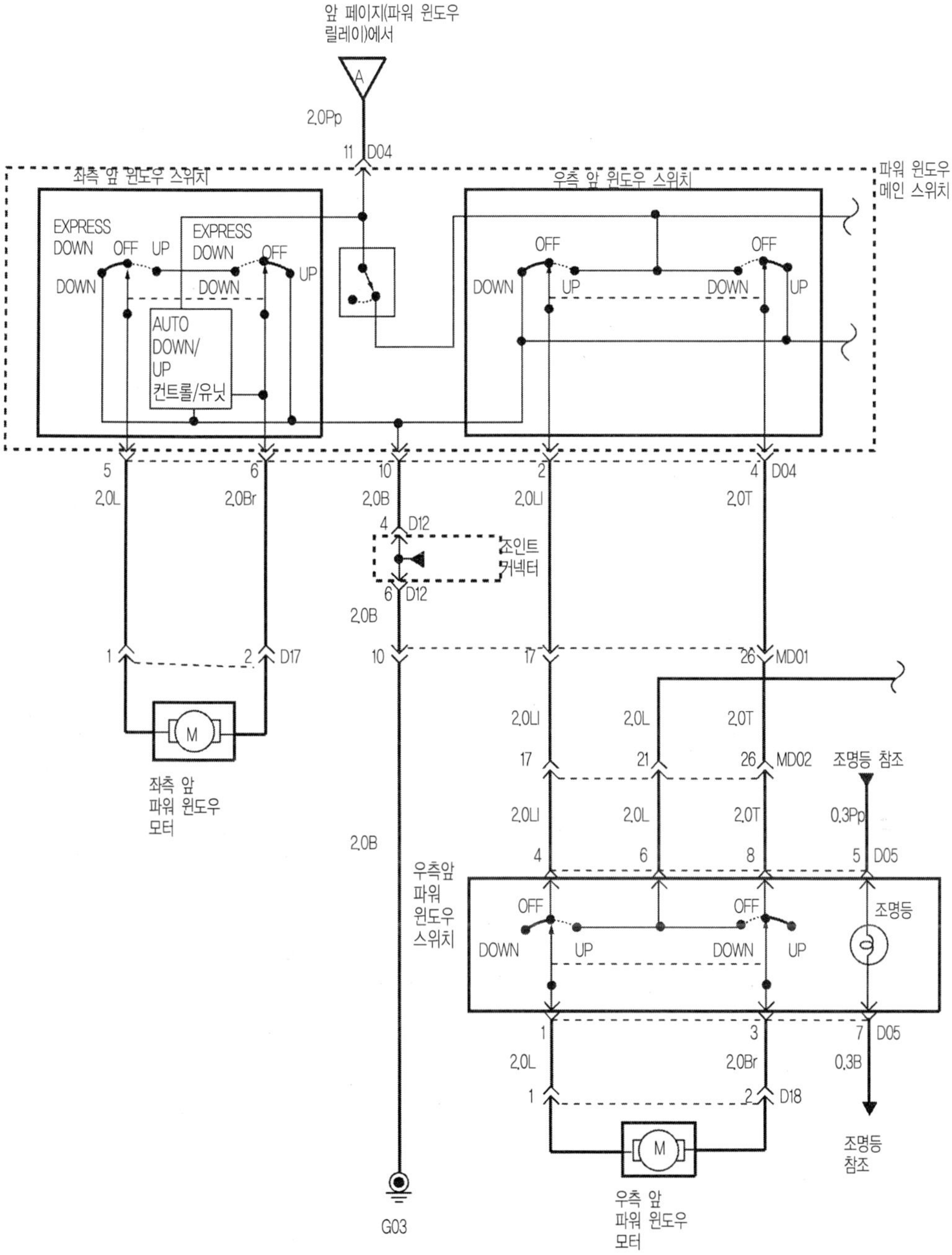
앞 페이지(파워 윈도우 릴레이)에서
A
2.0Pp
11 D04
좌측 앞 윈도우 스위치
우측 앞 윈도우 스위치
파워 윈도우 메인 스위치
EXPRESS DOWN
OFF
UP
DOWN
AUTO DOWN/UP 컨트롤/유닛
5
6
10
2
4 D04
2.0L
2.0Br
2.0B
2.0Ll
2.0T
4 D12
조인트 커넥터
6 D12
1
2 D17
17
26 MD01
좌측 앞 파워 윈도우 모터
21
26 MD02
조명등 참조
0.3Pp
2.0L
우측앞 파워 윈도우 스위치
8
5 D05
조명등
1
3
7 D05
2.0Br
0.3B
1
2 D18
G03
우측 앞 파워 윈도우 모터

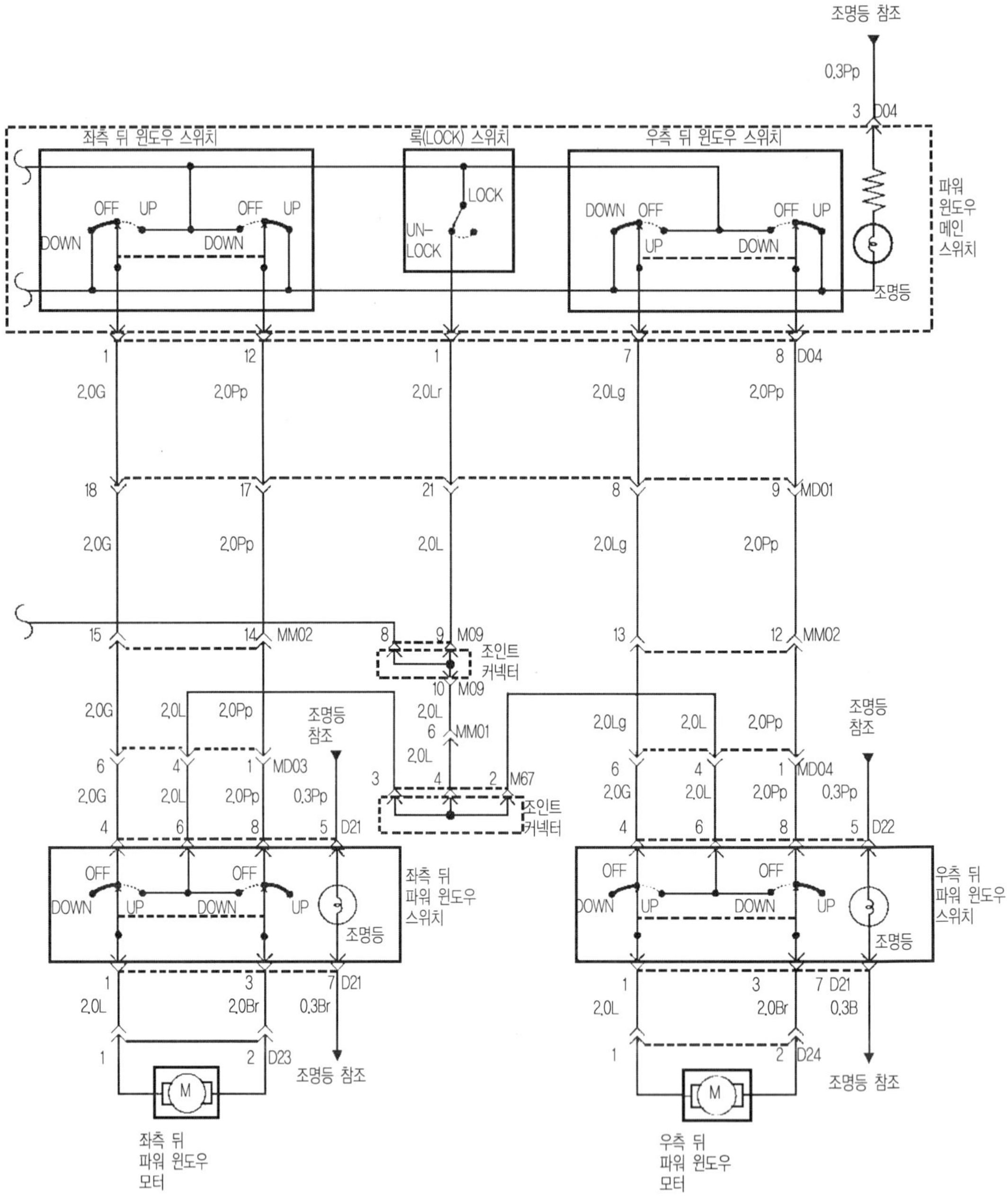
조명등 참조
0.3Pp
3 D04
좌측 뒤 윈도우 스위치
록(LOCK) 스위치
우측 뒤 윈도우 스위치
파워 윈도우 메인 스위치
OFF UP
DOWN
LOCK
UN-LOCK
조명등
1 12 1 7 8 D04
2.0G 2.0Pp 2.0Lr 2.0Lg 2.0Pp
18 17 21 8 9 MD01
2.0G 2.0Pp 2.0L 2.0Lg 2.0Pp
15 14 MM02 8 9 M09 13 12 MM02
조인트 커넥터
10 M09
6 MM01
3 4 2 M67
조명등 참조
6 4 1 MD03
6 4 1 MD04
0.3Pp
4 6 8 5 D21
4 6 8 5 D22
좌측 뒤 파워 윈도우 스위치
우측 뒤 파워 윈도우 스위치
1 3 7 D21
2.0L 2.0Br 0.3Br 0.3B
1 2 D23
1 2 D24
M
좌측 뒤 파워 윈도우 모터
우측 뒤 파워 윈도우 모터

Question 전류 흐름도를 보고 다음 물음에 답하시오.

01. 운전석 윈도우 스위치를 사용해서 조수석(우측 앞) 윈도우를 여는 경우에 회로도상의 전류가 흐르는 요소들을 잘 보고 4개의 (　)를 채우시오(2.0L을 기준으로).

(1) ETACM이 파워 윈도우 릴레이 구동(파워 윈도우 장치에 전원 공급 제어)

상시전원 → [엔진룸 정션박스 파워 윈도우 퓨즈 블링크] → JM10의 1번 핀 → IP-B의 (　)번 핀 → [파워 윈도우 릴레이] → M33-3의 4번핀 → [ETACM]

(2) 파워 윈도우 장치에 전원 공급

상시전원 → [엔진룸 정션박스 파워 윈도우 퓨즈 블링크] → JM10의 1번 핀 → IP-B의 12번 핀 → [파워 윈도우 릴레이 스위치] → IP-B의 (　)번 핀 → A

(3) 운전석 스위치 조작 → 조수석 윈도우 모터 회전

A → D04의 11번 핀 → [파워 윈도우 메인스위치의 우측 앞 윈도우 스위치 → DOWN] → (　)의 4번 핀 → D05의 8번 핀 → [우측 앞 파워 윈도우 스위치] → D05의 3번 핀 → D18의 2번 핀 → [우측 앞 파워 윈도우 모터] → D18의 1번 핀 → D05의 (　)번 핀 → [우측 앞 파워 윈도우 스위치] → D05의 4번 핀 → D04의 2번 핀 → [파워 윈도우 메인 스위치의 우측 앞 윈도우 스위치 → DOWN] → D04의 10번 핀 → D12의 4번 핀 → [조인트 커넥터] → D12의 6번 핀 → G03 접지

02. 위의 전기 회로도에서 운전석 측 메인 스위치를 사용해서 좌측 뒤 윈도우를 닫을 때에 전류가 흐르지 않는 요소를 아래에서 모두 찾아 ( )안에 적으시오.

> 파워 윈도우 퓨즈 블링크, 파워 윈도우 릴레이, 파워 윈도우 메인 스위치, 우측 뒤 파워 윈도우 스위치 좌측 뒤 윈도우 모터, 좌측 앞 파워 윈도우 모터, G03접지, G04 접지,

( ) ( ) ( )

03. 위의 전기회로도에서 파워 윈도우 메인 스위치에 있는 록(LOCK) 스위치를 LOCK시켜서 윈도우 모터의 작동을 막았을 때, 작동하는 모터와 작동하지 않는 모터는 어느 것인지 아래의 빈칸에 번호를 적으시오.

> 1. 우측 앞 파워 윈도우 모터　　2. 좌측 앞 파워 윈도우 모터
> 3. 좌측 뒤 파워 윈도우 모터　　4. 우측 뒤 파워 윈도우 모터

(1) 작동하는 모터 ( )

(2) 작동하지 않는 모터 ( )

04. 위의 전기회로도에서 파워 윈도우 메인 스위치를 사용하여 우측 뒤 윈도우를 올려서 창문을 닫으려고 할 때에 전류가 흐르는 배선의 색깔이 아닌 것을 다음에서 3가지를 찾아 ( )안에 적으시오.

> 빨간색, 자주색, 연두색, 황갈색, 파랑색, 흰색, 갈색, 하늘색, 초록색, 검정색

( ) ( ) ( )

Question 전류 흐름도를 보고 다음 물음에 답하시오.

01. 좌측 뒤 파워 윈도우 스위치를 사용해서 좌측 뒤 파워 윈도우 모터를 회전하여 창문을 내리는 경우에 회로도상의 전류가 흐르는 요소들을 잘 보고 2개의(　　)를 채우시오(2.0L을 기준으로).

(1) ETACM이 파워 윈도우 릴레이 구동하여 파워 윈도우 장치에 전원 공급

상시전원 → 파워 윈도우 퓨즈블 링크 → JM10의 1번 핀 → I/P-B의 12번 핀 → 파워 윈도우 릴레이 → IP-B의 13번 핀 → A

(2) 좌측 뒤 파워 윈도우 스위치 조작 → 좌측 뒤 파워 윈도우 모터 회전

A → D04의 11번 핀 → 파워 윈도우 메인 스위치의 록 스위치 → UNLOCK → D04의 (　　)번 핀 → M09의 9번 핀 → 조인트 커넥터 → M09의 10번 핀 → M67의 4번 핀 → 조인트 커넥터 → M67의 3번 핀 → D21의 6번 핀 → 좌측 뒤 파워 윈도우 스위치 → DOWN → (　　)의 3번 핀 → D23의 2번 핀 → 좌측 뒤 파워 윈도우 모터 → D23의 1번 핀 → D21의 1번 핀 → 좌측 뒤 파워 윈도우 스위치 → DOWN → D21의 4번 핀 → D04의 9번 핀 → D04의 9번 핀 → D04의 10번 핀 → D12의 4번 핀 → 조인트 커넥터 → D12의 6번 핀 → G03 접지

3.3. 통신을 사용한 차량의 윈도우제어 실습

주요어

IPM, 운전석 도어 모듈, 동승석 도어 모듈, 운전석 세이프티 파워 윈도우 모듈, 동승석 파워 윈도우 모터, B-CAN

개요

통신을 사용한 자동차 파워 윈도우의 고장진단 및 정비에 필요한 관련 지식과 그 목적을 달성하기 위한 기본적이 능력인 통신을 사용한 자동차 파워 윈도우 전기 회로도를 해독할 수 있도록 실습을 구성하였다.

여러 가지 해석문제와 실습을 통해 학생 스스로 흥미를 갖고 회로도의 해석에 자신감을 갖을 수 있도록 한다. 학습 후 학생 스스로 자신의 학습능력을 검토할 수 있도록 하였다.

학습목표

여러 가지 종류의 통신을 사용한 자동차 파워 윈도우장치를 고장 진단하고 정비하는데 필요한 여러 차종의 파워 윈도우 전기 회로도를 설명할 수 있다.

3.3.1. 파워 윈도우제어 방법

(1) 파워 윈도우는 IG2 이상에서 동작한다.

(2) 운전자가 운전석 도어에 있는 운전석 윈도우스위치를 작동한다.

(3) 운전석 세이프티 파워윈도우모듈은 운전석 도어 모듈의 신호를 받아서 운전석 도어의 윈도우모터를 작동시킨다.

(4) 운전자가 동승석 도어의 윈도우스위치를 작동시킨다.

(5) 동승석 도어 모듈은 운전석 도어 모듈과 CAN통신을 통해 운전석 도어 모듈의 동승석 윈도우스위치 신호를 감지하여 동승석 도어 모듈의 윈도우 릴레이를 작동시켜서 동승석 윈도우를 작동시킨다.

(6) 운전자가 리어 윈도우 스위치를 작동시킨다.

(7) IPM은 CAN통신을 통해 운전석 도어 모듈의 리어 윈도우스위치 신호를 감지하여 리어 파워 윈도우스위치 LH 혹은 리어 파워 윈도우스위치 RH의 리어 윈도우 모터 릴레이를 작동시켜서 리어 윈도우를 작동시킨다.

(8) 동승석의 탑승자가 동승석 도어모듈의 스위치를 작동시킨다.

(9) 동승석 도어모듈은 동승석 윈도우스위치 신호를 감지하여 동승석 도어모듈의 윈도우 릴레이를 작동시켜서 동승석 윈도우를 작동시킨다.

(10) 이그니션 스위치가 LOCK 또는 ACC 상태에서 약 30초 동안 윈도우는 동작한다.

(11) 운전석 도어모듈의 윈도우 록스위치를 LOCK시키면 동승석 및 리어 파워 윈도우스위치는 작동하지 않는다.

(12) 세이프티 파워 윈도우는 오토업기능 도중에 물체가 윈도우에 끼이면 세이프티 기능을 수행한다. 이는 윈도우 발생시 윈도우의 속도와 위치를 파악하여 물체의 끼임을 감지하고 물체가 끼인 경우에는 윈도우를 다운시킨다.

(13) 윈도우 AUTO 동작은 UP신호와 AUTO신호가 함께 입력되어야 인식한다.

(14) 윈도우를 LOCK시키면 동승석 및 IPS 컨트롤모듈은 CAN통신으로 윈도우동작을 구속한다.

(15) Enable단자는 윈도우 구동 가능 구간을 알려주는 기능으로 IGN ON 또는 IGN OFF후 30초까지는 12V를 유지하고 30초가 지나면 0V로 변환되어 윈도우의 작동을 금지시킨다.

Question 다음 회로도를 보고 운전석 윈도우 스위치를 사용해서 운전석 측(좌측 앞) 윈도우를 열기위해서 스위치를 작동시킬 때의 전류의 흐름을 상시전원부터 접지까지 회로도 위에 표시하시오

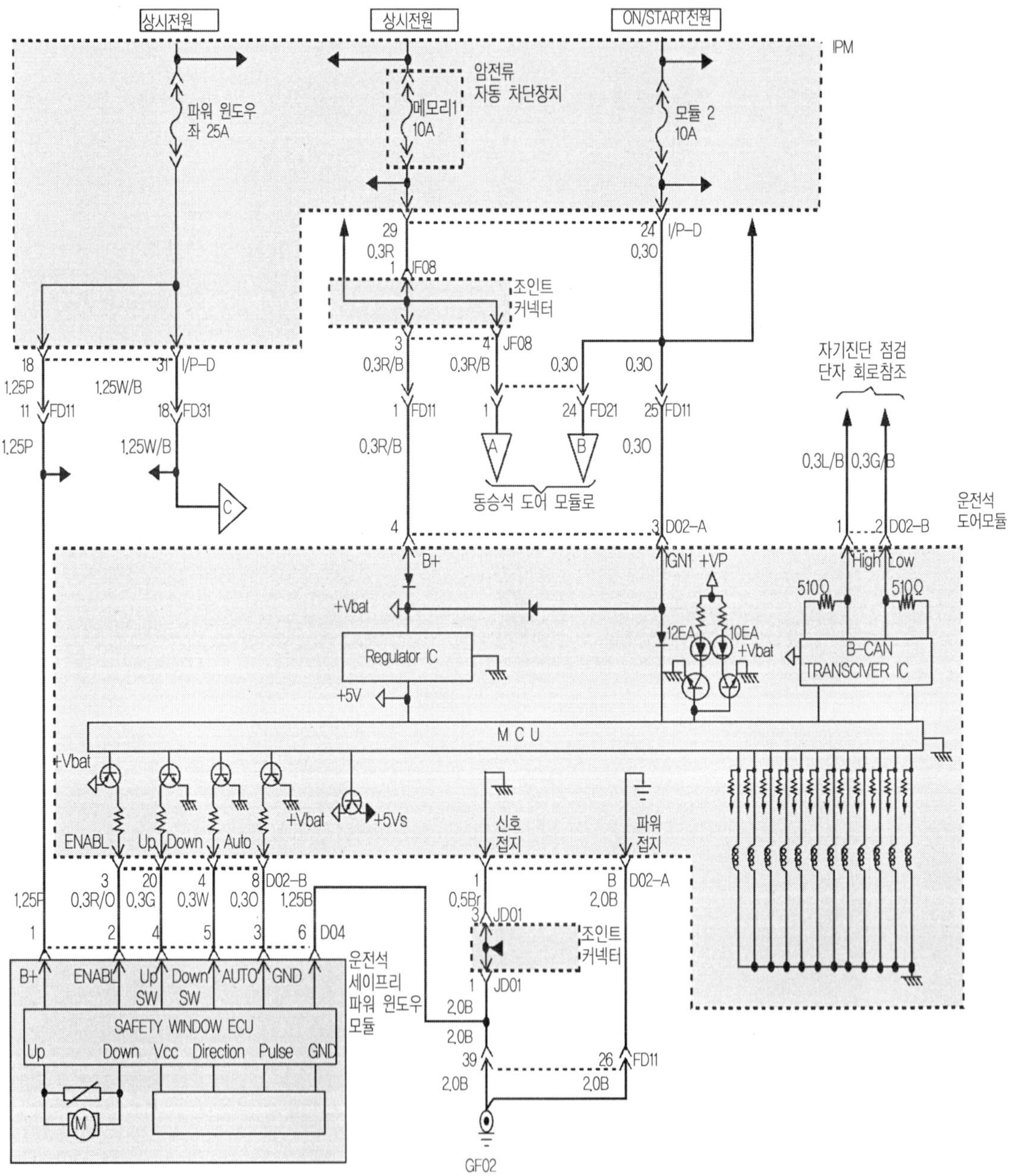

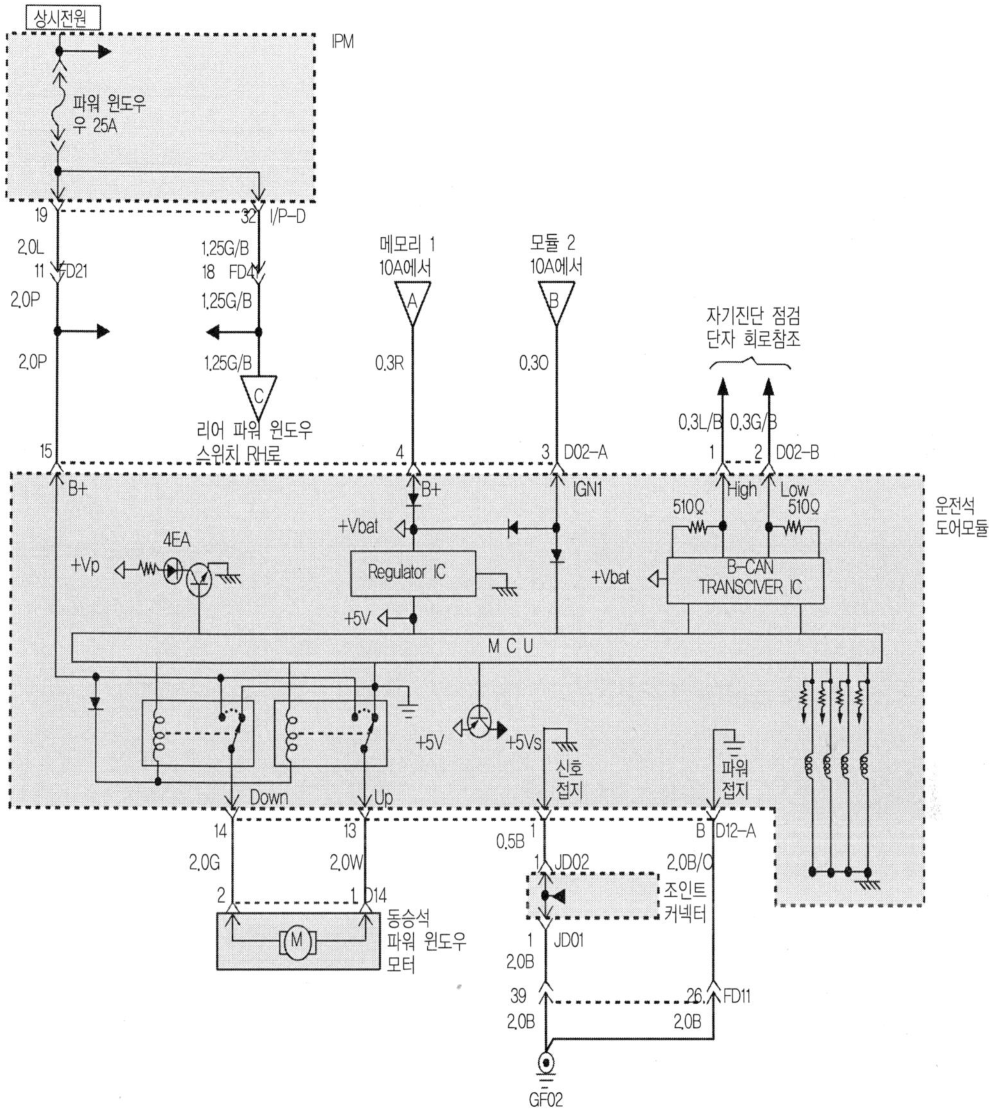
상시전원
IPM
파워 윈도우
우 25A
I/P-D
2.0L
FD21
2.0P
1.25G/B
FD41
메모리 1
10A에서
모듈 2
10A에서
자기진단 점검
단자 회로참조
0.3R
0.3O
리어 파워 윈도우
스위치 RH로
0.3L/B
0.3G/B
D02-A
D02-B
B+
IGN1
High
Low
510Ω
운전석
도어모듈
+Vbat
4EA
+Vp
Regulator IC
B-CAN
TRANSCIVER IC
+5V
M C U
+5Vs
신호
접지
파워
접지
Down
Up
D12-A
2.0G
2.0W
0.5B
JD02
2.0B/O
D14
조인트
커넥터
동승석
파워 윈도우
모터
JD01
2.0B
FD11
GF02

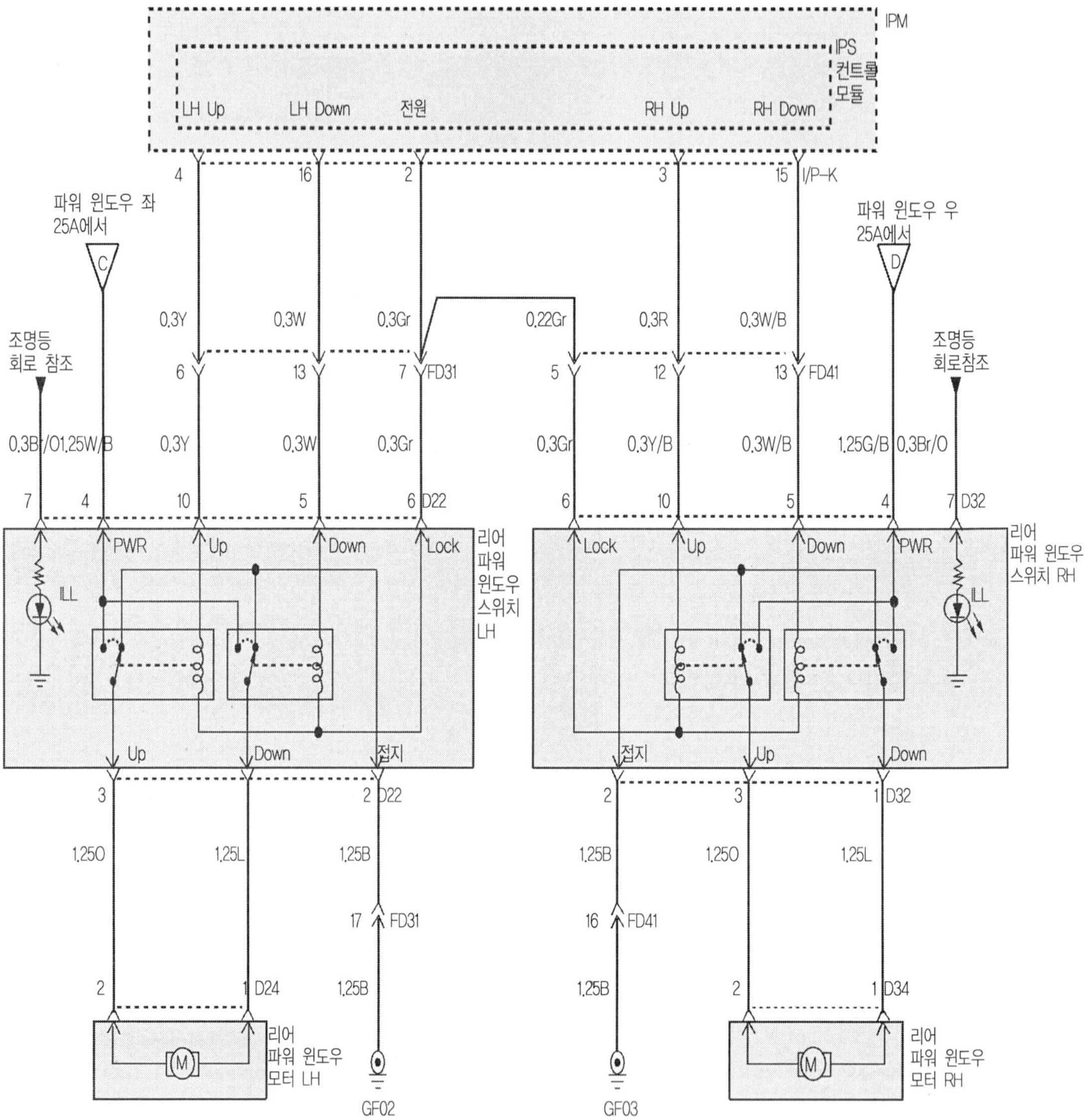
IPM
IPS 컨트롤 모듈
LH Up
LH Down
전원
RH Up
RH Down
I/P-K
파워 윈도우 좌 25A에서
파워 윈도우 우 25A에서
조명등 회로 참조
조명등 회로참조
0.3Y
0.3W
0.3Gr
0.22Gr
0.3R
0.3W/B
FD31
FD41
0.3Br/O
1.25W/B
0.3Y/B
1.25G/B
D22
D32
PWR
Up
Down
Lock
ILL
접지
리어 파워 윈도우 스위치 LH
리어 파워 윈도우 스위치 RH
1.25O
1.25L
1.25B
D24
D34
M
리어 파워 윈도우 모터 LH
리어 파워 윈도우 모터 RH
GF02
GF03

Question 전류 흐름도를 보고 다음 물음에 답하시오

01. 운전석 윈도우 스위치를 사용해서 동승석 윈도우를 내리는 경우에 회로도상의 전류가 흐르는 요소들을 잘 보고 ( )를 채우시오.

(1) 운전자가 동승석스위치를 작동시킨다.

상시전원 → IPM의 암전류 자동 차단장치 메모리 1 10A → I/P-D의 29번 → JF08의 1번 → 조인트 커넥터 → JF08의 ( )번 → D02-A의 4번 → IPM의 Regulator IC → MCU

ON/START전원→ IPM의 모듈2 10A →I/P-D의 24번 → D02-A의 3번 → MCU

IPM의 신호접지 → D02-A의 1번 → JD01의 3번 → 조인트 커넥터 → JD01의 1번 → ( )

IPM의 파워접지 → D02-A의 8번 → GF02

운전석 도어모듈의 MCU → B-CAN TRANSCIVER IC HIGH → D02-B의 1번 → D12-B의 1번 → 동승석 도어모듈의 B-CAN TRANSCIVER IC HIGH → MCU

운전석 도어모듈의 MCU → B-CAN TRANSCIVER IC LOW → D02-B의 2번 → D12-B의 2번 → 동승석 도어모듈의 B-CAN TRANSCIVER IC LOW → MCU

상시전원 → IPM의 파워 윈도우 퓨즈 25A → I/P-D의 ( )번 →D12-A의 15번 ①②로 분리

---

① 동승석 도어모듈의 DOWN 릴레이 코일 → MCU

② 동승석 도어모듈의 DOWN 릴레이 스위치 DOWN → D12-A의 14번 → D14의 2번 → 동승석 파워 윈도우 모터 → D14의 1번 → 동승석 도어모듈의 UP 릴레이 스위치 → 접지

02. 위의 전기회로도에서 파워 윈도우 메인스위치를 사용하여 우측 뒤 윈도우를 올려서 창문을 닫으려고 할 때에 전류가 흐르는 배선의 색깔을 찾아 적으시오.

3.4. 윈도우제어 실험 실습

01. 실험 준비물을 확인한다.

실습 교재, 윈도우 모터 모듈, 윈도우 스위치 모듈, 배선, 전원공급기

02. 다음 방법에 따라서 실험을 실시한다.

① 전원공급기의 1A의 (+), (-)를 자동차의 배터리로 사용한다.

② 회로도를 보고 각각의 윈도우 스위치를 사용해서 모든 윈도우 모터를 구동할 수 있도록 회로를 연결한다.

③ 회로도에 나타나 있는 배선의 색깔과 커넥터의 핀을 잘 확인하여 연결한다.

④ 실내 정션박스, 엔진룸 정션박스 등은 없으므로 직접 배선으로 연결한다.

⑤ 전원공급기의 (-)를 자동차의 접지(G03)로 사용한다.

⑥ 파워 윈도우 메인 스위치를 사용해서 4개의 윈도우 모터를 회전 및 역회전이 되는지 살펴본다.

⑦ 모터가 작동하지 않으면 회로도와 비교하면서 틀린 곳을 찾아 바르게 연결한다.

⑧ 위의 과정을 반복해서 실시하여 숙달이 되도록 한다.

03. 윈도우 모터는 정상적으로 구동이 되었는가 ?

예(　　　), 아니오(　　　)

04. 만약 모터가 잘 구동이 되지 않았다면 그 원인은 무엇이라고 생각되는지 아래에 적으시오.

05. 위의 실험을 통해 느낀 점을 아래에 적으시오.

04 | 파워 도어 록 제어회로

4.1. 교재의 구성

내용소개

자동차 파워 도어 록의 고장진단 및 정비에 필요한 관련 지식과 그 목적을 달성하기 위한 기본적이 능력인 자동차 파워 도어 록 전기 회로도를 해독할 수 있도록 실습을 구성하였다. 여러 가지 해석문제와 실습을 통해 학생 스스로 흥미를 갖고 회로도의 해석에 자신감을 갖을 수 있도록 한다. 학습 후 학생 스스로 자신의 학습능력을 검토할 수 있도록 하였다.

학습모듈

여러 가지 종류의 자동차 파워 도어 록장치를 고장진단하고 정비하는데 필요한 여러 차종의 파워 도어 록 전기 회로도를 설명할 수 있다.

선수 학습모듈

자동차 전기 부품 및 전자장치에 대한 구조 및 작동원리에 대한 기초적인 지식을 타 교과에서 이수하도록 한다.

4.2. 일반 차량의 파워 도어록 회로 실습

주요어

파워 도어 록, 다기능 스위치, 스티어링 휠, 파워 도어 록 릴레이

개요

자동차 파워 도어 록의 고장진단 및 정비에 필요한 관련 지식과 그 목적을 달성하기 위한 기본적이 능력인 자동차 파워 도어 록 전기 회로도를 해독할 수 있도록 실습을 구성하였다. 여러 가지 해석문제와 실습을 통해 학생 스스로 흥미를 갖고 회로도의 해석에 자신감을 갖을 수 있도록 한다. 학습 후 학생 스스로 자신의 학습능력을 검토할 수 있도록 하였다.

학습모듈

여러 가지 종류의 자동차 파워 도어 록 장치를 고장 진단하고 정비하는데 필요한 여러 차종의 파워 도어 록 전기 회로도를 설명할 수 있다.

Question 다음 회로도를 보고 파워 도어 록(LOCK)스위치를 록(LOCK)시켜서 차량의 모든 도어를 록(LOCK)시키는 경우의 전류의 흐름을 상시전원부터 접지까지 회로도 위에 표시하시오.

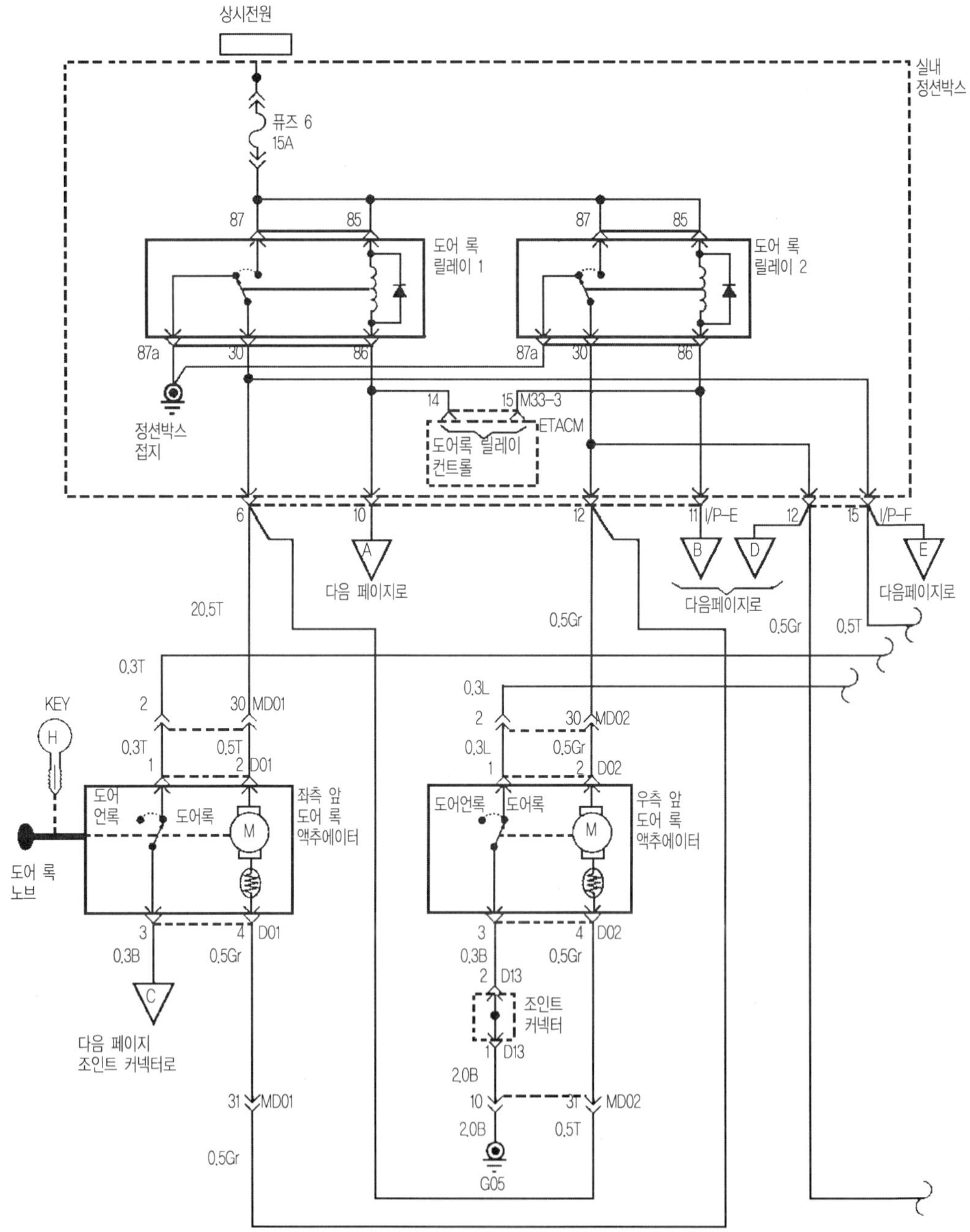

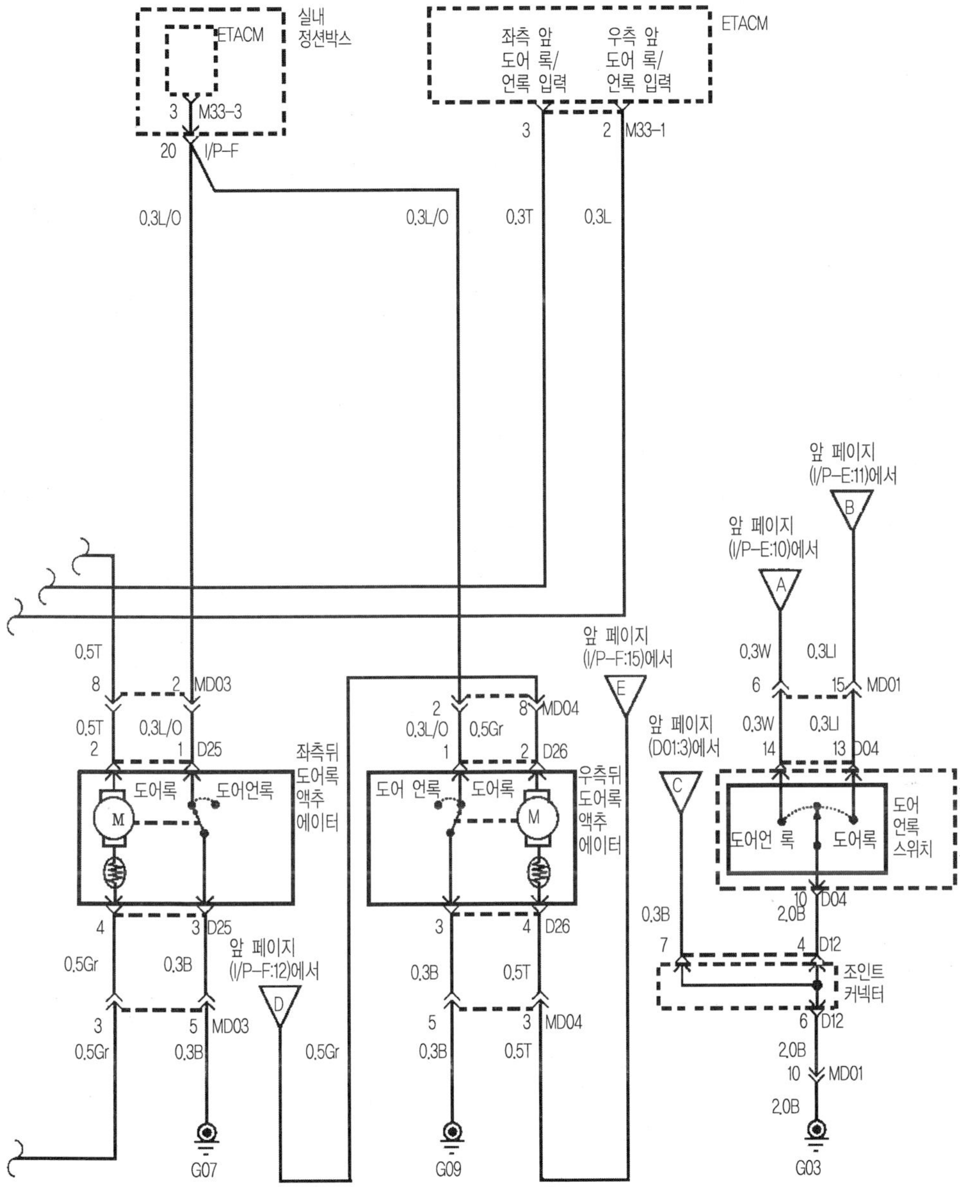
실내
정션박스
ETACM
3 M33-3
20 I/P-F
ETACM
좌측 앞
도어 록/
언록 입력
우측 앞
도어 록/
언록 입력
3
2 M33-1
0.3L/O
0.3L/O
0.3T
0.3L
앞 페이지
(I/P-E:11)에서
B
앞 페이지
(I/P-E:10)에서
A
앞 페이지
(I/P-F:15)에서
E
0.5T
8
2 MD03
0.5T
0.3L/O
2
1 D25
좌측뒤
도어록
액추
에이터
도어록
도어언록
M
2
8 MD04
0.3L/O
0.5Gr
1
2 D26
도어 언록
도어록
우측뒤
도어록
액추
에이터
앞 페이지
(D01:3)에서
C
0.3W
0.3LI
6
15 MD01
0.3W
0.3LI
14
13 D04
도어언 록
도어록
도어
언록
스위치
파워
윈도우
메인
스위치
4
3 D25
3
4 D26
0.3B
10 D04
2.0B
7
4 D12
0.5Gr
0.3B
앞 페이지
(I/P-F:12)에서
D
0.3B
0.5T
조인트
커넥터
3
5 MD03
5
3 MD04
6 D12
0.5Gr
0.3B
0.5Gr
0.3B
0.5T
2.0B
10 MD01
2.0B
G07
G09
G03

Question 전류 흐름도를 보고 다음 물음에 답하시오

01. 다음 회로도를 보고 파워 윈도우 메인스위치에 있는 파워 도어 록(LOCK) 스위치를 록(LOCK) 시켜서 차량의 모든 도어를 록(LOCK)시키는 경우에 회로도상의 전류가 흐르는 요소들을 잘 보고 5개의 ( )를 채우시오(2.0L을 기준으로).

(1) 도어 록 스위치의 록(LOCK) 작동으로 도어 록 릴레이 2 구동

상시전원 → 실내 정션박스의 퓨즈 6 → 도어 록 릴레이 2 → I/P-E의 11번 핀 → B D04의 ( )번 핀 → 도어 언록 스위치 → D04의 10번 핀 → D12의 4번 핀 → 조인트 커넥터 → D12의 6번 핀 → G03 접지

(2) 도어 록 릴레이 2의 스위치 작동으로 좌측 앞 도어 록 액추에이터 록(LOCK) 동작

상시전원 → 실내 정션박스의 퓨즈 6 → 도어 록 릴레이 2 스위치 ON → I/P-E의 12번 핀 → D01의 ( )번 핀 → 좌측 앞 도어 록 액추에이터 → D01의 2번 핀 → I/P-E의 6번 핀 → 도어 록 릴레이 1 스위치 OFF → 정션박스 접지

(3) 우측 앞 도어 록 액추에이터 록(LOCK) 동작

상시전원 → 실내 정션박스의 퓨즈 6 → 도어 록 릴레이 2 스위치 ON → I/P-E의 12번 핀 → D02의 2번 핀 → 우측 앞 도어 록 액추에이터 → (   )의 4번 핀 → I/P-E의 6번 핀 → 도어 록 릴레이 1 스위치 OFF → 정션박스 접지

(4) 좌측 뒤 도어 록 액추에이터 록(LOCK) 동작

상시전원 → 실내 정션박스의 퓨즈 6 → 도어 록 릴레이 2 스위치 ON → I/P-F의 12번 핀 → D25의 (　　) 번 핀 → 좌측 뒤 도어 록 액추에이터 → D25의 2번 핀 → I/P-F의 15번 핀 → 도어 록 릴레이 1 스위치 OFF → 정션박스 접지

(5) 우측 뒤 도어 록 액추에이터 록(LOCK) 동작

상시전원 → 실내 정션박스의 퓨즈 6 → 도어 록 릴레이 2 스위치 ON → I/P-F의 12번 핀 → D → D26의 2번 핀 → 우측 뒤 도어 록 액추에이터 → D26의 (　　)번 핀 → E → I/P-F의 15번 핀 → 도어 록 릴레이 1 스위치 OFF → 정션박스 접지

02. 위의 전기 회로도에서 파워 윈도우 메인 스위치의 도어 언록 스위치를 언록(UNLOCK) 시키는 경우에 전류가 흐르지 않는 요소를 아래에서 3개를 찾아 (　)안에 적으시오.

> 실내 정션박스 퓨즈 6, 도어 록 릴레이 1, 도어 언록 스위치, 좌측 앞 도어 록 액추에이터, 우측 앞 도어 록 액추에이터, ETACM, 좌측 뒤 도어 록 액추에이터, 우측 뒤 도어 록 액추에이터, G03접지, G05 접지, G07접지

(　　　　　　　) (　　　　　　　) (　　　　　　　)

03. 위의 전기회로도에서 각 도어 록 액추에이터가 록(LOCK)과 언록(UNLOCK)의 경우에 흐르는 전류의 입출력의 커넥터의 핀 번호를 다음 빈 칸에 적으시오.

	전류 입력 핀	액추에이터 이름	전류 출력 핀
도어 록(LOCK)	D01의 4번	좌측 앞 도어 록 액추에이터	D01의 2번
	①	우측 앞 도어 록 액추에이터	②
	③	좌측 뒤 도어 록 액추에이터	④
	⑤	우측 뒤 도어 록 액추에이터	⑥

	전류 입력 핀	액추에이터 이름	전류 출력 핀
도어 언록 (UNLOCK)	⑦	좌측 앞 도어 록 액추에이터	⑧
	⑨	우측 앞 도어 록 액추에이터	⑩
	⑪	좌측 뒤 도어 록 액추에이터	⑫
	⑬	우측 뒤 도어 록 액추에이터	⑭

04. 위의 전기회로도에서 파워 윈도우 메인스위치의 도어 언록 스위치를 언록(UNLOCK) 시키는 경우에 전류가 흐르는 배선의 색깔이 아닌 것을 다음에서 3가지를 찾아 (   )안에 적으시오.

파랑색에 오렌지색 줄무늬, 황갈색, 파랑색,
흰색, 하늘색, 회색, 검정색

(   ) (   ) (   )

4.3. 통신을 사용한 차량의 파워 도어록 회로 실습

주요어

IPM, 운전석도어모듈, 동승석 도어모듈, 운전석 도어록 액추에이터, 동승석 도어록 액추에이터, 리어 도어록 액추에이터 LH, 리어 도어록 액추에이터 RH, B-CAN

개요

통신을 사용한 자동차 파워 도어 록의 고장진단 및 정비에 필요한 관련 지식과 그 목적을 달성하기 위한 기본적이 능력인 통신을 사용한 자동차 파워 도어 록 전기 회로도를 해독할 수 있도록 실습을 구성하였다.

여러 가지 해석문제와 실습을 통해 학생 스스로 흥미를 갖고 회로도의 해석에 자신감을 갖을 수 있도록 한다. 학습 후 학생 스스로 자신의 학습능력을 검토할 수 있도록 하였다.

학습모듈

여러 가지 종류의 통신을 사용한 자동차 파워 도어 록장치를 고장 진단하고 정비하는데 필요한 여러 차종의 파워 도어 록 전기 회로도를 설명할 수 있다.

4.3.1. 운전석 파워 도어록 제어 방법

(1) 운전자가 운전석 도어모듈의 도어록 스위치를 ON로 조작한다.

(2) 운전석 도어모듈의 MCU가 운전석 도어록 릴레이를 작동시킨다.

(3) 운전석 도어록 액추에이터, 동승석 도어록 액추에이터, 리어 도어록 액추에이터 LH, 리어 도어록 액추에이터 RH가 작동하여 도어를 록시킨다.

(4) 운전자가 운전석 도어 모듈의 도어 언록 스위치를 ON으로 조작한다.

(5) 운전석 도어모듈의 MCU가 운전석 도어 언록 릴레이를 작동시킨다.

(6) 운전석 도어록 액추에이터, 동승석 도어록 액추에이터, 리어 도어록 액추에이터 LH, 리어 도어록 액추에이터 RH가 작동하여 도어를 언록시킨다.

(7) 운전석 도어록 액추에이터가 록이 되었는지 언록이 되었는지 운전석 도어모듈의 MCU에 신호를 전달한다.

- D02-B의 13번 록 5V, 언록 0V

(8) 동승석 도어록 액추에이터가 록이 되었는지 언록이 되었는지 동승석 도어모듈의 MCU에 신호를 전달한다.

- D12-B의 13번 록 5V, 언록 0V

(9) 리어 도어록 액추에이터(LH)가 록이 되었는지 언록이 되었는지 IPM의 IPM컨트롤 모듈에 신호를 전달한다.

- I/P-K의 9번 록 5V, 언록 0V

(10) 리어 도어록 액추에이터(RH)가 록이 되었는지 언록이 되었는지 IPM의 IPM컨트롤 모듈에 신호를 전달한다.

- I/P-K의 8번 록 5V, 언록 0V

4.3.2. 동승석 파워 도어록 제어방법

(1) 동승석 승객이 동승석 도어모듈의 도어록 스위치를 ON로 조작한다.
(2) CAN통신을 통해 운전석 도어모듈의 MCU에 동승석 도어모듈의 신호가 전달된다.
(3) 운전석 도어모듈의 MCU가 운전석 도어록 릴레이를 작동시킨다.
(4) 그 다음은 운전석 파워 도어록 제어방법과 동일하다.
(5) 동승석 승객기 동승석 도어모듈의 도어언록스위치를 ON으로 조작한다.
(6) CAN통신을 통해 운전석 도어모듈의 MCU에 동승석 도어모듈의 신호가 전달된다.
(7) 그 다음은 운전석 파워 도어록 제어방법과 동일하다.

Question 다음 회로도를 보고 운전석 도어듈의 도어록(LOCK)스위치를 록(LOCK) 시켜서 차량의 모든 도어를 록(LOCK)시키는 경우의 전류의 흐름을 상시전원부터 접지까지 회로도 위에 표시하시오

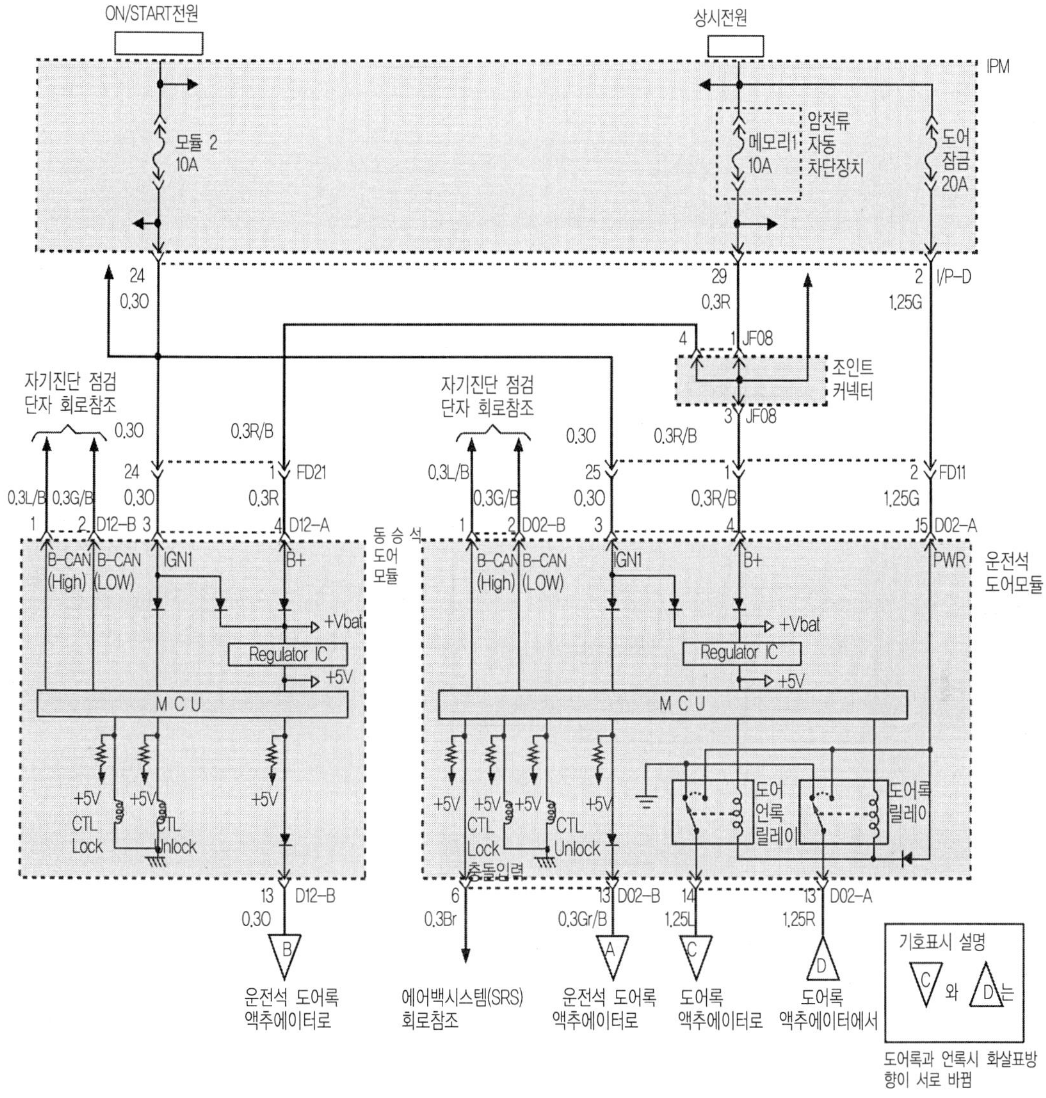

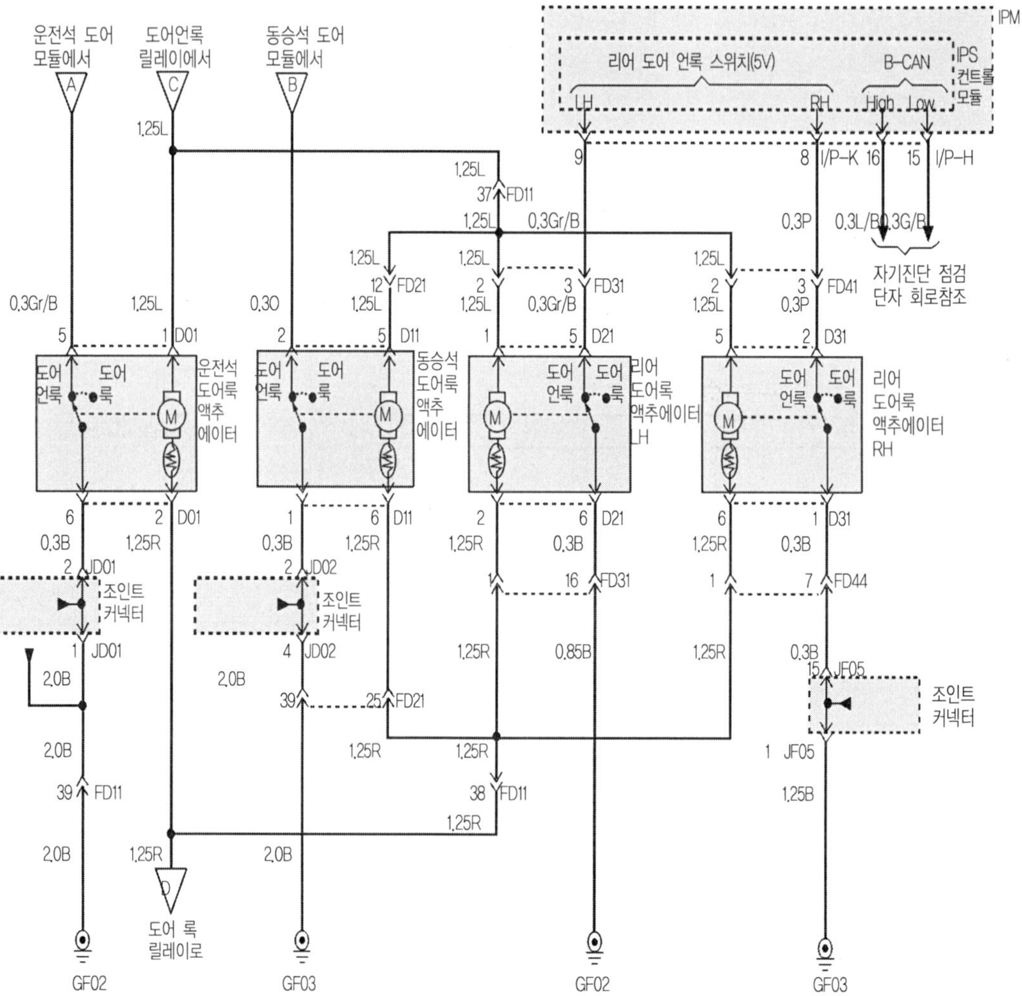
운전석 도어 모듈에서
도어언록 릴레이에서
동승석 도어 모듈에서
IPM
리어 도어 언록 스위치(5V)
B-CAN
IPS 컨트롤 모듈
LH
RH
High
Low
I/P-K
I/P-H
자기진단 점검 단자 회로참조
운전석 도어록 액추에이터
동승석 도어록 액추에이터
리어 도어록 액추에이터 LH
리어 도어록 액추에이터 RH
도어 언록
도어 록
조인트 커넥터
도어 록 릴레이로
GF02
GF03

Question 전류 흐름도를 보고 다음 물음에 답하시오

01. 다음 회로도를 보고 운전석 도어 모듈의 도어 록(LOCK)스위치를 록(LOCK)시켜서 차량의 모든 도어를 록(LOCK)시키는 경우에 회로도상의 전류가 흐르는 요소들을 잘 보고 (　)를 채우시오.

(1) 운전석 도어 모듈의 상시 전원 공급

상시전원 → IPM의 암전류 자동 차단장치의 메모리1 10A → I/P-D의 29번 → JF08의 1번 → 조인트 커넥터 → JF08의 (　)번 → D02-A의 4번 → 운전석 도어모듈의 Regulator IC → MCU

(2) 운전자가 운전석 도어 모듈의 도어록 스위치를 록(LOCK) 작동

(3) 운전석 도어 모듈의 MCU는 운전석 도어록 스위치의 신호를 받는다.

(4) 운전석 도어 모듈의 MCU는 도어 록 릴레이를 작동시켜 4개 도어록 액추에이터를 작동시켜 도어를 록시킨다.

상시전원 → IPM의 도어 잠금 20A 퓨즈 → I/P-D의 2번 → D02-A의 15번 → ① ②로 분리

---

① 운전석 도어모듈의 도어록 릴레이 코일 → MCU

② 운전석 도어모듈의 도어록 릴레이 스위치 → D02-A의 (　)번 → D → ③④⑤⑥으로 분리

---

③ D → D01의 2번 → 운전석 도어록 액추에이터의 도어록 모터 → D01의 1번 → C

④ D → D11의 6번 → 동승석 도어록 액추에이터의 도어록 모터 → D11의 5번 → C

(6) 운전석 도어록 액추에이터 신호는 운전석 도어모듈로, 동승석 도어록 액추에이터 신호는 동승석 도어모듈로, 리어 도어록 액추에이터 신호는 IPM의 IPS 컨트롤 모듈로 입력된다.

① 운전석 도어록 액추에이터 신호 : 운전석 도어모듈의 MCU → D02-B의 13번 → A → D01의 5번 → 운전석 도어록 액추에이터 스위치 → 도어 언록 → D01의 6번 → JD01의 2번 → 조인트 커넥터 → JD01의 1번 → GF02

② 동승석 도어록 액추에이터 신호 : 동승석 도어모듈의 MCU → D12-B의 13번 → B → D11의 2번 → 동승석 도어록 액추에이터 스위치 → 도어 언록 → D11의 1번 → JD02의 2번 → 조인트 커넥터 → JD02의 4번 → ( )

③ 리어 도어록 액추에이터 LH 신호 : IPM의 IPS 컨트롤모듈의 LH → I/P-K의 9번 → D21의 5번 → 리어 도어록 액추에이터 LH 스위치 → 도어 언록 → D21의 6번 → GF02

④ 리어석 도어록 액추에이터 RH 신호 : IPM의 IPS 컨트롤모듈의 RH → I/P-K의 8번 → D31의 2번 → 리어 도어록 액추에이터 RH스위치 → 도어 언록 → D31의 1번 → GF03

(7) 동승석 MCU와 IPM의 IPS 컨트롤모듈은 운전석 MCU와 CAN통신을 통해 도어록 액추에이터 신호 정보를 교환한다.

① 동승석 MCU와 운전석 MCU와의 CAN통신 : 동승석 도어모듈 MCU → B-CAN (HIGH) → D12-B의 1번 → D02-B의 1번 → 운전석 도어모듈의 B-CAN (HIGH) → MCU

동승석 도어모듈 MCU → B-CAN (LOW) → D12-B의 ( )번 → D02-B의 2번 → 운전석 도어모듈의 B-CAN (LOW) → MCU

② IPM의 IPS컨트롤모듈과 운전석 MCU와의 CAN통신 : IPM의 IPS컨트롤모듈 → B-CAN (HIGH) → I/P-H의 16번 → D02-B의 1번 → 운전석 도어모듈의 B-CAN (HIGH) → MCU

IPM의 IPS컨트롤모듈 → B-CAN (LOW) → I/P-H의 15번 → D02-B의 ( )번 → 운전석 도어모듈의 B-CAN (LOW) → MCU

03. 위의 전기 회로도에서 운전석 도어모듈의 도어 언록 스위치를 언록(UNLOCK) 시키는 경우에 전류가 흐르는 요소를 적으시오.

04. 위의 전기회로도에서 파워 윈도우 메인스위치의 도어 언록 스위치를 언록(UNLOCK)시키는 경우에 전류가 흐르는 배선의 색깔을 적으시오.

4.4. 파워 도어 록 회로 실험 실습

Question 다음 실험을 실시한다.

01. 실험 준비물을 확인한다.

실습 교재, 도어 록 액추에이터 모듈, 파워 윈도우 메인 스위치 모듈, 배선, 전원공급기

02. 다음 방법에 따라서 실험을 실시한다.

① 전원공급기의 1A의 (+), (-)를 자동차의 배터리로 사용한다.
② 회로도를 보고 각각의 도어 언록 스위치를 사용하여 각 도어 록 액추에이터를 록, 언록 할 수 있도록 회로를 연결한다.
③ 회로도에 나타나 있는 배선의 색깔과 커넥터의 핀을 잘 확인하여 연결한다.
④ 전원공급기의 (-)를 자동차의 접지(G03)로 사용한다.
⑤ 액추에이터가 작동하지 않으면 회로도와 비교하면서 틀린 곳을 찾아 바르게 연결한다.
⑥ 위의 과정을 반복해서 실시하여 숙달이 되도록 한다.

03. 도어 록 액추에이터는 정상적으로 구동이 되었는가 ?

예(　　　), 아니오(　　　)

04. 만약 액추에이터가 잘 구동이 되지 않았다면 그 원인은 무엇이라고 생각되는지 아래에 적으시오.

05. 위의 실험을 통해 느낀 점을 아래에 적으시오.

05 파워 아웃사이드 미러 제어

5.1. 교재의 구성

내용소개

자동차 파워 아웃사이드 미러의 고장진단 및 정비에 필요한 관련 지식과 그 목적을 달성하기 위한 기본적이 능력인 자동차 파워 아웃사이드 미러 전기 회로도를 해독할 수 있도록 실습을 구성하였다. 여러 가지 해석문제와 실습을 통해 학생 스스로 흥미를 갖고 회로도의 해석에 자신감을 갖을 수 있도록 한다. 학습 후 학생 스스로 자신의 학습 능력을 검토할 수 있도록 하였다.

학습목표

여러 가지 종류의 자동차 파워 아웃사이드 미러장치를 고장진단하고 정비하는데 필요한 여러 차종의 파워 아웃사이드 미러 전기 회로도를 설명할 수 있다.

선수 학습모듈

자동차 전기부품 및 전자장치에 대한 구조 및 작동원리에 대한 기초적인 지식을 타 교과에서 이수하도록 한다.

5.2. 일반 차량의 파워 아웃사이드 미러 회로실습

주요어

파워 아웃사이드 미러, 다기능 스위치, 스티어링 휠, 파워 아웃사이드 미러 릴레이

개요

자동차 파워 아웃사이드 미러의 고장진단 및 정비에 필요한 관련 지식과 그 목적을 달성하기 위한 기본적이 능력인 자동차 파워 아웃사이드 미러 전기 회로도를 해독할 수 있도록 실습을 구성하였다. 여러 가지 해석문제와 실습을 통해 학생 스스로 흥미를 갖고 회로도의 해석에 자신감을 갖을 수 있도록 한다. 학습 후 학생 스스로 자신의 학습 능력을 검토할 수 있도록 하였다.

힉습목표

여러 가지 종류의 자동차 파워 아웃사이드 미러 장치를 고장 진단하고 정비하는데 필요한 여러 차종의 파워 아웃사이드 미러 전기 회로도를 설명할 수 있다.

Question 다음 회로도와 TABLE을 보고 LEFT측의 사이드 미러를 DOWN시키려고 할 때 전류의 흐름을 ACC/ON 전원부터 접지까지 회로도 위에 표시하시오.

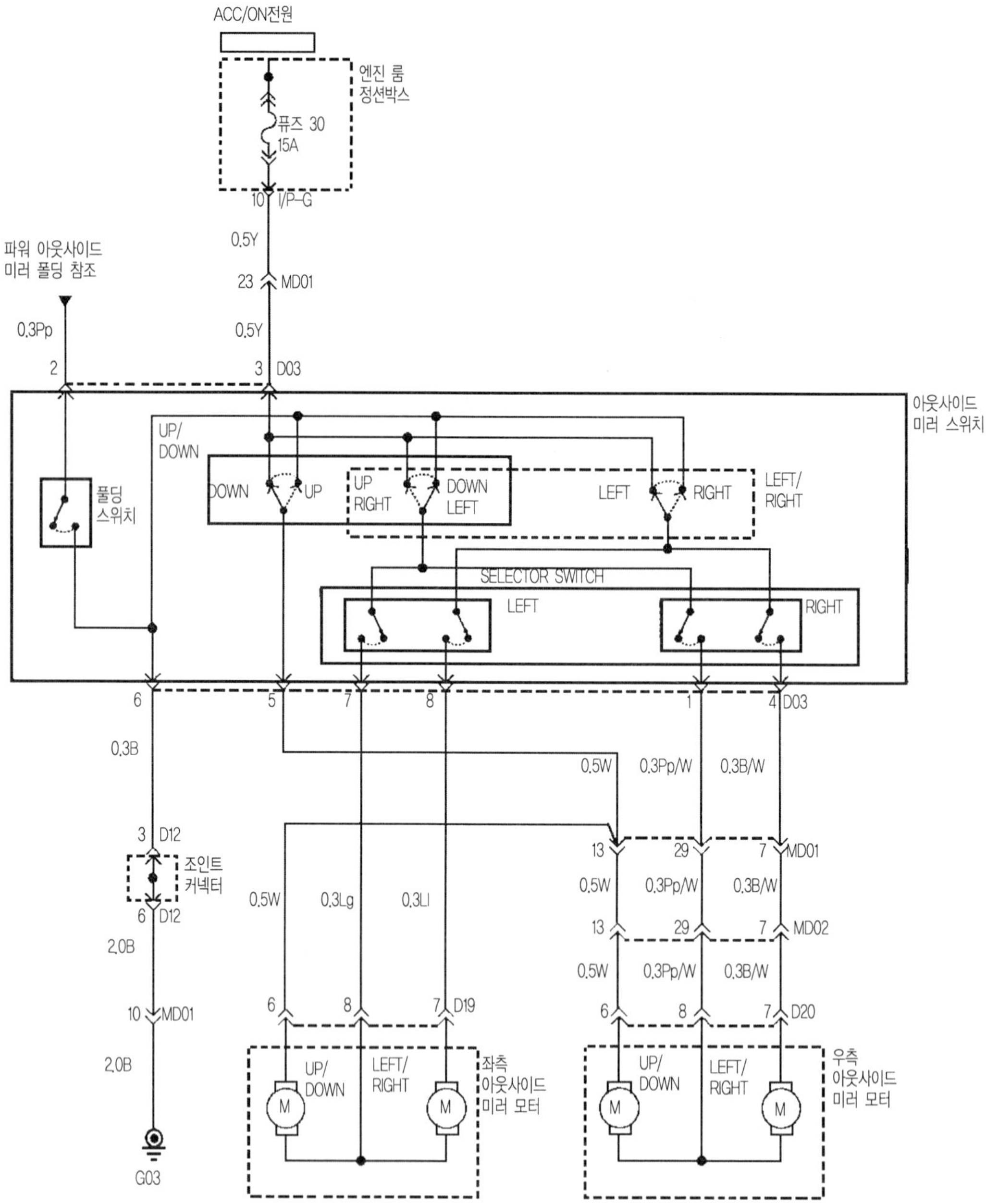

【TABLE】

	SELECTOR SWITCH POSITION	POSITION	Pin NO.						
			7	8	1	4	5	3	6
MIRROR SELECT SWITCH	LEFT	UP					○	─	○
			○	○	─	─	─	○	
		DOWN	○	○	─	─	─	─	○
							○	○	
		OFF	○	○	─	─	○	○	
		LEFT	○	─	─	─	○	─	○
				○	─	─	─	○	
		RIGHT		○	─	─	─	─	○
			○	─	─	─	○	○	
	RIGHT	UP					○	─	○
					○	○	─	○	
		DOWN			○	○	─	─	○
							○	○	
		OFF			○	○	○	○	
		LEFT			○	─	○	─	○
						○	─	○	
		RIGHT				○	─	─	○
					○	─	○	○	

Automotive Electronic Circuits

Question 다음 물음에 답하시오.

01. 위의 TABLE을 잘 보고 아웃사이드 미러 스위치의 동작 위치를 다음 빈칸에 보기와 같이 적으시오.

미러 스위치	위치	UP/DOWN 스위치	LEFT/RIGHT 스위치	LEFT 스위치	RIGHT 스위치
LEFT	UP	UP	LEFT	ON	OFF
	DOWN	DOWN	RIGHT	ON	OFF
	OFF				
	LEFT				
	RIGHT				
RIGHT	UP				
	DOWN				
	OFF				
	LEFT				
	RIGHT				

02. 회로도와 TABLE을 보고 LEFT측의 사이드 미러를 DOWN시키려고 할 때 회로도상의 전류가 흐르는 요소들을 잘 보고 2개의 (　)를 채우시오.

ACC/ON전원 → 실내 정션박스 퓨즈 30번 → I/P-G의 10번 핀 → D03의 3번 핀 → 아웃사이드 미러 DOWN 스위치 ON → D03의 (　　)번 핀 → D19의 6번 핀 → 좌측 아웃사이드 미러 UP/DOWN 모터 → D19의 8번 핀 → D03의 7번 핀 → 아웃사이드 미러 LEFT 스위치 ON → D03의 (　)번 핀 → D12의 3번 핀 → 조인트 커넥터 → D12의 6번 핀 → G03접지

03. 회로도와 TABLE을 보고 RIGHT측의 사이드 미러를 RIGHT시키려고 할 때 회로도상의 전류가 흐르는 요소들을 잘 보고 2개의 ( )를 채우시오.

ACC/ON전원 → 실내 정션박스 퓨즈 30번 → I/P-G의 10번 핀 → D03의 ( ) 번 핀 → 아웃사이드 미러 RIGHT 스위치 ON → D03의 1번 핀 → D20의 8번 핀 → 좌측 아웃사이드 미러 LEFT/RIGHT 모터 → D20의 ( )번 핀 → D03의 4번 핀 → 아웃사이드 미러 RIGHT 스위치 ON → D03의 6번 핀 → D12의 3번 핀 → 조인트 커넥터 → D12의 6번 핀 → G03접지

04. 전기 회로도에서 LEFT측 사이드 미러를 RIGHT측으로 동작시키려고 할 때 전류가 흐르지 않는 요소를 아래에서 모두 찾아 ( )안에 그 번호를 적으시오.

① D03의 7번 핀, ② D03의 8번 핀, ③ D03의 1번 핀,
④ D03의 4번 핀, ⑤ D03의 5번 핀

( ) ( ) ( )

05. 위의 전기회로도에서 RIGHT측 사이드 미러를 위쪽(UP)으로 동작시키려고 할 때 전류가 흐르는 배선의 색깔을 모두 찾아 ( )안에 색깔 이름과 기호를 함께 적으시오.

배선 색	기호 명
노란 색	Y

5.3. 통신을 사용한 차량의 파워 아웃사이드 미러 회로실습

주요어

운전석 파워 아웃사이드 미러, 동승석 파워 아웃사이드 미러, 운전석 도어모듈, 동승석 도어모듈, IPM

개요

통신을 사용한 자동차 파워 아웃사이드 미러의 고장진단 및 정비에 필요한 관련 지식과 그 목적을 달성하기 위한 기본적이 능력인 통신을 사용한 자동차 파워 아웃사이드 미러 전기 회로도를 해독할 수 있도록 실습을 구성하였다.

여러 가지 해석문제와 실습을 통해 학생 스스로 흥미를 갖고 회로도의 해석에 자신감을 갖을 수 있도록 한다. 학습 후 학생 스스로 자신의 학습능력을 검토할 수 있도록 하였다.

학습목표

여러 가지 종류의 자동차 파워 아웃사이드 미러장치를 고장 진단하고 정비하는데 필요한 여러 차종의 파워 아웃사이드 미러 전기 회로도를 설명할 수 있다.

Question 다음 회로도와 TABLE을 보고 LEFT측의 사이드 미러를 DOWN시키려고 할 때 전류의 흐름을 ACC/ON 전원부터 접지까지 회로도 위에 표시하시오

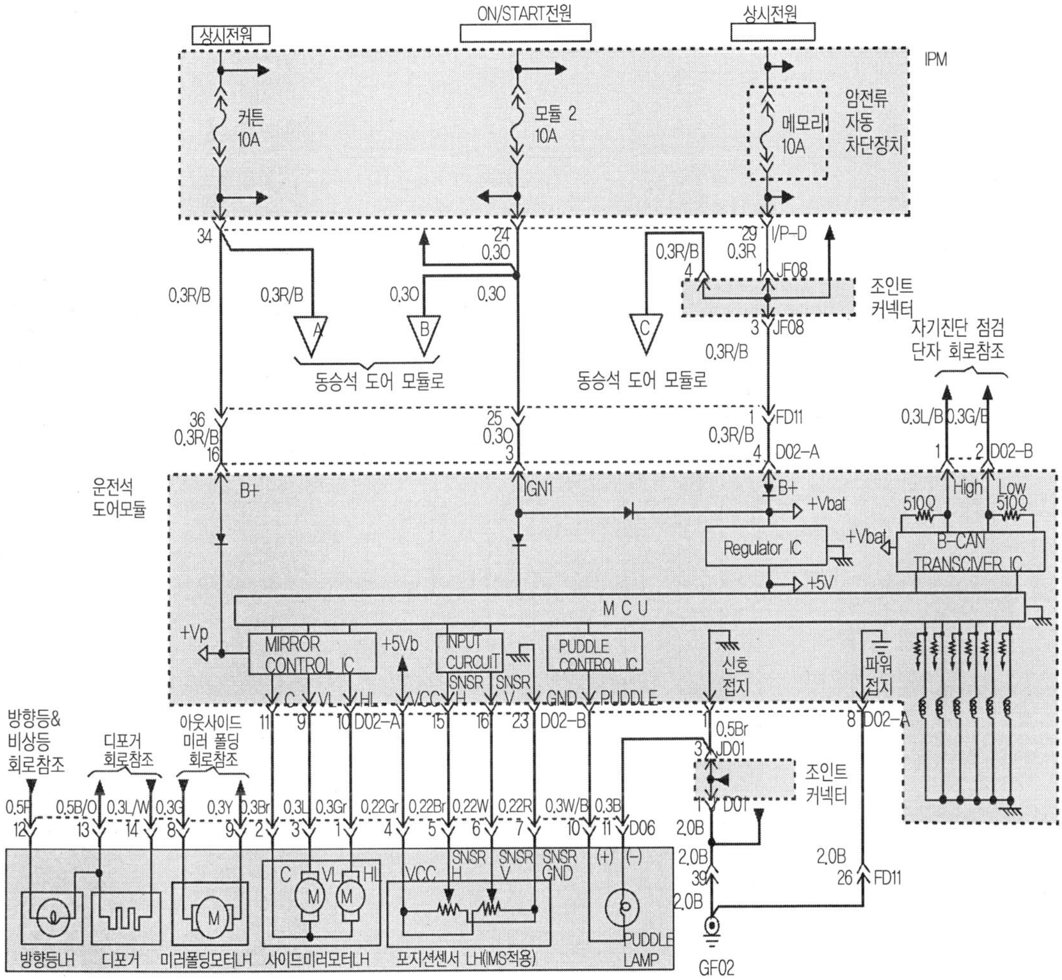

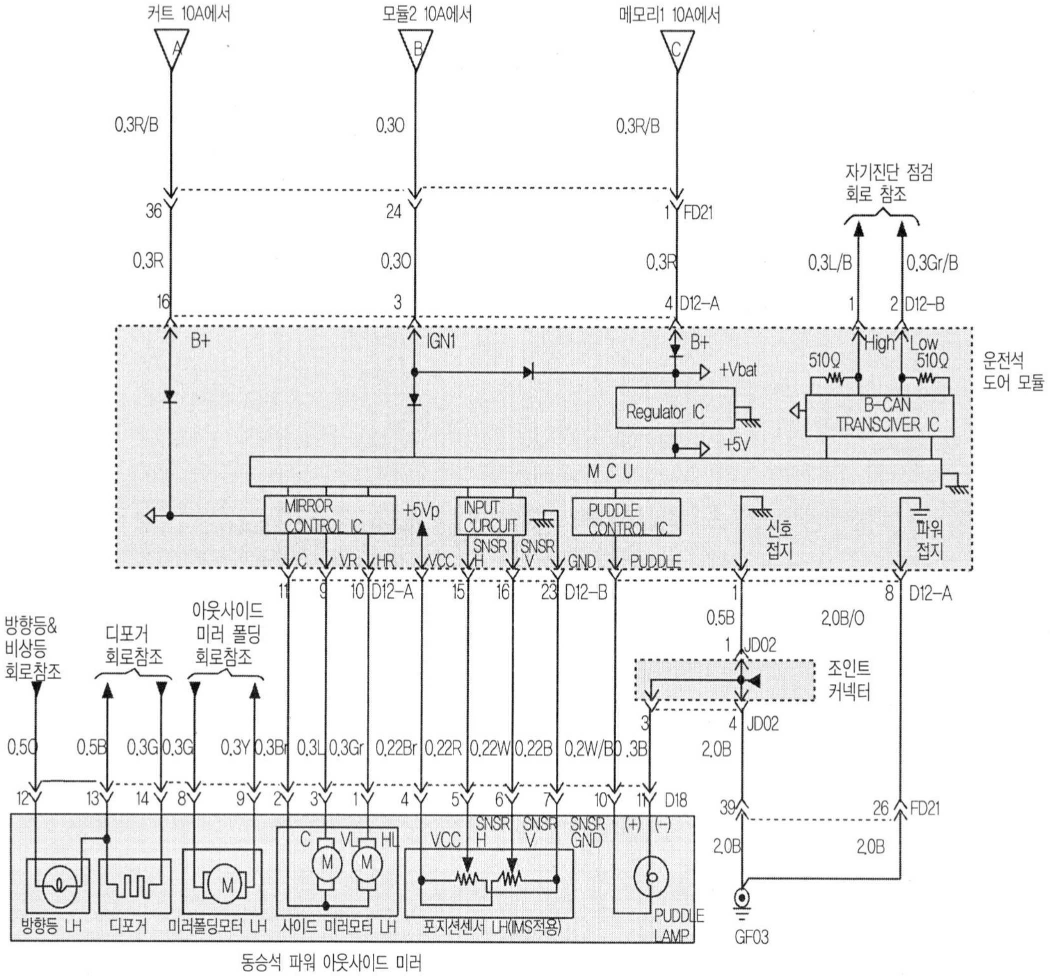

동승석 파워 아웃사이드 미러

5.3.1. 파워 아웃사이드 미러제어 방법

(1) 운전자가 운전석도어모듈의 미러 스위치를 작동한다.

- MIRR SELECT "L" 5V → 0V
- MIRR SELECT "R" 5V → 0V
- MIRR "UP" 5V → 0V
- MIRR "DOWN" 5V → 0V
- MIRR "LEFT" 5V → 0V
- MIRR "RIGHT" 5V → 0V

(2) 운전석 도어모듈의 MCU는 운전자의 신호에 따라서 운전석 파워 아웃사이드 미러와 동승석 파워 아웃사이드 미러의 모터를 동작시킨다.

① 운전석 파워 아웃사이드 미러

- "UP" D02-A의 9번 12V, D02-A의 11번 0V
- "DOWN" D02-A의 9번 0V, D02-A의 11번 12V
- "LEFT" D02-A의 10번 12V, D02-A의 11번 0V
- "RIGHT" D02-A의 10번 0V, D02-A의 11번 12V

② 동승석 파워 아웃사이드 미러

- "UP" D12-A의 9번 12V, D12-A의 11번 0V
- "DOWN" D12-A의 9번 0V, D12-A의 11번 12V
- "LEFT" D12-A의 10번 12V, D12-A의 11번 0V
- "RIGHT" D12-A의 10번 0V, D12-A의 11번 12V

Automotive Electronic Circuits

Question 다음 물음에 답하시오

01. 회로도와 TABLE을 보고 운전석측의 사이드 미러를 DOWN시키려고 할 때 회로도상의 전류가 흐르는 요소들을 잘 보고 ( )를 채우시오.

(1) 운전석 도어 모듈에 전원 공급

상시전원 → IPM의 암전류 자동 차단 스위치 메모리1 퓨즈 10A → I/P-D의 29번→ JF08의 1번 → 조인트커넥터 → JF08의 3번 → D02-A의 (   )번 → 운전석 도어 모듈의 REGULATOR IC → MCU

(2) 운전석 도어 모듈에 접지 연결

운전석 도어모듈의 파워 접지 → D02-A의 8번 → GF02

운전석 도어모듈의 신호 접지 → D02-A의 1번 → JD01의 3번 → 조인트 커넥터 →JD01의 ( )번 → GF02

(3) 운전자가 운전석 도어 모듈에 있는 파워아웃사이드 미러 스위치를 조작하고 운전석 도어모듈의 MCU는 이 신호를 입력받는다.

① MIRR SELECT "L" 5V →0V

② MIRR "DOWN" 5V →0V

(4) 운전석 도어 모듈의 MCU는 운전석 파워 아웃사이드 미러 모터에 전원을 공급하여 미러를 아래쪽으로 작동시킨다.

상시전원 → IPM의 커튼 10A → I/P-D의 34번 → D02-A의 16번 → MIRROR CONTROL IC → D02-A의 (   )번 → D08의 2번 → 운전석 파워 아웃사이드 미러의 사이드 미러 모터 LH의 모터 VL → D08의 3번 → D02-A의 9번 → MIRROR CONTROL IC→ MCU

02. 회로도와 TABLE을 보고 동승석측의 사이드 미러를 RIGHT로 동작시키려고 할 때 회로도상의 전류가 흐르는 요소들을 잘 보고 ( )를 채우시오.

(1) 동승석 도어 모듈에 전원 공급

상시전원 → IPM의 암전류 자동 차단스위치 메모리 1 퓨즈 10A → I/P-D의 29번 → JF08의 ( )번 → 조인트 커넥터 → JF08의 4번 → C → D12-A의 4번 → 동승석 도어 모듈의 REGULATOR IC → MCU

(2) 동승석 도어 모듈에 접지 연결

동승석 도어모듈의 파워 접지 → D12-A의 8번 → GF03

동승석 도어모듈의 신호 접지 → D12-A의 1번 → JD02의 1번 → 조인트 커넥터 → JD02의 ( )번 → GF03

(3) 운전자가 운전석 도어 모듈에 있는 파워아웃사이드 미러 스위치를 조작하고 동승석 도어모듈의 MCU는 CAN 통신을 통해 이 신호를 입력받는다.

① MIRR SELECT "R" 5V →0V

② MIRR "RIGHT" 5V →0V

운전석 도어모듈의 MCU → B-CAN TRANSCIVER IC HIGH → D02-B의 1번 → D12-B의 1번 → 동승석 도어모듈의 B-CAN TRANSCIVER IC HIGH → MCU

운전석 도어모듈의 MCU → B-CAN TRANSCIVER IC LOW → D02-B의 2번 → D12-B의 2번 → 동승석 도어모듈의 B-CAN TRANSCIVER IC LOW → MCU

(4) 동승석 도어 모듈의 MCU는 동승석 파워 아웃사이드 미러 모터에 전원을 공급하여 미러를 오른쪽으로 작동시킨다.

상시전원 → IPM의 커튼 10A → I/P-D의 34번 → A → D12-A의 16번 → 동승석 도어모듈의 MCU → MIRROR CONTROL IC의 HR → D12-A의 11번 → D16의 (　　)번 → 동승석 파워 아웃사이드 미러의 사이드 미러 모터 LH의 모터 HR → D16의 1번 → D12-A의 10번 → MIRROR CONTROL IC→ MCU

04. 전기 회로도에서 LEFT측 사이드 미러를 RIGHT측으로 동작시키려고 할 때 전류가 흐르는 요소를 모두 찾아 그 번호를 적으시오.

5.4. 파워 아웃사이드 미러 회로 실험 실습

Question 다음 실험을 실시한다.

01. 실험 준비물을 확인한다.

실습 교재, 사이드 미러 모듈, 사이드 미러 스위치 모듈, 배선, 전원공급기

02. 다음 방법에 따라서 실험을 실시한다.

① 전원공급기의 1A의 (+), (-)를 자동차의 배터리로 사용한다.

② 회로도를 보고 사이드 미러 스위치를 사용해서 좌, 우의 사이드 미러를 구동할 수 있도록 회로를 연결한다.

③ 회로도에 나타나 있는 배선의 색깔과 커넥터의 핀을 잘 확인하여 연결한다.

④ 실내 정션박스, 엔진룸 정션박스 등은 없으므로 직접 배선으로 연결한다.

⑤ 전원공급기의 (-)를 자동차의 접지(G03)로 사용한다.

⑥ 모터가 작동하지 않으면 회로도와 비교하면서 틀린 곳을 찾아 바르게 연결한다.

⑦ 위의 과정을 반복해서 실시하여 숙달이 되도록 한다.

03. 사이드 미러는 정상적으로 구동이 되었는가 ?

예(　　), 아니오(　　)

04. 만약 사이드 미러가 잘 구동이 되지 않았다면 그 원인은 무엇이라고 생각되는지 아래에 적으시오.

05. 위의 실험을 통해 느낀 점을 아래에 적으시오.

MEMO

06 파워 아웃사이드 미러 폴딩 제어

6.1. 교재의 구성

내용소개

자동차 파워 아웃사이드 미러 폴딩의 고장진단 및 정비에 필요한 관련 지식과 그 목적을 달성하기 위한 기본적이 능력인 자동차 파워 아웃사이드 미러 폴딩 전기 회로도를 해독할 수 있도록 실습을 구성하였다. 여러 가지 해석문제와 실습을 통해 학생 스스로 흥미를 갖고 회로도의 해석에 자신감을 갖을 수 있도록 한다. 학습 후 학생 스스로 자신의 학습능력을 검토할 수 있도록 하였다.

학습목표

여러 가지 종류의 자동차 파워 아웃사이드 미러 폴딩장치를 고장 진단하고 정비하는데 필요한 여러 차종의 파워 아웃사이드 미러 폴딩 전기 회로도를 설명할 수 있다.

선수 학습모듈

자동차 전기 부품 및 전자장치에 대한 구조 및 작동원리에 대한 기초적인 지식을 타 교과에서 이수하도록 한다.

6.2. 일반 차량의 파워 아웃사이드 미러 폴딩 제어 회로실습

주요어

파워 아웃사이드 미러 폴딩, 다기능 스위치, 스티어링 휠, 파워 아웃사이드 미러 폴딩 컨드롤 모듈

개요

자동차 파워 아웃사이드 미러 폴딩장치의 고장진단 및 정비에 필요한 관련 지식과 그 목적을 달성하기 위한 기본적이 능력인 자동차 파워 아웃사이드 미러 폴딩 전기 회로도를 해독할 수 있도록 실습을 구성하였다. 여러 가지 해석문제와 실습을 통해 학생 스스로 흥미를 갖고 회로도의 해석에 자신감을 갖을 수 있도록 한다. 학습 후 학생 스스로 자신의 학습능력을 검토할 수 있도록 하였다.

학습목표

여러 가지 종류의 자동차 파워 아웃사이드 미러 폴딩장치를 고장 진단하고 정비하는데 필요한 여러 차종의 파워 아웃사이드 미러 폴딩 전기 회로도를 설명할 수 있다.

Automotive Electronic Circuits

Question 다음 회로도를 보고 사이드 미러를 격납(folding)시키려고 할 때 전류의 흐름을 전원부터 접지까지 회로도 위에 표시하시오.

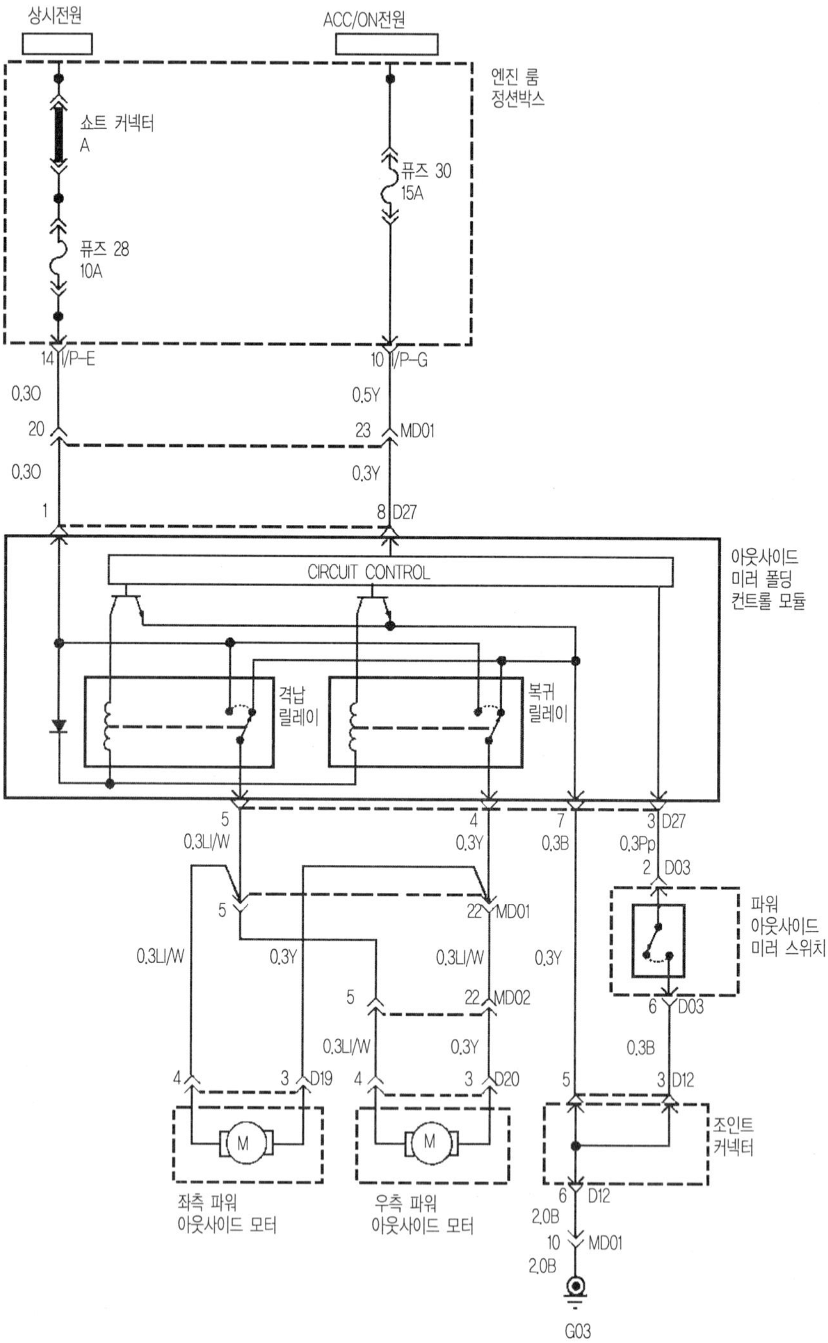

Question 다음 물음에 답하시오.

01. 회로도를 보고 사이드 미러를 격납(folding)시키려고 할 때 회로도상의 전류가 흐르는 요소들을 잘 보고 (　　)를 채우시오.

(1) 전원공급

ACC/ON전원 → [실내 정션박스 퓨즈 30번] → I/P-G의 10번 핀 → D27의 (　) 번 핀 → [아웃사이드 미러 폴딩 컨트롤 모듈 CIRCUIT CONTROL]

(2) 폴딩 스위치를 ON시켜서 격납릴레이 동작

상시전원 → [실내 정션박스 퓨즈 28번] → I/P-E의 14번 핀 → D27의 1번 핀 → [CIRCUIT CONTROL 격납 릴레이 → 제어 트랜지스터] → D27의 (　)번 핀 → D03의 2번 핀 → [폴딩 스위치] → D03의 6번 핀 → D12의 3번 핀 → [조인트 커넥터] → D12의 6번 핀 → G03접지

(3) 좌측, 우측 파워 아웃사이드 미러 폴딩 모터 작동

상시전원 → [실내 정션박스 퓨즈 28번] → I/P-E의 14번 핀 → D27의 1번 핀 → [아웃사이드 미러 폴딩 컨트롤 모듈] → D27의 5번 핀 ┬→ D19의 4번 핀 →
　　　　　　　　　　　　　　　　　　　　　　　└→ D20의 4번 핀 →

(4) 좌측 파워 아웃사이드 미러 폴딩 모터 작동

D19의 4번 핀 → [좌측 사이드 미러 폴딩 모터] → D19의 3번 핀 → D27의 4번 핀 → [CIRCUIT CONTROL 복귀 릴레이] → D27의 7번 핀 → D12의 5번 핀 → [조인트 커넥터] → D12의 6번 핀 → G03접지

(5) 우측 파워 아웃사이드 미러 폴딩 모터 작동

D20의 4번 핀 → 우측 사이드 미러 폴딩 모터 → D20의 3번 핀 → D27의 4번 핀 → CIRCUIT CONTROL 복귀 릴레이 → D27의 7번 핀 → D12의 5번 핀 → 조인트 커넥터 → D12의 6번 핀 → G03접지

02. 전기 회로도에서 사이드 미러를 복귀시키려고 할 때 접지와 연결시키는 단자 2개는 아웃사이드 미러 폴딩 컨트롤 모듈에서 D27 커넥터의 몇 번 단자인가 ?

( ), ( )

03. 위의 전기회로도에서 폴딩 스위치 입력선과 접지선의 배선의 색깔을 찾아 ( )안에 색깔 이름과 기호를 함께 적으시오.

① 입력선 ( )

② 접지선 ( )

6.3. 통신을 사용한 차량의 파워 아웃사이드 미러 폴딩 제어 회로실습

주요어

운전석도어모듈, 동승석도어모듈, 운전석 파워 아웃사이드 미러, 동승석 파워 아웃사이드 미러, IPM

개요

통신을 사용한 자동차 파워 아웃사이드 미러 폴딩장치의 고장진단 및 정비에 필요한 관련 지식과 그 목적을 달성하기 위한 기본적이 능력인 통신을 사용한 자동차 파워 아웃사이드 미러 폴딩 전기 회로도를 해독할 수 있도록 실습을 구성하였다.

여러 가지 해석문제와 실습을 통해 학생 스스로 흥미를 갖고 회로도의 해석에 자신감을 갖을 수 있도록 한다. 학습 후 학생 스스로 자신의 학습능력을 검토할 수 있도록 하였다.

학습목표

여러 가지 종류의 통신을 사용한 자동차 파워 아웃사이드 미러 폴딩 장치를 고장 진단하고 정비하는데 필요한 여러 차종의 파워 아웃사이드 미러 폴딩 전기 회로도를 설명할 수 있다.

Question 다음 회로도와 TABLE을 보고 LEFT측의 사이드 미러를 폴딩시키려고 할 때 전류의 흐름을 ACC/ON 전원부터 접지까지 회로도 위에 표시하시오

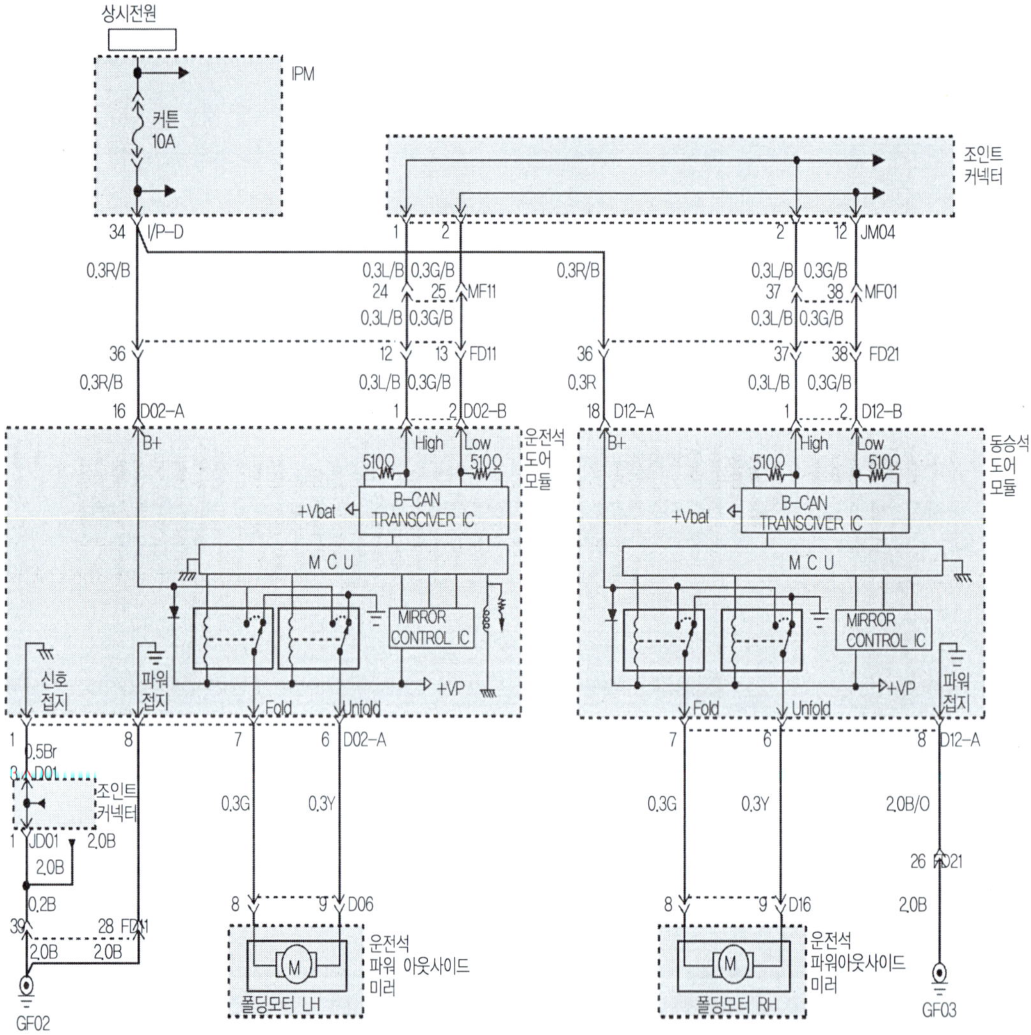

6.3.1. 파워 아웃사이드 미러 폴딩제어 방법

(1) 운전자가 운전석 도어모듈의 사이드 미러 폴딩 S/W를 작동한다.

- MIRR FOLD 5V → 0V
- MIRR UNFOLD 0V → 5V

(2) 운전석 도어모듈의 MCU는 운전자의 신호에 따라서 운전석 파워 아웃사이드 미러와 동승석 파워 아웃사이드 미러를 폴딩 동작시킨다.

① 운전석 파워 아웃사이드 미러

- "FOLD" D02-A의 7번 12V, D02-A의 6번 0V
- "UNFOLD" D02-A의 7번 0V, D02-A의 6번 12V

② 동승석 파워 아웃사이드 미러

- "FOLD" D12-A의 7번 12V, D12-A의 6번 0V
- "UNFOLD" D12-A의 7번 0V, D12-A의 6번 12V

Question 다음 물음에 답하시오

01. 회로도와 TABLE을 보고 운전석측의 사이드 미러를 폴딩시키려고 할 때 회로도상의 전류가 흐르는 요소들을 잘 보고 ( )를 채우시오.

(1) 운전자가 운전석 도어 모듈에 있는 아웃사이드 미러 폴딩스위치를 조작하고 운전석 도어모듈의 MCU는 이 신호를 입력받는다.

① MIRR 폴딩 5V → 0V

② MIRR 언폴딩 0V → 5V

(2) 운전석 도어 모듈의 MCU는 운전석 도어 모듈의 폴딩 릴레이를 작동시켜서 운전석 파워 아웃사이드 미러의 폴딩 모터를 작동시킨다.

상시전원 → IPM의 커튼 10A → I/P-D의 34번 → D02-A의 (　　)번 → FOLD 릴레이 → D02-A의 7번 → D06의 8번 → 운전석 파워 아웃사이드 미러의 사이드 미러 폴딩 모터 LH → D06의 9번 → D02-A의 6번 → UNFOLD 릴레이 → 접지

(3) 동승석 도어모듈의 MCU는 CAN통신을 통해 아웃사이드 미러의 폴딩 신호를 받는다.

운전석 도어모듈의 MCU → B-CAN TRANSCIVER IC HIGH → D02-B의 1번 → D12-B의 (　)번 → 동승석 도어모듈의 B-CAN TRANSCIVER IC HIGH → MCU

운전석 도어모듈의 MCU → B-CAN TRANSCIVER IC LOW → D02-B의 2번 → D12-B의 2번 → 동승석 도어모듈의 B-CAN TRANSCIVER IC LOW → MCU

(4) 동승석 도어 모듈의 MCU는 동승석 도어 모파듈의 폴딩 릴레이를 작동시켜서 동승석 파워 아웃사이드 미러의 폴딩 모터를 작동시킨다.

상시전원 → IPM의 커튼 10A → I/P-D의 (　　)번 → D12-A의 16번 → FOLD 릴레이 → D12-A의 7번 → D16의 8번 → 동승석 파워 아웃사이드 미러의 사이드 미러 폴딩 모터 LH → D16의 9번 → D12-A의 6번 → UNFOLD 릴레이 → 접지

6.4. 파워 아웃사이드 미러 폴딩 제어 실험 실습

Question 다음 실험을 실시한다.

01. 실험 준비물을 확인한다.

실습 교재, 사이드 미러 모듈, 사이드 미러 스위치 모듈, 배선, 전원공급기

02. 다음 방법에 따라서 실험을 실시한다.

① 전원공급기의 1A의 (+), (-)를 자동차의 배터리로 사용한다.

② 회로도를 보고 사이드 미러 스위치를 사용해서 좌, 우의 사이드 미러를 격납 및 복귀시킬 수 있도록 회로를 연결한다.

③ 회로도에 나타나 있는 배선의 색깔과 커넥터의 핀을 잘 확인하여 연결한다.

④ 실내 정션박스, 엔진룸 정션박스 등은 없으므로 직접 배선으로 연결한다.

⑤ 전원공급기의 (-)를 자동차의 접지(G03)로 사용한다.

⑥ 모터가 작동하지 않으면 회로도와 비교하면서 틀린 곳을 찾아 바르게 연결한다.

⑦ 위의 과정을 반복해서 실시하여 숙달이 되도록 한다.

03. 사이드 미러는 정상적으로 격납, 복귀가 되었는가 ?

예(　　　), 아니오(　　　)

04. 만약 사이드 미러가 잘 구동이 되지 않았다면 그 원인은 무엇이라고 생각되는지 아래에 적으시오.

05. 위의 실험을 통해 느낀 점을 아래에 적으시오.

07 파워시트 제어회로

7.1. 교재의 구성

내용소개

자동차 파워시트의 고장진단 및 정비에 필요한 관련 지식과 그 목적을 달성하기 위한 기본적이 능력인 자동차 파워 시트 전기 회로도를 해독할 수 있도록 실습을 구성하였다. 여러 가지 해석문제와 실습을 통해 학생 스스로 흥미를 갖고 회로도의 해석에 자신감을 갖을 수 있도록 한다. 학습 후 학생 스스로 자신의 학습능력을 검토할 수 있도록 하였다.

학습목표

여러 가지 종류의 자동차 파워시트장치를 고장 진단하고 정비하는데 필요한 여러 차종의 파워 시트 전기 회로도를 설명할 수 있다.

선수 학습모듈

자동차 전기부품 및 전자장치에 대한 구조 및 작동원리에 대한 기초적인 지식을 타 교과에서 이수하도록 한다.

7.2. 일반 차량의 파워시트 회로실습

주요어

파워 시트, 다기능 스위치, 스티어링 휠, 파워 시트 릴레이

개요

자동차 파워시트의 고장진단 및 정비에 필요한 관련 지식과 그 목적을 달성하기 위한 기본적이 능력인 자동차 파워시트 전기 회로도를 해독할 수 있도록 실습을 구성하였다. 여러 가지 해석문제와 실습을 통해 학생 스스로 흥미를 갖고 회로도의 해석에 자신감을 갖을 수 있도록 한다. 학습 후 학생 스스로 자신의 학습능력을 검토할 수 있도록 하였다.

학습목표

여러 가지 종류의 자동차 파워시트장치를 고장진단하고 정비하는데 필요한 여러 차종의 파워시트 전기 회로도를 설명할 수 있다.

Question 다음 회로도와 TABLE을 보고 등받이(Reclining)를 뒤(Back)로 동작시키기 위해서 스위치를 작동시킬 때의 전류의 흐름을 상시전원부터 접지까지 회로도 위에 표시하시오.

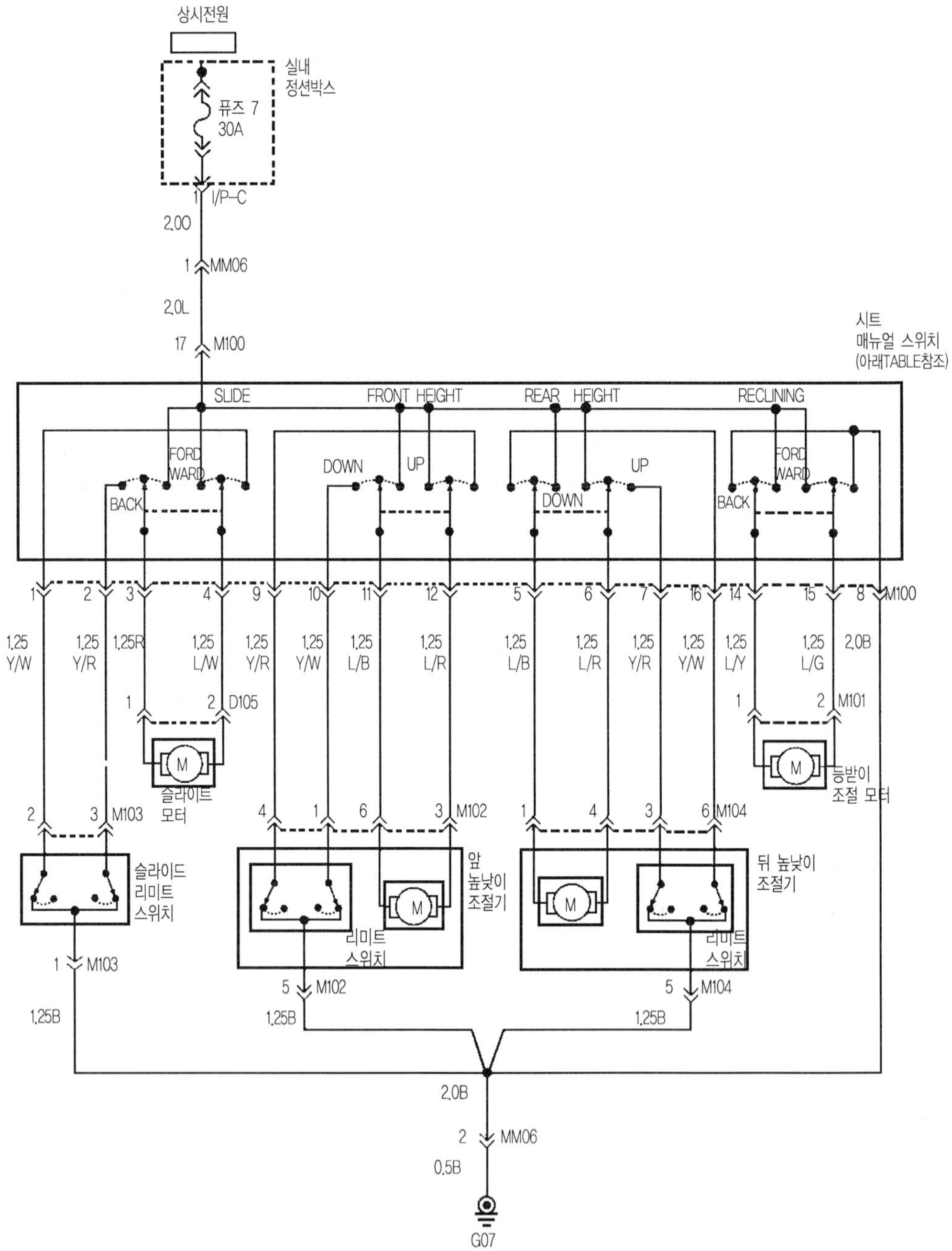

【TABLE】

스위치 포지션 \ 터미널 NO.		8	7	6	5	4	3	2	1	17	16	15	14	13	12	11	10	9
Slide (솔레노이드스위치)	Forward					○	─	─	○									
							○	─	─	○								
	Back						○	○										
						○	─	─	─	○								
Front height (앞 높낮이 스위치)	UP									○	─	─	─	─	─	○		
															○	─	─	○
	DOWN									○	─	─	─	─	○			
																○	○	
Rear height (위 높낮이 스위치)	UP				○	─	─	─	─	○								
			○	○														
	DOWN				○	─	─	─	─	─	○							
				○	─	─	─	─	─	○								
Reclining (등받이 스위치)	Forward	○	─	─	─	─	─	─	─	─	─	○						
										○	─	─	○					
	Back	○	─	─	─	─	─	─	─	─	─	─	○					
										○	─	○						

Automotive Electronic Circuits

Question 전류 흐름도를 보고 다음 물음에 답하시오.

01. 위의 TABLE을 잘 보고 빈 칸에 알맞은 핀 번호를 찾아 적으시오(M100 커넥터에서).

스위치	방향	전류 입력 핀 번호	모터 이름	전류 출력 핀 번호
슬라이드(Slide)	Forward	3	슬라이드 모터	4
	Back		슬라이드 모터	
앞 높낮이 (Front height)	Up		앞 높낮이 모터	
	Down		앞 높낮이 모터	
뒤 높낮이 (Rear height)	Up		뒤 높낮이 모터	
	Down		뒤 높낮이 모터	
등받이 (Reclining)	Forward		등받이 모터	
	Back		등받이 모터	

02. 회로도와 TABLE을 보고 앞 높낮이(FRONT HEIGHT) 스위치를 위(UP)쪽으로 작동시키려고 할 때 회로도 상의 전류가 흐르는 요소들을 잘 보고 2개의 ( )를 채우시오.

상시전원 → 실내 정션박스 퓨즈 7번 → I/P-C의 1번 핀 → M100의 17번 핀 → 시트 매뉴얼 스위치 FRONT HEIGHT → UP → M100의 ( )번 핀 → M102의 6번 핀 → 앞 높낮이 조절 모터 →M102의 3번 핀→M100의 12번 핀→ 시트 매뉴얼 스위치 FRONT HEIGHT → UP → M100의 ( )번 핀 → M102의 4번 핀 → 앞 높낮이 조절기 리미트 스위치 → M102의 5번 핀 → G07접지

03. 회로도와 TABLE을 보고 슬라이드(SLIDE) 스위치를 뒤(Back)쪽으로 작동시키려고 할 때 회로도 상의 전류가 흐르는 요소들을 잘 보고 2개의 ( )를 채우시오.

상시전원 → 실내 정션박스 퓨즈 7번 → I/P-C의 1번 핀 → M100의 17번 핀 → 시트 매뉴얼 스위치 SLIDE → BACK → M100의 4번 핀 → M105의 ( )번 핀 → 슬라이드 모터 → M105의 1번 핀 → M100의 3번 핀 → 시트 매뉴얼 스위치 SLIDE → BACK → M100의 2번 핀 → M103의 ( )번 핀 → 슬라이드 리미트 스위치 → M103의 1번 핀 → G07접지

04. 위의 전기 회로도에서 리미트 스위치가 모두 6개가 있다. 이러한 리미트 스위치가 필요한 이유를 생각해보고 아래에 적으시오.

05. 위의 전기회로도에서 다음 동작에서 알맞은 배선의 색깔을 찾아 적으시오.

노랑색에 흰색 줄무늬, 노랑색에 빨강색 줄무늬, 파랑색에 흰색 줄무늬, 파랑색에 검정색 줄무늬, 파랑색에 빨강색 줄무늬, 파랑색에 노랑색 줄무늬, 파랑색에 초록색 줄무늬, 검정색, 오렌지색, 파랑색, 흰색, 갈색, 하늘색, 초록색, 검정색, 빨강색

(1) 슬라이드를 앞(Forward)으로 동작

( ) ( ) ( ) ( ) ( ) ( )

(2) 앞 높낮이를 아래(Down)로 동작

( ) ( ) ( ) ( ) ( ) ( )

(3) 뒤 높낮이를 위(Up)로 동작

( ) ( ) ( ) ( ) ( ) ( )

(4) 등받이를 뒤(Back)로 동작

( ) ( ) ( ) ( ) ( ) ( )

7.3. 통신을 사용한 차량의 파워시트 회로실습

주요어

운전석 등받이 리미트 스위치, 쿠션 익스펜션 스위치, 쿠션 익스펜션 모터, 운전석 매뉴얼스위치, 운전석 등받이 모터, 운전석 앞 높낮이 조절 모터, 운전석 뒤 높낮이 조절 모터, 운전석 슬라이드 모터, 동승석 등받이 리미트 스위치, 동승석 매뉴얼스위치, 동승석 등받이 모터, 동승석 슬라이드 모터, IPM

개요

통신을 사용한 자동차 파워 시트의 고장진단 및 정비에 필요한 관련 지식과 그 목적을 달성하기 위한 기본적이 능력인 통신을 사용한 자동차 파워 시트 전기 회로도를 해독할 수 있도록 실습을 구성하였다.

여러 가지 해석문제와 실습을 통해 학생 스스로 흥미를 갖고 회로도의 해석에 자신감을 갖을 수 있도록 한다. 학습 후 학생 스스로 자신의 학습능력을 검토할 수 있도록 하였다.

학습목표

여러 가지 종류의 통신을 사용한 자동차 파워 시트 장치를 고장 진단하고 정비하는데 필요한 여러 차종의 파워 시트 전기 회로도를 설명할 수 있다.

Question 다음 회로도와 TABLE을 보고 운전석 시트를 앞으로 당길 때(슬라이딩 forward)로 동작시키기 위해서 스위치를 작동시킬 때의 전류의 흐름을 상시 전원부터 접지까지 회로도 위에 표시하시오.

【IMS 미적용】

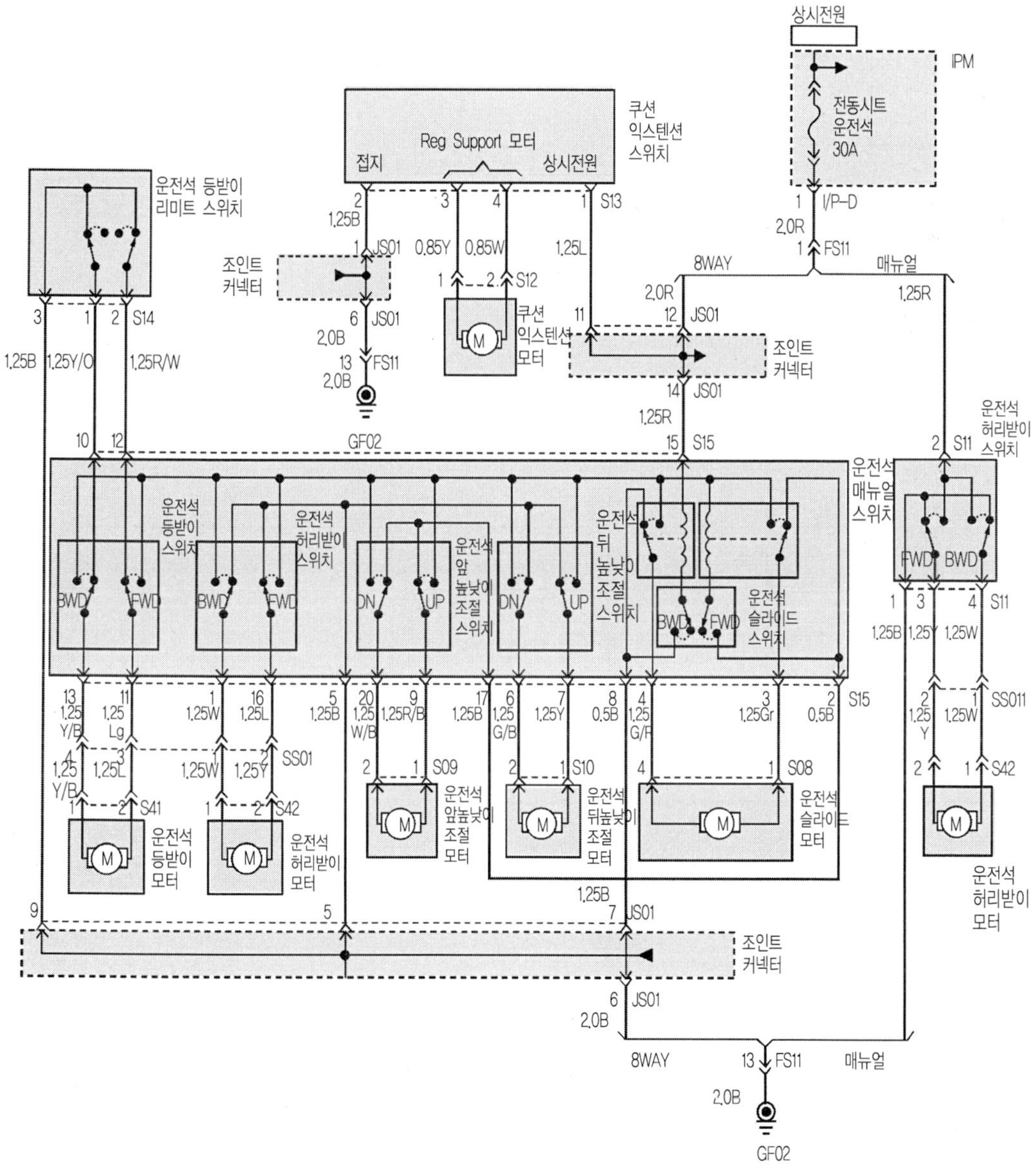

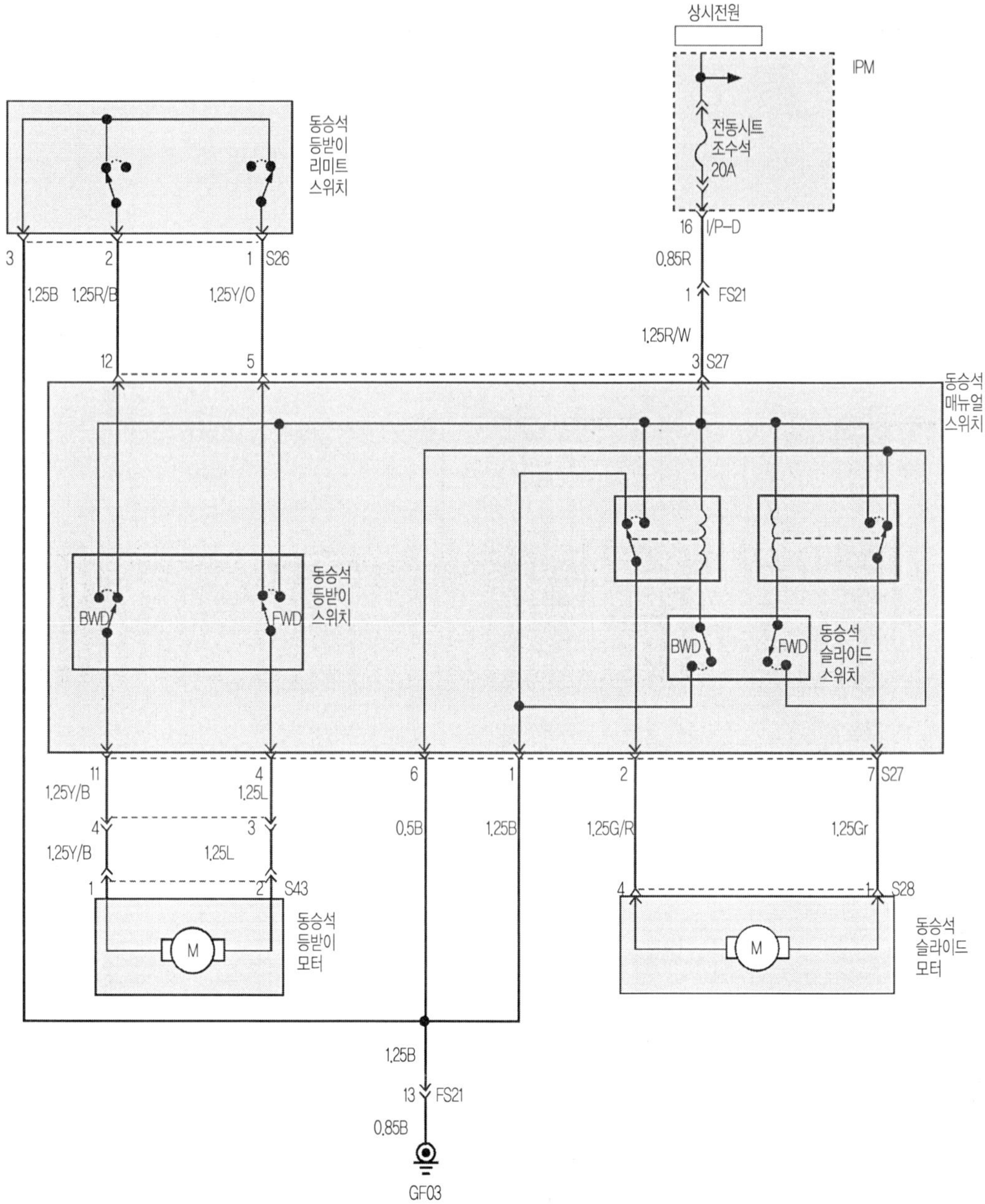
상시전원
IPM
전동시트
조수석
20A
16 I/P-D
0.85R
1 FS21
1.25R/W
3 S27
동승석
등받이
리미트
스위치
3
2
1 S26
1.25B
1.25R/B
1.25Y/O
12
5
동승석
매뉴얼
스위치
동승석
등받이
스위치
BWD
FWD
동승석
슬라이드
스위치
11
4
6
1
2
7 S27
1.25Y/B
1.25L
4
3
0.5B
1.25B
1.25G/R
1.25Gr
1.25Y/B
1.25L
1
2 S43
4
1 S28
동승석
등받이
모터
M
동승석
슬라이드
모터
1.25B
13 FS21
0.85B
GF03

Question 전류 흐름도를 보고 다음 물음에 답하시오.

01. 회로도를 보고 동승석 시트의 등받이를 뒤로 작동시키려고 할 때 회로도 상의 전류가 흐르는 요소들을 잘 보고 ( )를 채우시오.

상시전원 → IPM의 전동시트 조수석 20A → I/P-D의 17번 → S27의 3번 → 동승석 매뉴얼 스위치의 동승석 등받이 스위치 → BWD → S27의 11번 → S43의 1번 → 동승석 등받이 모터 → S43의 2번 → S27의 ( )번 → 동승석 매뉴얼스위치의 동승석 등받이 스위치 → FWD → S43의 5번 → S26의 1번 → 동승석 등받이 리미트 스위치 S26의 3번 → ( )

02. 회로도를 보고 운전석 시트를 밀어서 뒤로(슬라이딩 BACK-WARD) 작동시키려고 할 때 회로도 상의 전류가 흐르는 요소들을 잘 보고 ( )를 채우시오.

(1) 운전자가 슬라이딩 스위치를 작동시켜서 릴레이가 작동한다.

상시전원 → 엔진룸 퓨즈 & 릴레이 박스의 자동시트 운전석 30A → S16의 9번 → 운전석 매뉴얼 스위치의 운전석 슬라이딩 스위치 → BWD → S16의 ( )번 → JS01의 5번 → 조인트 커넥터 → JS01의 8번 → GF02

(2) 슬라이딩 모터가 동작한다.

상시전원→ 엔진룸 퓨즈 & 릴레이 박스의 자동시트 운전석 30A →S16의 9번 → 운전석 매뉴얼 스위치의 운전석 슬라이딩 릴레이 → S16의 4번 → S08의 4번 → 운전석 슬라이딩 모터 → S08의 1번 → S16의 11번 → 운전석 매뉴얼 스위치의 운전석 슬라이딩 릴레이 → S16의 8번 → JS01의 5번 → 조인트 커넥터 → ( )의 8번 → GF02

03. 위의 전기회로도에서 운전석 앞 높낮이 조절 스위치를 위로(UP) 작동시킬 때의 알맞은 배선의 색깔을 찾아 적으시오.

Automotive Electronic Circuits

7.4. 파워시트 실험 실습

Question 다음 실험을 실시한다.

01. 실험 준비물을 확인한다.

실습 교재, 파워 시트 스위치 모듈, 파워 시트 모터 모듈, 배선, 전원공급기

02. 다음 방법에 따라서 실험을 실시한다.

① 전원공급기의 1A의 (+), (-)를 자동차의 배터리로 사용한다.

② 회로도를 보고 시트 매뉴얼 스위치를 파워 시트 모터를 구동할 수 있도록 회로를 연결한다.

③ 회로도에 나타나 있는 배선의 색깔과 커넥터의 핀을 잘 확인하여 연결한다.

④ 실내 정션박스, 엔진룸 정션박스 등은 없으므로 직접 배선으로 연결한다.

⑤ 전원공급기의 (-)를 자동차의 접지(G07)로 사용한다.

⑥ 4개의 시트 매뉴얼 스위치를 동작시켜서 4개의 모터가 모두 작동되는지 살펴본다.

⑦ 모터가 작동하지 않으면 회로도와 비교하면서 틀린 곳을 찾아 바르게 연결한다.

⑧ 위의 과정을 반복해서 실시하여 숙달이 되도록 한다.

03. 파워 시트 모터는 정상적으로 구동이 되었는가 ?

예(　　　), 아니오(　　　)

04. 만약 모터가 잘 구동이 되지 않았다면 그 원인은 무엇이라고 생각되는지 아래에 적으시오.

05. 위의 실험을 통해 느낀 점을 아래에 적으시오.

08 선루프 제어회로

8.1. 교재의 구성

내용소개

자동차 선루프의 고장진단 및 정비에 필요한 관련지식과 그 목적을 달성하기 위한 기본적이 능력인 자동차 선루프 전기회로도를 해독할 수 있도록 실습을 구성하였다. 여러 가지 해석문제와 실습을 통해 학생 스스로 흥미를 갖고 회로도의 해석에 자신감을 갖을 수 있도록 한다. 학습 후 학생 스스로 자신의 학습능력을 검토할 수 있도록 하였다.

학습목표

여러 가지 종류의 자동차 선루프장치를 고장진단하고 정비하는데 필요한 여러 차종의 선루프 전기 회로도를 설명할 수 있다.

선수 학습모듈

자동차 전기 부품 및 전자장치에 대한 구조 및 작동원리에 대한 기초적인 지식을 타 교과에서 이수하도록 한다.

8.2. 일반 차량의 선루프 제어 회로실습

주요어

선루프, 다기능 스위치, 스티어링 휠, 선루프 릴레이

개요

자동차 선루프의 고장진단 및 정비에 필요한 관련지식과 그 목적을 달성하기 위한 기본적이 능력인 자동차 선루프 전기회로도를 해독할 수 있도록 실습을 구성하였다. 여러 가지 해석문제와 실습을 통해 학생 스스로 흥미를 갖고 회로도의 해석에 자신감을 갖을 수 있도록 한다. 학습 후 학생 스스로 자신의 학습능력을 검토할 수 있도록 하였다.

학습목표

여러 가지 종류의 자동차 선루프장치를 고장 진단하고 정비하는데 필요한 여러 차종의 선루프 전기 회로도를 설명할 수 있다.

Question 다음 회로도를 보고 선루프를 OPEN할 때의 전류의 흐름을 상시전원부터 접지까지 회로도 위에 표시하시오.

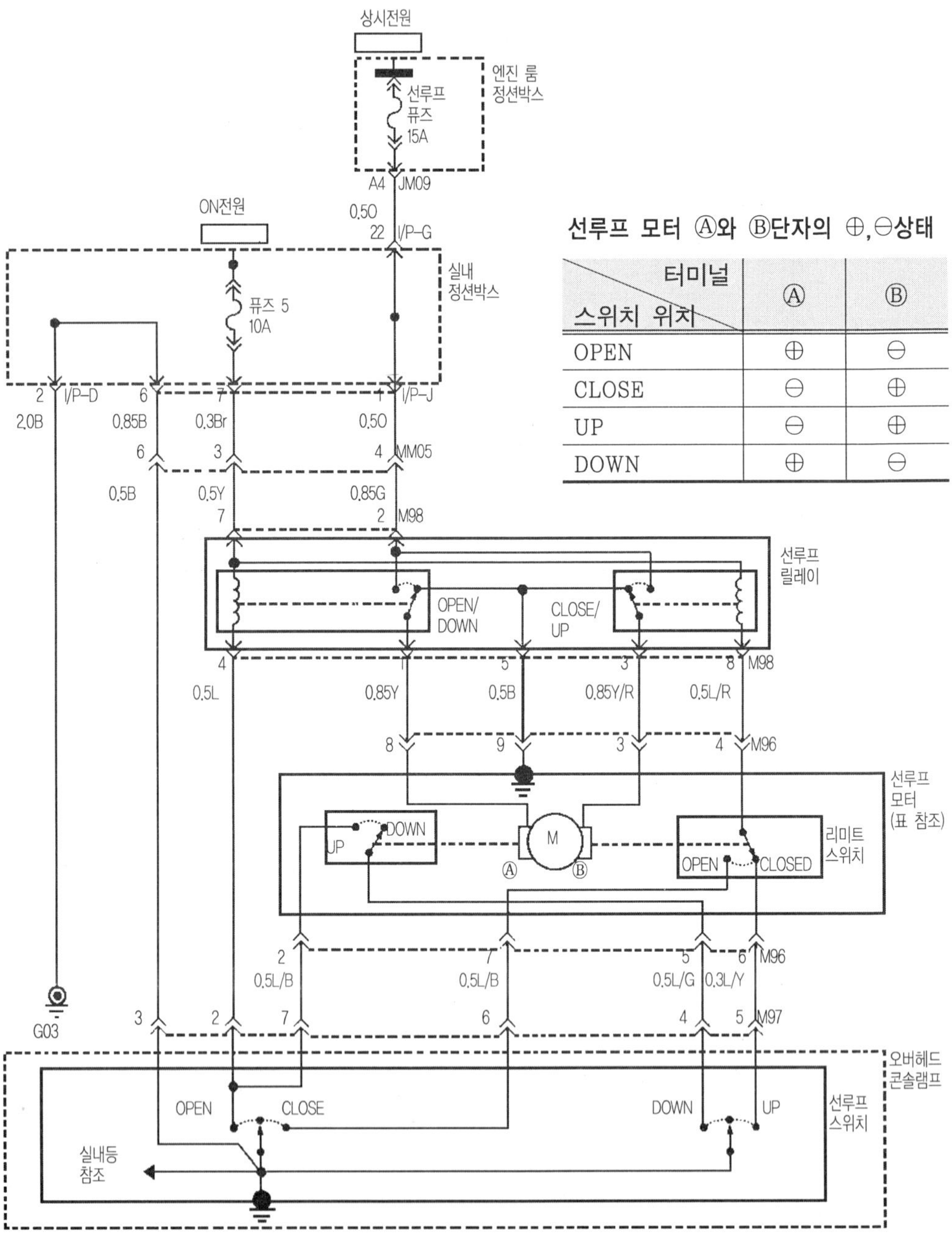

선루프 모터 Ⓐ와 Ⓑ단자의 ⊕,⊖상태

스위치 위치 \ 터미널	Ⓐ	Ⓑ
OPEN	⊕	⊖
CLOSE	⊖	⊕
UP	⊖	⊕
DOWN	⊕	⊖

Question 전류 흐름도를 보고 다음 물음에 답하시오.

01. 선루프를 OPEN시킬 경우에 회로도상의 전류가 흐르는 요소들을 잘 보고 2개의 ( )를 채우시오.

(1) 오버헤드 콘솔램프의 OPEN 스위치 작동

ON전원 → 실내 정션박스 퓨즈 5번 → I/P-J의 7번 핀 → M98의 ( )번 핀 → 선루프 릴레이 OPEN/DOWN → M98의 4번 핀 → M97의 2번 핀 → 선루프 스위치 → OPEN → M97의 3번 핀 → I/P-J의 6번 핀 → 실내 정션박스 → I/P-D의 2번 핀 → G03접지

(2) 선루프 OPEN 동작

상시전원 → 엔진룸 정션박스 선루프 퓨즈 → JM09의 A4번 핀 → I/P-G의 22번 핀 → 실내 정션박스 → I/P-J의 1번 핀 → M98의 2번 핀 → 선루프 릴레이 → OPEN → M98의 1번 핀 → M96의 8번 핀 → 선루프 모터 → M96의 ( )번 핀 → M98의 3번 핀 → 선루프 릴레이 CLOSE/UP → M98의 5번 핀 → M96의 9번 핀 → 선루프 모터 접지

02. 선루프를 UP시킬 경우에 회로도상의 전류가 흐르는 요소들을 잘 보고 2개의 ( )를 채우시오.

(1) 오버헤드 콘솔램프의 UP 스위치 작동

ON전원 → 실내 정션박스 퓨즈 5번 → I/P-J의 7번 핀 → M98의 7번 핀 → 선루프 릴레이 CLOSE/UP → M98의 8번 핀 → M96의 ( )번 핀 → 선루프 모터 리미트 스위치 CLOSE → M96의 6번 핀 → M97의 5번 핀 → 선루프 스위치 → UP → M97의 3번 핀 → I/P-J의 6번 핀 → 실내 정션박스 → I/P-D의 2번 핀 → G03 접지

(2) 선루프 UP 동작

상시전원 → 엔진룸 정션박스 선루프 퓨즈 → JM09의 A4번 핀 → I/P-G의 22번 핀 → 실내 정션박스 → I/P-J의 1번 핀 → M98의 2번 핀 → 선루프 릴레이 → UP → M98의 (　)번 핀 → M96의 3번 핀 → 선루프 모터 → M96의 8번 핀 → M98의 1번 핀 → 선루프 릴레이 OPEN/DOWN → M98의 5번 핀 → M96의 9번 핀 → 선루프 모터 접지

03. 다음 동작에서 리미트 스위치의 상태는 어느 것인지 빈칸에 알맞은 상태를 적으시오.

	OPEN/CLOSE 리미트 스위치	UP/DOWN 리미트 스위치
선루프가 조금이라도 OPEN 되어있는 경우	OPEN	DOWN
선루프가 완전히 닫힌 경우	CLOSE	①
선루프가 조금이라도 UP되어 있는 경우	②	UP
선루프가 완전히 DOWN 된 경우	③	DOWN

04. 위의 전기회로도에서 선루프를 닫으려고(CLOSE) 할 때에 전류가 흐르는 배선의 색깔이 아닌 것을 다음에서 3가지를 찾아 (　)안에 적으시오.

노랑색, 파랑색에 흰색 줄무늬, 오렌지색, 파랑색에 빨강색 줄무늬, 노랑색에 빨강색 줄무늬, 파랑색, 초록색, 검정색, 파랑색에 검정색 줄무늬, 파랑색에 노랑색 줄무늬

(　　　　　　　　) (　　　　　　　　) (　　　　　　　　)

8. 3. 통신을 사용한 차량의 선루프회로 실습

주요어

오버페드 콘솔, 파노라마 선루프, IPM

개요

통신을 사용한 자동차 선루프의 고장진단 및 정비에 필요한 관련 지식과 그 목적을 달성하기 위한 기본적이 능력인 통신을 사용한 자동차 선루프 전기 회로도를 해독할 수 있도록 실습을 구성하였다.

여러 가지 해석문제와 실습을 통해 학생 스스로 흥미를 갖고 회로도의 해석에 자신감을 갖을 수 있도록 한다. 학습 후 학생 스스로 자신의 학습능력을 검토할 수 있도록 하였다.

학습목표

여러 가지 종류의 통신을 사용한 자동차 선루프 장치를 고장 진단하고 정비하는데 필요한 여러 차종의 선루프 전기 회로도를 설명할 수 있다.

Question 다음 회로도를 보고 선루프를 OPEN할 때의 전류의 흐름을 상시전원부터 접지까지 회로도 위에 표시하시오.

◘ 전류 흐름도를 보고 다음 물음에 답하시오.

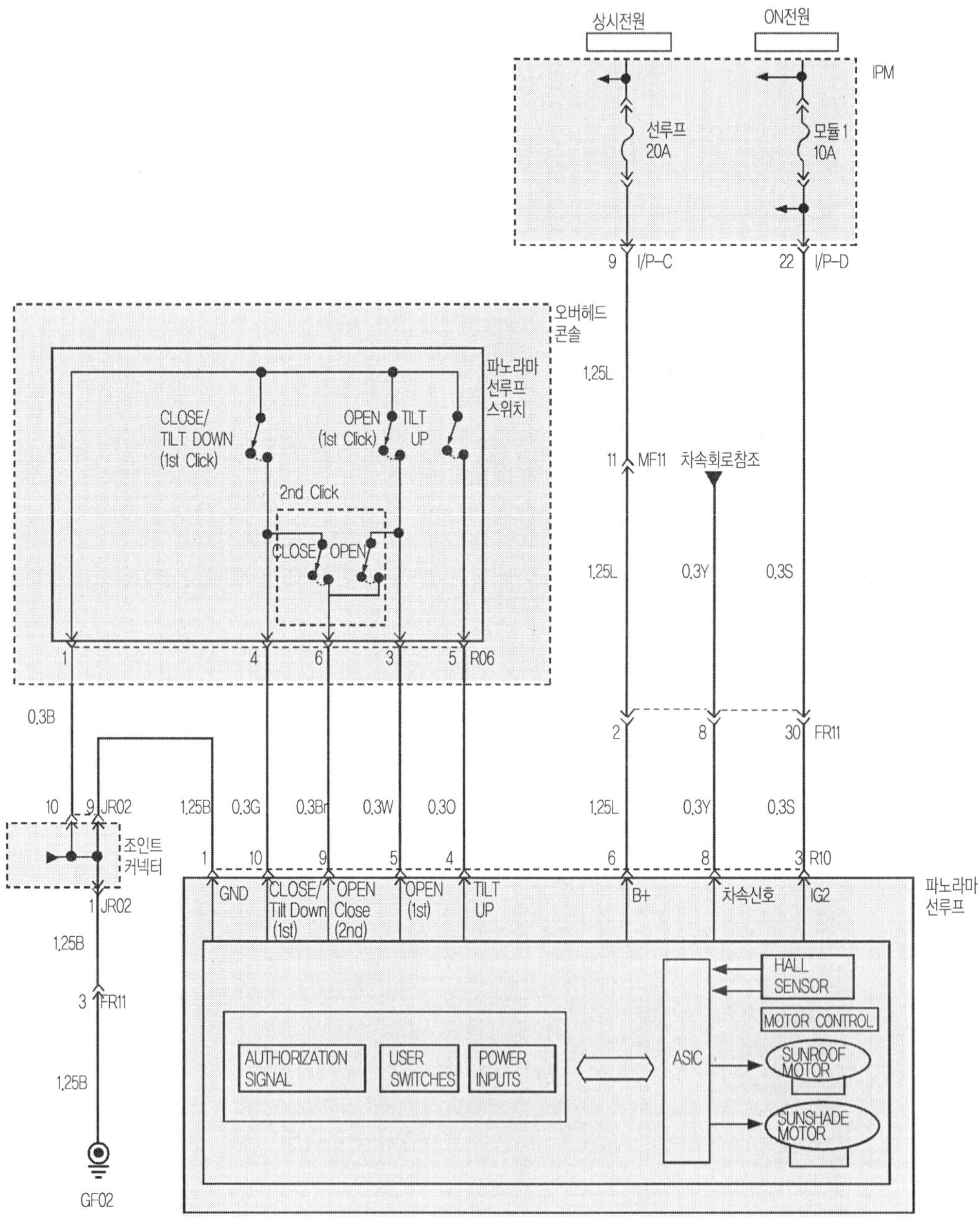

01. 선루프를 OPEN시킬 경우에 회로도상의 전류가 흐르는 요소들을 잘 보고 (　)를 채우시오.

(1) 파노라마 선루프에 전원, 접지가 연결된다.

상시전원 → IPM의 선루프 20A → I/P-C의 (　　)번 → R10의 6번 → 파노라마 선루프의 전원

파노라마 선루프의 GND → R10의 1번 → JR02의 9번 → 조인트 커넥터 → JR02의 1번 → GF02

(2) 오버헤드 콘솔램프의 OPEN스위치 작동

파노라마 선루프의 OPEN(1st) → R10의 5번 → R05의 3번 → 파노라마 선루프의 스위치 OPEN → R05의 (　)번 → JR02의 10번 → 조인트 커넥터 → JR02의 1번 → GF02

(3) 파노라마 선루프작동

파노라마 선루프의 USER SWITCHES → ASIC → 선루프 모터

02. 선루프를 두 번 OPEN 스위치를 작동시켰을 경우에 파노라마 스위치는 어떻게 작동을 하는지 아래 빈칸에 적으시오.

03. 위의 회로도를 보면 파노라마 선루프에 차속신호가 입력되고 있다. 차속신호가 왜 선루프에 입력되는지 아는대로 적으시오.

04. 위의 전기회로도에서 선루프를 닫으려고(CLOSE) 할 때에 전류가 흐르는 배선의 색깔를 찾아 빈칸에 적으시오.

Automotive Electronic Circuits

8.4. 선루프 실험 실습

Question 다음 실험을 실시한다.

01. 실험 준비물을 확인한다.

실습 교재, 선루프 모터 모듈, 선루프 스위치 모듈, 배선, 전원공급기

02. 다음 방법에 따라서 실험을 실시한다.

① 전원공급기의 1A의 (+), (-)를 자동차의 배터리로 사용한다.
② 회로도를 보고 선루프 스위치를 사용해서 선루프 모터가 정상적으로 구동할 수 있도록 회로를 연결한다.
③ 회로도에 나타나 있는 배선의 색깔과 커넥터의 핀을 잘 확인하여 연결한다.
④ 실내 정션박스, 엔진룸 정션박스 등은 없으므로 직접 배선으로 연결한다.
⑤ 전원공급기의 (-)를 자동차의 접지로 사용한다.
⑥ 선루프스위치를 사용해서 선루프모터가 회전 및 역회전이 되는지 살펴본다.
⑦ 모터가 작동하지 않으면 회로도와 비교하면서 틀린 곳을 찾아 바르게 연결한다.
⑧ 위의 과정을 반복해서 실시하여 숙달이 되도록 한다.

03. 선루프 모터는 정상적으로 구동이 되었는가 ?

예(　　　), 아니오(　　　)

04. 만약 모터가 잘 구동이 되지 않았다면 그 원인은 무엇이라고 생각되는지 아래에 적으시오.

05. 위의 실험을 통해 느낀 점을 아래에 적으시오.

CHAPTER 04

스마트자동차 제어

통신회로를 이용한 • 자동차 전기회로

01 | 도난 경보제어

1.1. 교재의 구성

내용소개

자동차 도난 경보장치의 고장진단 및 정비에 필요한 관련 지식과 그 목적을 달성하기 위한 기본적이 능력인 자동차 도난경보장치 전기 회로도를 해독할 수 있도록 실습을 구성하였다.

여러 가지 해석문제와 실습을 통해 학생 스스로 흥미를 갖고 회로도의 해석에 자신감을 갖을 수 있도록 한다. 학습 후 학생 스스로 자신의 학습능력을 검토할 수 있도록 하였다.

학습목표

여러 가지 종류의 자동차 도난경보장치를 고장진단하고 정비하는데 필요한 여러 차종의 선루프 전기 회로도를 설명할 수 있다.

선수 학습모듈

자동차 전기부품 및 전자장치에 대한 구조 및 작동원리에 대한 기초적인 지식을 타 교과에서 이수하도록 한다.

1.2. 일반 차량의 도난 경보제어

주요어

ETACM, 키레스 리시버모듈

개요

자동차 도난 경보장치의 고장진단 및 정비에 필요한 관련 지식과 그 목적을 달성하기 위한 기본적이 능력인 자동차 도난경보 전기 회로도를 해독할 수 있도록 실습을 구성하였다.

여러 가지 해석문제와 실습을 통해 학생 스스로 흥미를 갖고 회로도의 해석에 자신감을 갖을 수 있도록 한다. 학습 후 학생 스스로 자신의 학습능력을 검토할 수 있도록 하였다.

학습목표

여러 가지 종류의 자동차 도난 경보장치를 고장진단하고 정비하는데 필요한 여러 차종의 도난경보 전기 회로도를 설명할 수 있다.

Question 다음 회로도를 보고 무선리모컨을 사용하여 도난 경보제어를 동작시키려고 할 때 전류의 흐름을 ACC/ON 전원부터 접지까지 회로도 위에 표시하시오

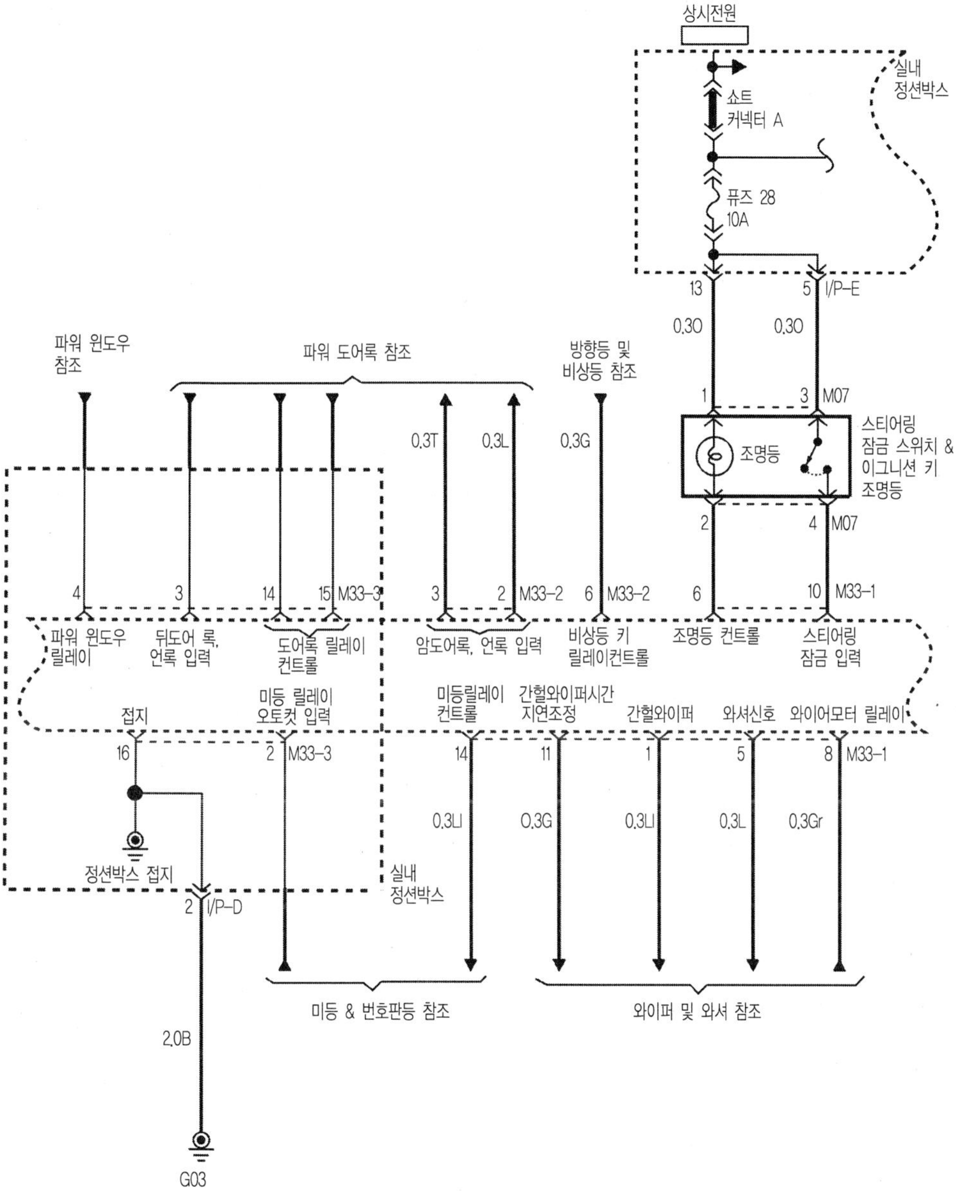

【도난방지 적용】

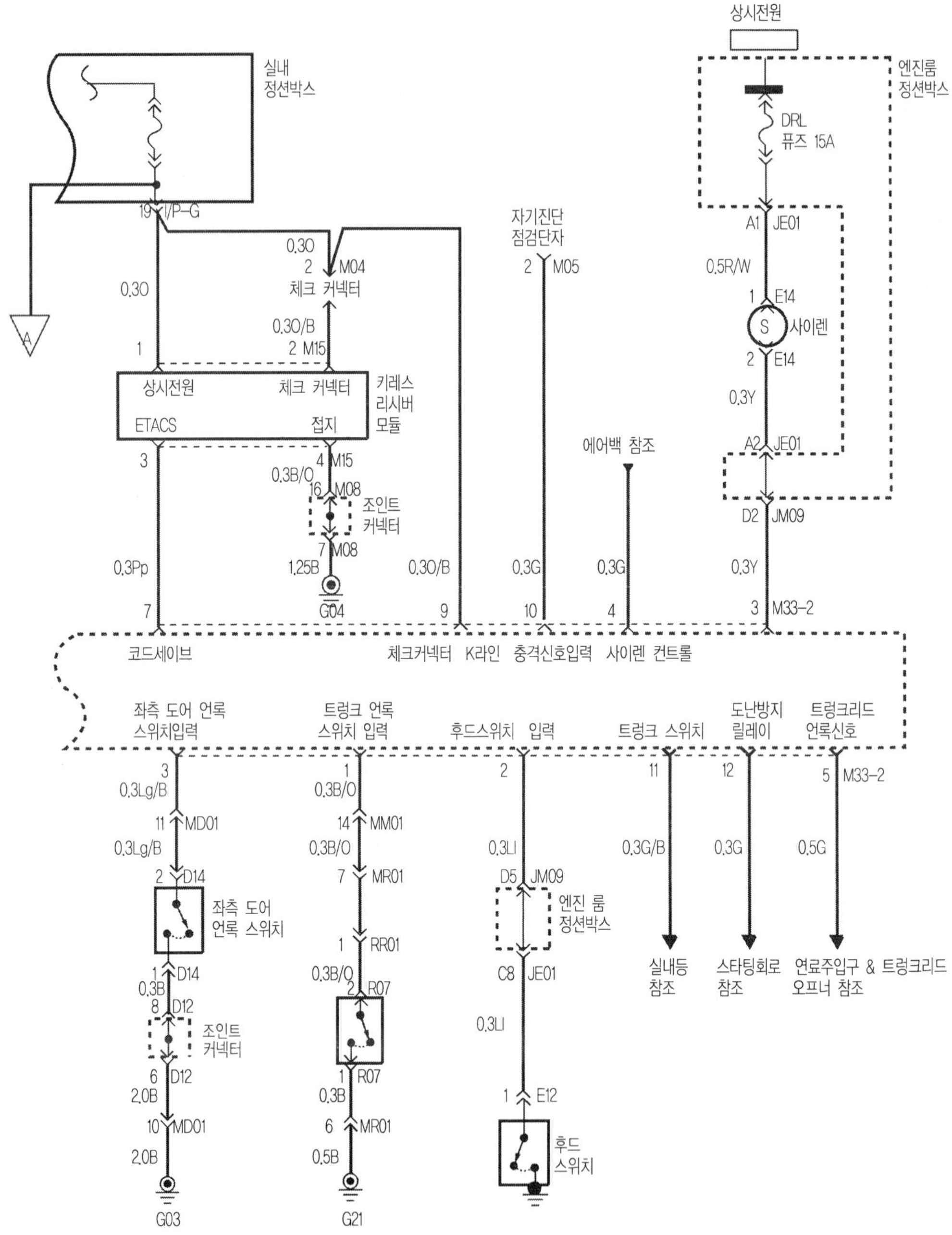
상시전원
실내 정션박스
엔진룸 정션박스
DRL 퓨즈 15A
19 I/P-G
A1 JE01
0.5R/W
1 E14
사이렌
2 E14
0.3Y
A2 JE01
D2 JM09
0.3Y
3 M33-2
0.3O
2 M04
체크 커넥터
0.3O/B
2 M15
1
0.3O
상시전원
체크 커넥터
ETACS
접지
키레스 리시버 모듈
3
4 M15
0.3B/O
16 M08
조인트 커넥터
7 M08
1.25B
G04
0.3Pp
0.3O/B
자기진단 점검단자
2 M05
0.3G
에어백 참조
0.3G
7
9
10
4
코드세이브
체크커넥터 K라인
충격신호입력
사이렌 컨트롤
좌측 도어 언록 스위치입력
트렁크 언록 스위치 입력
후드스위치 입력
트렁크 스위치
도난방지 릴레이
트렁크리드 언록신호
3
0.3Lg/B
11 MD01
0.3Lg/B
2 D14
좌측 도어 언록 스위치
1 D14
0.3B
8 D12
조인트 커넥터
6 D12
2.0B
10 MD01
2.0B
G03
1
0.3B/O
14 MM01
0.3B/O
7 MR01
1 RR01
0.3B/O
2 R07
1 R07
0.3B
6 MR01
0.5B
G21
2
0.3Ll
D5 JM09
엔진 룸 정션박스
C8 JE01
0.3Ll
1 E12
후드 스위치
11
0.3G/B
실내등 참조
12
0.3G
스타팅회로 참조
5 M33-2
0.5G
연료주입구 & 트렁크리드 오프너 참조

1.2.1. 도난 경보제어 방법

[1] 도난 경계제어

① 운전자가 차량 외부에서 리모컨으로 문을 잠근다.

② ETACM의 키레스 리시버 모듈에서 리모컨의 신호를 입력받아 키레스 리시버의 코드와 확인한다.

③ 키레스 리시버는 ETACM에 리모컨 신호를 전달한다.

④ ETACM은 도어록 릴레이를 작동시켜 4개 도어를 잠근다.

⑤ ETACM은 4개 도어와 후드가 잠겼는지 확인한다.

⑥ ETACM은 비상등과 사이렌을 점멸시켜서 도난방지가 시작되었음을 표시한다.

⑦ ETACM은 4개 도어와 후드를 도난경계가 해제될 때까지 계속 감시한다.

[2] 도난 경계 해제 제어

① 운전자가 차량 외부에서 리모컨으로 잠긴 문을 푼다.

② 자동차의 키레스 리시버 모듈에서 리모컨의 신호를 입력받아 키레스 리시버 모듈의 코드와 확인한다.

③ 키레스 리시버 모듈은 ETACM에 리모컨 신호를 전달한다.

④ ETACM은 도어록 릴레이를 작동시켜 잠긴 4개 도어를 푼다.

⑤ ETACM은 비상등과 사이렌을 점멸시켜서 도난방지가 해제되었음을 표시한다.

[3] 도난 경보제어

① 도난 경계상태에서 도어가 열린다.

② ETACM은 4개 도어 록/언록 신호와 후드가 열리는 신호를 감지한다.

③ ETACM은 도난방지릴레이를 작동시켜 엔진 시동이 걸리지 않게 한다.

④ ETACM은 경음기를 작동시킨다.

⑤ ETACM은 비상등을 점멸시킨다.

Question 다음 물음에 답하시오

01. 회로도를 보고 운전자가 리모컨으로 차량의 4개 도어를 잠그고 도난경계제어를 작동시키려고 할 때 회로도상의 전류가 흐르는 요소들을 잘 보고 ( )를 채우시오.

(1) 키레스 리시버모듈의 상시전원과 접지가 연결된다.

상시전원 → 실내 정션박스의 파워 커넥터 → 퓨즈24 10A → I/P-G의 ( )번 → M15의 1번 → 키레스 리시버모듈의 상시전원

키레스 리시버모듈의 접지 → M15의 4번 → M08의 7번 → 조인트 커넥터 → M08의 6번 → G04

(2) 키레스 리시버모듈에서 리모컨의 도어 잠금을 신호를 받아서 그 신호를 ETACM에 전달한다.

키레스 리시버 모듈 → ETACM → M15의 ( )번 → M33-2의 7번 → ETACM의 코드세이브

(3) ETACM은 도어록릴레이를 작동시켜서 4개 도어를 잠근다.

ETACM의 도어록릴레이 컨트롤 → M33-3의 15번 → 파워 도어록 참조

(4) ETACM은 4개 도어와 후드 및 트렁크의 잠금상태를 확인한다.

ETACM의 앞 도어록/언록 입력 → ( )의 2번 → 파워 도어록 참조

ETACM의 앞 도어록/언록 입력 → M33-1의 3번 → 파워 도어록 참조

ETACM의 뒤 도어록/언록 입력 → M33-3의 3번 → 파워 도어록 참조

ETACM의 후드스위치 입력 → M33-2의 2번 → JM09의 D5번 → 엔진룸 정션박스 → JE01의 C8번 → E12의 1번 → 후드스위치

ETACM의 트렁크 언록스위치 입력 → M33-2의 1번 → R07의 2번 → 트렁크 리드 언록스위치 → R07의 1번 → ( )

(5) ETACM은 비상등을 점멸시킨다.

ETACM의 비상등릴레이 컨트롤 → M33-2의 6번 → 방향등 & 비상등 참조

(6) ETACM은 사이렌을 작동시켜서 운전자에게 도난경계상태로 진입했음을 표시한다.

상시전원 → 엔진룸 정션박스의 DRL퓨즈 15A → JE01의(   )번 → E14의 1번 → 사이렌 → E14의 2번 → JE01의 A2번 → 엔진룸 정션박스 → JM09의 D2번 → M33-2의 8번 → ETACM의 사이렌 컨트롤

02. 회로도를 보고 도난 경계상태에서 운전석 도어를 강제로 문을 열었을 때 도난경보기가 작동하는 경우에 전류가 흐르는 요소들을 잘 보고 (   )를 채우시오.

(1) ETACM은 운전석 도어가 강제로 언록 되는 것을 확인한다.

ETACM의 앞 도어록/언록 입력 → M33-1의 2번 → 파워 도어록 참조

(2) ETACM은 도난방지 릴레이를 작동시켜 엔진시동을 금지시킨다.

ETACM의 도난방지 릴레이 → M33-1의 (   )번 → 스타팅회로 참조

(3) ETACM은 사이렌을 작동시켜서 도난경보상태를 알린다.

상시전원 → 엔진룸 정션박스의 DRL퓨즈 15A → JE01의 A1번 → E14의 1번 → 사이렌 → E14의 2번 → (   )의 A2번 → 엔진룸 정션박스 → JM09의 D2번 → M33-2의 8번 → ETACM의 사이렌 컨트롤

(4) ETACM은 비상등을 점멸시킨다.

ETACM의 비상등 릴레이 컨트롤 → M33-2의 6번 → 방향등 & 비상등 참조

Automotive Electronic Circuits

1.3. 통신을 사용한 차량의 도난 경보제어

주요어

IPM, 리어 도어록 액추에이터 LH, 리어 도어록 액추에이터 RH, 후드스위치, 동승석 도어모듈, 운전석도어모듈, 운전석 도어록 액추에이터, 동승석 도어록 액추에이터, B-CAN

개요

통신을 사용한 자동차 도난경보장치의 고장진단 및 정비에 필요한 관련 지식과 그 목적을 달성하기 위한 기본적이 능력인 통신을 사용한 자동차 도난경보장치 전기 회로도를 해석 수 있도록 실습을 구성하였다.

여러 가지 해석문제와 실습을 통해 학생 스스로 흥미를 갖고 회로도의 해석에 자신감을 갖을 수 있도록 한다. 학습 후 학생 스스로 자신의 학습능력을 검토할 수 있도록 하였다.

학습목표

여러 가지 종류의 자동차 도난경보장치를 고장 진단하고 정비하는데 필요한 여러 차종의 도난경보장치 전기 회로도를 설명할 수 있다.

Question 다음 회로도를 보고 무선리모컨을 사용하여 도난경보제어를 동작시키려고 할 때 전류의 흐름을 ACC/ON 전원부터 접지까지 회로도 위에 표시하시오

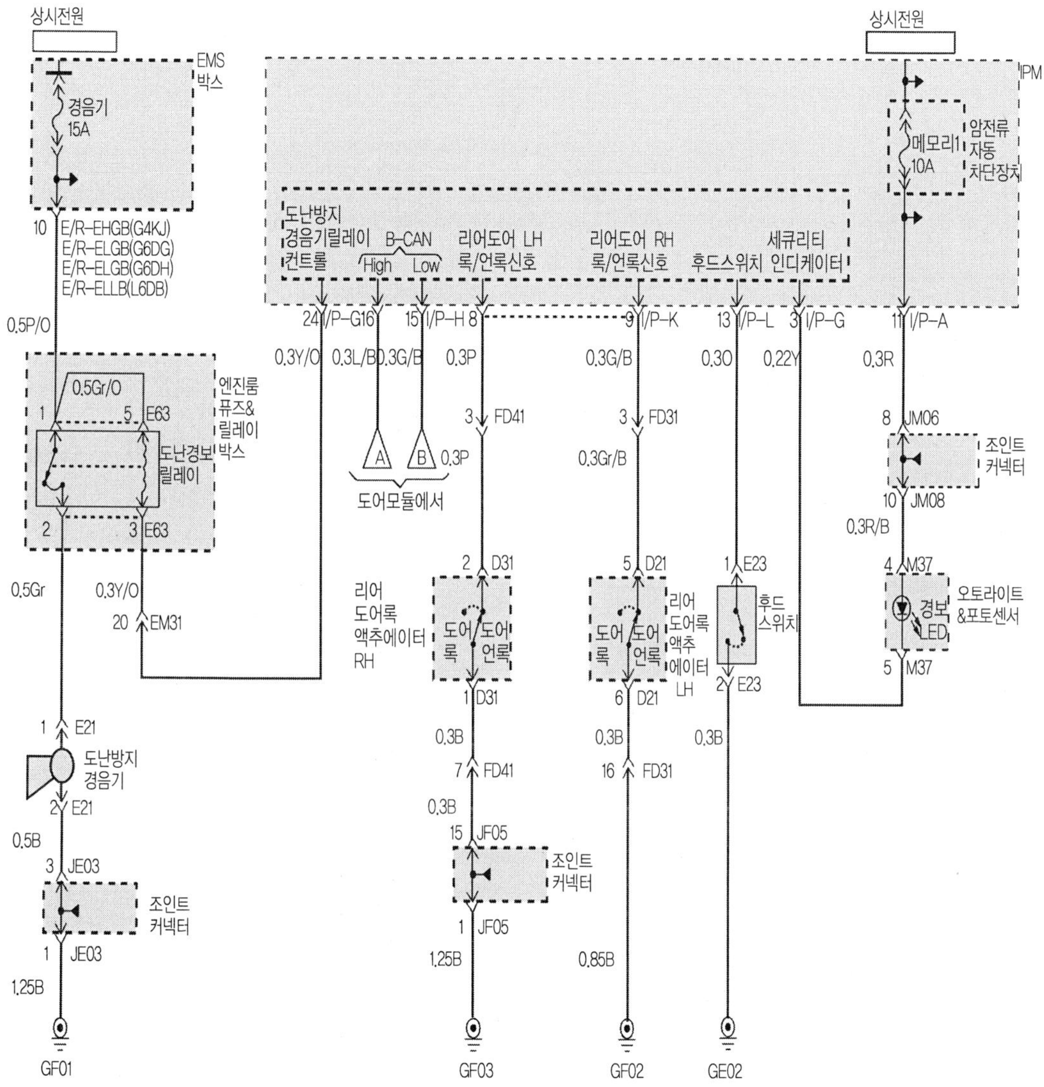

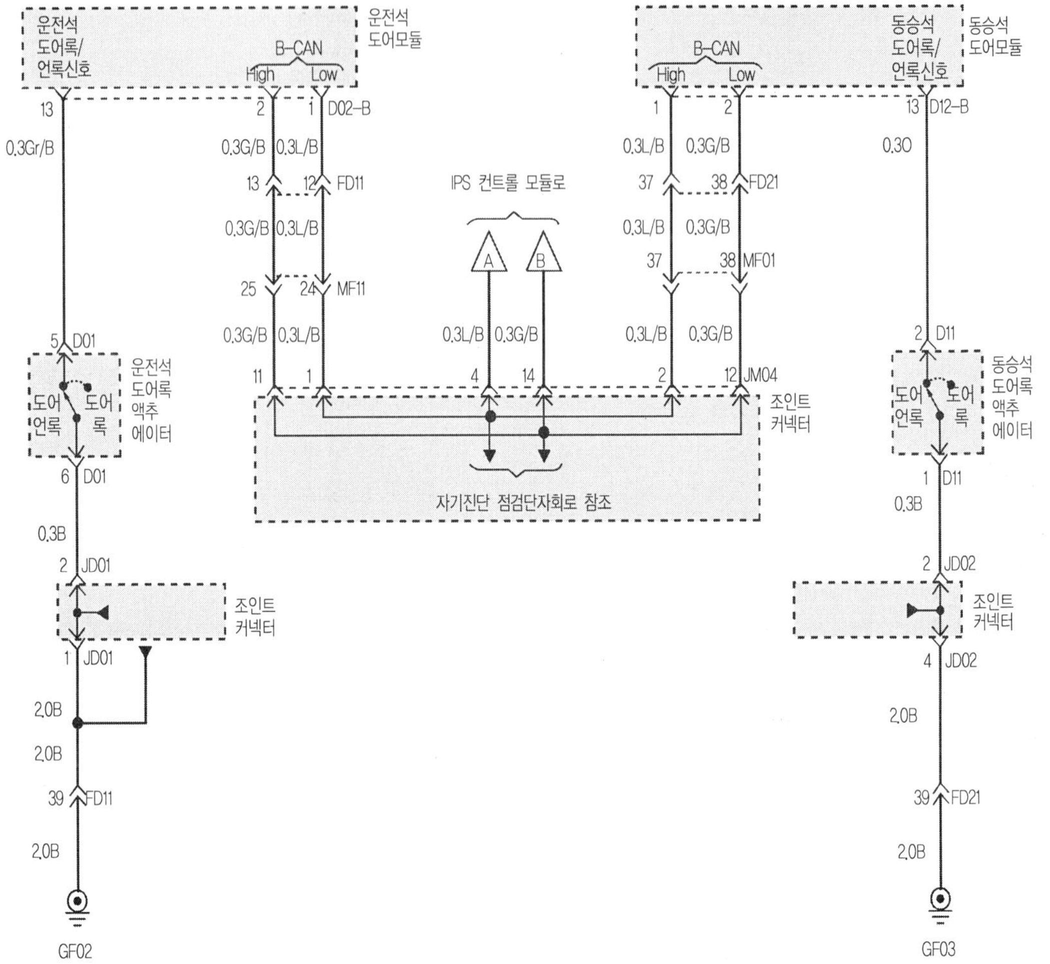

운전석 도어록/언록신호
운전석 도어모듈
B-CAN
High
Low
동승석 도어록/언록신호
동승석 도어모듈
D02-B
D12-B
0.3Gr/B
0.3G/B
0.3L/B
0.3O
FD11
FD21
IPS 컨트롤 모듈로
A
B
MF11
MF01
D01
D11
운전석 도어록 액추에이터
동승석 도어록 액추에이터
도어 언록
도어 록
JM04
조인트 커넥터
자기진단 점검단자회로 참조
0.3B
JD01
JD02
2.0B
GF02
GF03

1.3.1. 도난 경보제어 방법

[1] 도난 경계 제어

① 운전자가 차량 외부에서 리모컨으로 문을 잠근다.

② IPM의 수신기 모듈에서 리모컨의 신호를 입력받아 수신기의 코드와 확인한다.

③ IPM은 운전석 도어모듈에 CAN통신을 통해 리모컨 신호를 전달한다.

④ 운전석 도어모듈은 도어록 릴레이를 작동시켜 4개 도어를 잠근다.

⑤ IPM은 4개 도어와 후드가 잠겼는지 확인한다.

⑥ IPM은 방향등을 점멸시켜서 도난방지가 시작되었음을 표시한다.

⑦ IPM은 4개 도어와 후드를 도난경계가 해제될 때까지 계속 감시한다.

[2] 도난 경계 해제 제어

① 운전자가 차량 외부에서 리모컨으로 잠긴 문을 푼다.

② 자동차의 수신기에서 리모컨의 신호를 입력받아 수신기의 코드와 확인한다.

③ IPM은 운전석 도어모듈에 CAN통신을 통해 리모컨 신호를 전달한다.

④ 운전석 도어모듈은 도어록 릴레이를 작동시켜 잠긴 4개 도어를 푼다.

⑤ IPM은 방향등을 점멸시켜서 도난방지가 해제되었음을 표시한다.

[3] 도난 경보제어

① 도난 경계상태에서 도어가 열린다.

② IPM은 4개 도어와 후드가 열리는 신호를 감지한다.

③ IPM은 경음기를 작동시킨다.

④ IPM은 방향등을 점멸시킨다.

Question 다음 물음에 답하시오

01. 회로도를 보고 운전자가 리모컨으로 차량의 4개 도어를 잠그고 도난경계제어를 작동시키려고 할 때 회로도상의 전류가 흐르는 요소들을 잘 보고 (　)를 채우시오.

(1) IPM의 수신기에서 리모컨의 도어 잠금을 신호를 받아서 그 신호를 운전석 도어 모듈에 전달한다.

IPM의 IPS 컨트롤모듈 → B-CAN (HIGH) → I/P-H의 (　)번 → A → JM04의 4번→ 조인트 커넥터 → ①②로 나뉨

---

① → JM04의 1번 → D02-B의 1번 → 운전석 도어모듈의 B-CAN (HIGH)

② → JM04의 2번 → D12-B의 1번 → 동승석 도어모듈의 B-CAN (HIGH)

IPM의 IPS컨트롤모듈 → B-CAN (LOW) → I/P-H의 (　)번 → B → JM04의 14번 → 조인트 커넥터 → ③④로 나뉨

---

③ → JM04의 11번 → D02-B의 2번 → 운전석 도어모듈의 B-CAN (LOW)

② → JM04의 12번 → D12-B의 2번 → 동승석 도어모듈의 B-CAN (LOW)

(2) 운전석도어모듈은 도어록릴레이를 작동시켜서 4개 도어를 잠근다.

도어록 제어 실습 참조

(3) IPM은 4개 도어와 후드 및 트렁크의 잠금상태를 확인한다.

운전석 도어모듈의 운전석 도어록/언록 신호 → 5V

동승석 도어모듈의 운전석 도어록/언록 신호 → 5V

IPM의 리어 도어 LH 록/언록 신호 → 5V

IPM의 리어 도어 RH 록/언록 신호 → 5V

IPM의 후드 스위치 → 5V

(4) IPM은 방향등을 점멸시킨다.

상시전원 → IPM의 암전류 자동 차단장치의 메모리1 10A → I/P-A의 11번 → JM06의 8번 → 조인트 커넥터 → JM06의 10번 → (   )의 4번 → 오토라이트 & 포토센서의 경보 LED → M37의 5번 → I/P-G의 3번 → IPM의 IPS컨트롤 모듈의 세큐리티 인디케이터

(5) IPM은 도난방지 경음기 릴레이를 작동시켜서 운전자에게 도난 경계상태로 진입했음을 표시한다.

상시전원 → EMS박스의 경음기 퓨즈 15A → E/R-EHGB의 (   )번 → 엔진룸 퓨즈 & 릴레이박스의 도난경보 릴레이 → 코일 → 조인트 커넥터 → JM06의 10번 → M37의 4번 → 오토라이트 & 포토센서의 경보 LED → M37의 5번 → I/P-G의 3번 → IPM의 IPS컨트롤모듈의 세큐리티 인디케이터

(6) 운전석도어와 동승석도어에 램프가 켜진다.

상시전원 → IPM의 암전류 자동 차단장치의 실내등 10A → I/P-D의 38번 →

A ①②③④로 나뉨

① JF01의 1번 → 조인트 커넥터 → JF01의 (   )번 → F51의 2번 → 운전석 도어 스커프 램프 → F51의 1번 → F11의 1번 → 운전석 도어 스위치 → 운전석 도어스위치 접지

② JF01의 1번 → 조인트 커넥터 → JF01의 2번 → D45의 1번 → 운전석도어 램프 → D45의 2번 → F11의 1번 → 운전석 도어스위치 → 운전석 도어스위치 접지

③ JF04의 4번 → 조인트 커넥터 → (　　)의 1번 → F52의 2번 → 동승석 도어 스커프 램프 → F52의 1번 → F12의 1번 → 동승석 도어스위치 → 동승석 도어스위치 접지

④ JF01의 4번 → 조인트 커넥터 → JF04의 1번 → D15의 1번 → 동승석 도어램프 → D15의 2번 → F12의 (　　)번 → 동승석 도어스위치 → 동승석 도어스위치 접지

(7) CAN통신으로 도어입력 신호를 계기판에 전달한다.

IPM의 IPS컨트롤모듈→B-CAN HIGH → I/P-H의 16번 → JM04의 4번 → 조인트 커넥터 → JM04의 5번 → M06의 39번 → 계기판의 MICOM →HIGH

IPM의 IPS컨트롤모듈→B-CAN LOW → I/P-H의 15번 → JM04의 41번 → 조인트 커넥터 → JM04의 15번 → M06의 (　　)번 → 계기판의 MICOM →LOW

(8) 계기판에 도어열림 경고등을 점등한다.

상시전원 → IPM의 암전류 자동 차단장치 메모리1 10A → I/P-A의 11번 → JM06의 8번 → 조인트 커넥터 → JM06의 9번 → M06의 26번 → ①②로 나뉨

---

① 계기판 → 도어 열림 경고등 → MICON

② 계기판 → 트렁크 열림 경고등 → MICON

02. 운전석 도어를 열었을 때 실내등이 점등되는 경우에 회로도상의 전류가 흐르는 요소들을 배선 색깔을 모두 찾아 적으시오.

03. 운전석 도어를 열었다가 닫았을 경우에 실내등이 점점 어두워지다가 자동으로 소등되도록 제어하는 요소는 무엇이고 어떻게 하는 것인가 ? 적으시오.

1.4. 도난 경보제어 실험 실습

Question 다음 실험을 실시한다.

01. 실험 준비물을 확인한다.

실습 교재, ETACM 모듈, 키레스 리시버 모듈, 방향등 & 비상등 모듈, 사이렌모듈, 도어록/언록 모듈

02. 다음 방법에 따라서 실험을 실시한다.

① 전원공급기의 1A의 (+), (-)를 자동차의 배터리로 사용한다.
② 회로도를 보고 리모컨를 사용해서 도어록/언록 장치가 정상적으로 구동할 수 있도록 회로를 연결한다.
③ 회로도에 나타나 있는 배선의 색깔과 커넥터의 핀을 잘 확인하여 연결한다.
④ 실내 정션박스, 엔진룸 정션박스 등은 없으므로 직접 배선으로 연결한다.
⑤ 전원공급기의 (-)를 자동차의 접지로 사용한다.
⑥ 도어 록/언록 장치가 작동하지 않으면 회로도와 비교하면서 틀린 곳을 찾아 바르게 연결한다.
⑦ 위의 과정을 반복해서 실시하여 숙달이 되도록 한다.

03. 도난경보제어는 정상적으로 구동이 되었는가 ?

예(　　　), 아니오(　　　)

04. 만약 도난 경보제어가 잘 구동이 되지 않았다면 그 원인은 무엇이라고 생각되는지 적으시오.

05. 위의 실험을 통해 느낀 점을 아래에 적으시오.

02 열선제어

2.1. 교재의 구성

내용소개

자동차 열선의 고장진단 및 정비에 필요한 관련지식과 그 목적을 달성하기 위한 기본적이 능력인 자동차 열선 전기회로도를 해독할 수 있도록 실습을 구성하였다. 여러 가지 해석문제와 실습을 통해 학생 스스로 흥미를 갖고 회로도의 해석에 자신감을 갖을 수 있도록 한다. 학습 후 학생 스스로 자신의 학습능력을 검토할 수 있도록 하였다.

학습목표

일반 자동차의 열선장치와 통신을 사용한 자동차의 열선장치를 고장 진단하고 정비하는데 필요한 여러 차종의 열선 전기 회로도를 설명할 수 있다.

선수 학습모듈

자동차 전기 부품 및 전자장치에 대한 구조 및 작동원리에 대한 기초적인 지식을 타 교과에서 이수하도록 한다.

2.2. 일반 차량의 열선제어

주요어

뒤 유리 디포거, 좌측 아웃사이드 미러 모터 &디포거, 우측 아웃사이드 미러 모터 & 디포거, 디포거 릴레이, 디포거스위치, ETACM

개요

자동차 열선의 고장진단 및 정비에 필요한 관련지식과 그 목적을 달성하기 위한 기본적이 능력인 자동차 열선 전기회로도를 해독할 수 있도록 실습을 구성하였다. 실습은 일반 자동차로 구분하여 회로도를 나타내었다. 여러 가지 해석문제와 실습을 통해 학생 스스로 흥미를 갖고 회로도의 해석에 자신감을 갖을 수 있도록 한다. 학습 후 학생 스스로 자신의 학습능력을 검토할 수 있도록 하였다.

학습목표

일반 자동차의 열선장치를 고장진단하고 정비하는데 필요한 여러 가지 차종의 열선 전기 회로도를 설명할 수 있다.

Question 다음 회로도를 보고 뒷 유리와 앞 유리의 열선과 사이드 미러의 열선을 동작시키려고 할 때 전류의 흐름을 상시 전원부터 접지까지 회로도 위에 표시하시오

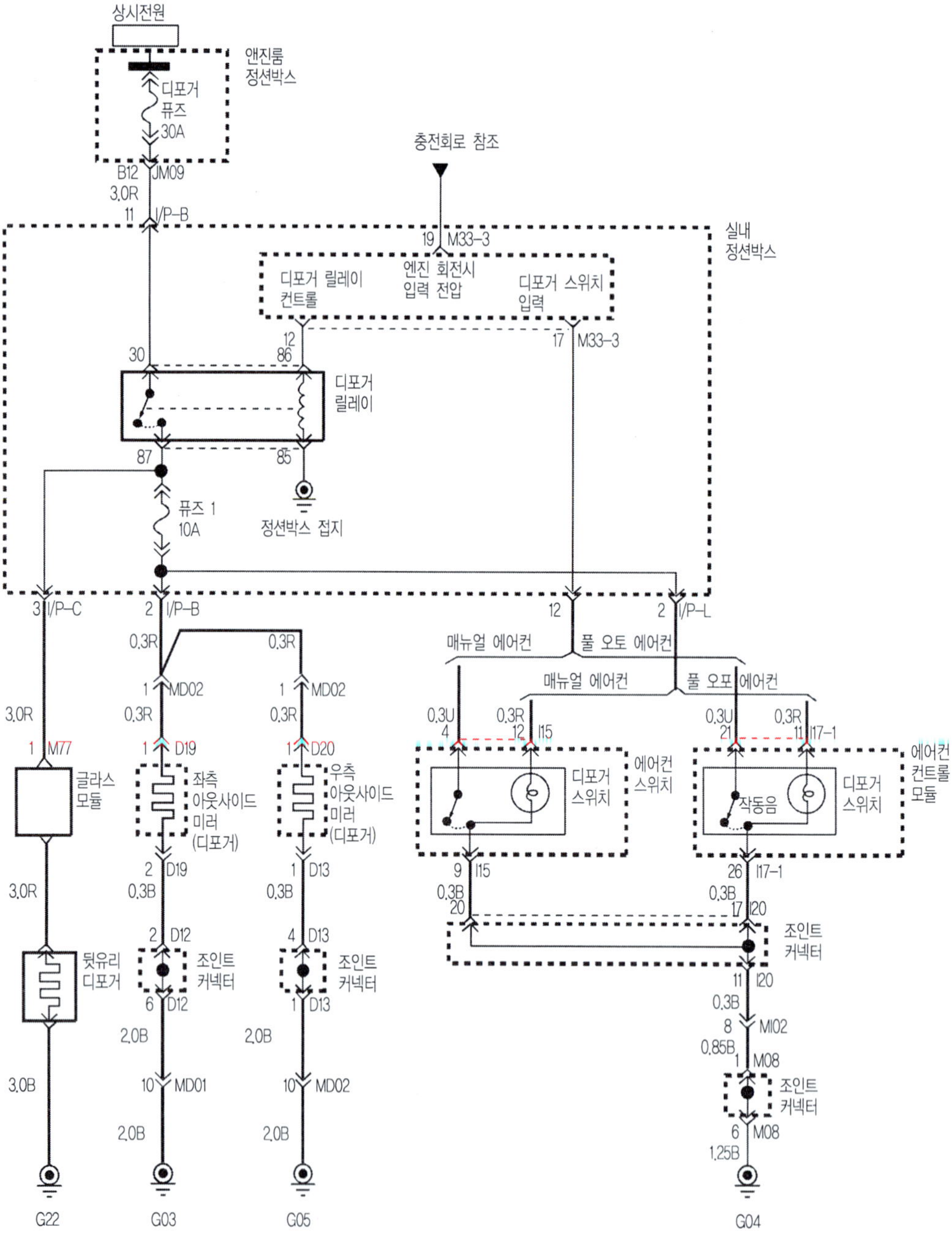

2.2.1. 파워 아웃사이드 미러 제어 방법

(1) 운전자가 뒷유리 열선 스위치를 작동한다.

- M33-3의 17번 5V → 0V

(2) ETACM이 디포거릴레이를 동작시킨다.

- M33-3의 12번 0V → 12V

(3) 뒷유리 디포거와 좌측 아웃사이드 미러 디포거와 우측 아웃사이드 미러 디포거가 동작한다.

(4) 에어컨스위치의 디포거스위치 작동 등이 동작한다.

(5) 디포거가 작동을 시작한 후 30초가 지나면 자동으로 디포거릴레이를 작동시켜서 디포거를 정지시킨다.

Automotive Electronic Circuits

Question 다음 물음에 답하시오

01. 회로도를 보고 열선을 작동시키려고 할 때 회로도상의 전류가 흐르는 요소들을 잘 보고 ( )를 채우시오(풀 오토에어컨과 글라스 안테나 옵션 차량의 경우).

(1) 운전자가 열선 스위치를 작동하여 열선 스위치 신호가 ETACM으로 입력된다.

실내 정션박스의 ETACM의 디포거 스위치 입력 → M33-3의 17번 → I/P-L의 12번 → I17-1의 21번 → 에어컨 컨트롤모듈의 디포거스위치 → ON → I17-1의 ( )번 → I20의 17번 → 조인트 커넥터 → I20의 11번 → M08의 1번 → 조인트 커넥터 → M08의 6번 → G04

(2) ETACM이 디포거 릴레이를 작동시킨다.

ETACM의 디포거 릴레이 컨트롤 → M33-3의 ( )번 → 86번 → 디포거 릴레이의 코일 → 85번 → 정션박스 접지

(3) 디포거가 작동한다.

상시전원 → 엔진룸 정션박스의 디포거 퓨즈 30A → JM09의 B12번 → I/P-B의 11번 → 30번 → 디포거 릴레이 스위치 → 87번 → ①②로 나누어진다.

---

① I/P-C의 3번 → M77의 ( )번 → 글라스모듈 → 뒷유리 디포거 → G22

② 실내 정션박스의 퓨즈1번 10A → ③④로 나누어진다.

---

③ I/P-B의 2번 → ⑤⑥으로 나누어진다.

---

⑤ D19의 1번 → 좌측 아웃사이드 미러 모터 & 디포거 → D19의 2번 → D12의 2번 → 조인트 커넥터 → D12의 6번 → ( )

⑥ D20의 1번 → 우측 아웃사이드 미러 모터 & 디포거 → D20의 2번 → D13의 4번 → 조인트 커넥터 → D13의 1번 → G05

④ I/P-L의 2번 → I17-1의 11번 → 에어컨트롤모듈의 디포거스위치 작동등 → I17-1의 26번 → I20의 (　)번 → 조인트 커넥터 → I20의 11번 → M08의 1번 → 조인트 커넥터 → M08의 6번 → G04

02. 열선 작동시 회로도상의 전류가 흐르는 요소들을 배선 색깔을 모두 찾아 적으시오.

03. 열선을 작동을 시작한 후 30초가 지나면 자동으로 열선을 정지시키기 위해서 어떻게 제어를 하는지 적으시오.

2.3. 통신을 사용한 차량의 열선제어

주요어

리어 디포거, 앞유리 열선, 운전석 파워 아웃사이드 미러, 열선유리 뒤 릴레이, 열선유리 앞 릴레이, 디포거스위치

개요

통신을 사용한 자동차 열선의 고장진단 및 정비에 필요한 관련 지식과 그 목적을 달성하기 위한 기본적이 능력인 통신을 사용한 자동차 열선 전기 회로도를 해독할 수 있도록 실습을 구성하였다.

실습은 통신을 사용한 자동차로 구분하여 회로도를 나타내었다. 여러 가지 해석문제와 실습을 통해 학생 스스로 흥미를 갖고 회로도의 해석에 자신감을 갖을 수 있도록 한다. 학습 후 학생 스스로 자신의 학습능력을 검토할 수 있도록 하였다.

학습목표

통신을 사용한 자동차의 열선장치를 고장 진단하고 정비하는데 필요한 여러가지 차종의 열선 전기 회로도를 설명할 수 있다.

Question 다음 회로도를 보고 뒷유리와 앞유리의 열선과 사이드 미러의 열선을 동작시키려고 할 때 전류의 흐름을 ACC/ON 전원부터 접지까지 회로도 위에 표시하시오

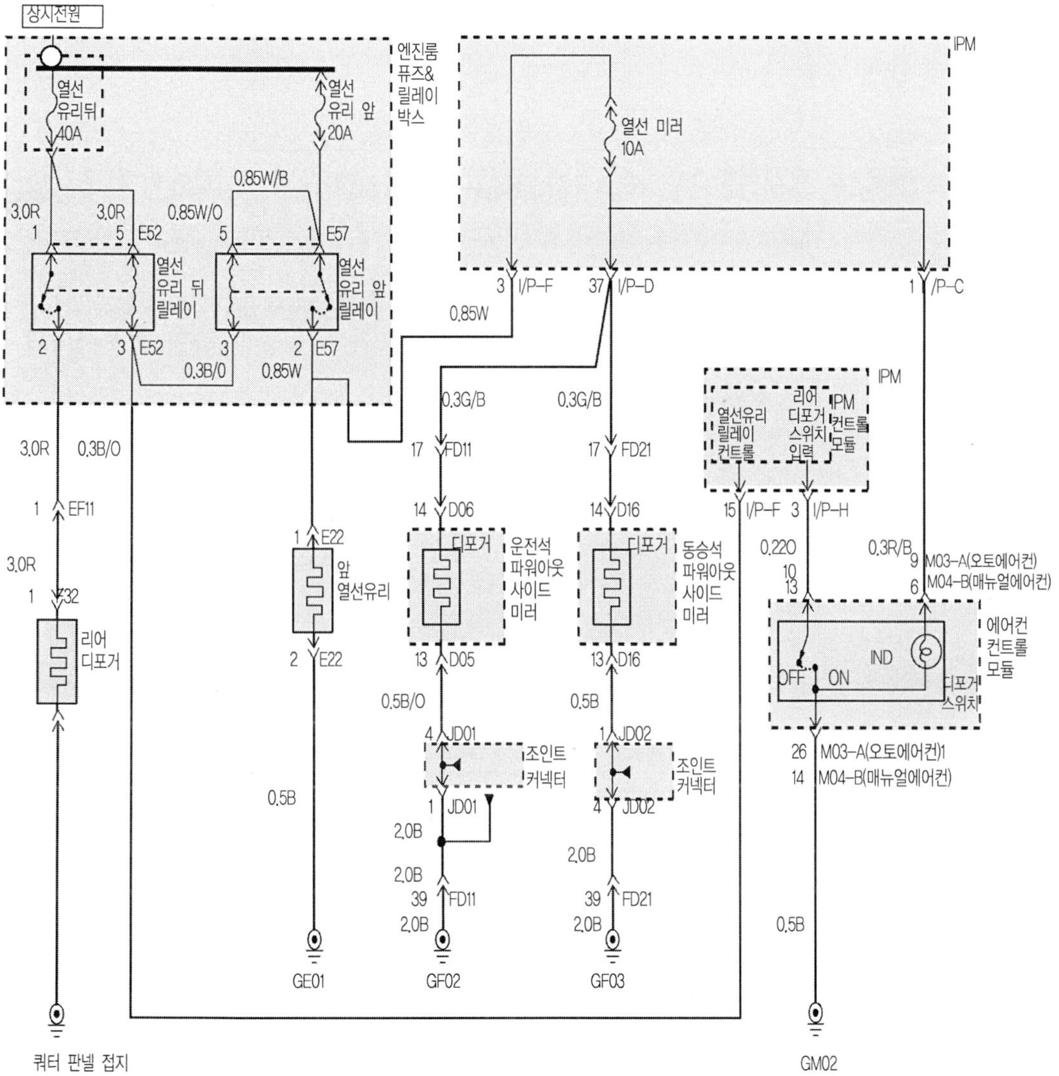

2.3.1. 파워 아웃사이드 미러 제어 방법

(1) 운전자가 뒷유리 열선 스위치를 작동한다.

- I/P-H의 3번 5V → 0V

(2) IPM의 IPS컨트롤 모듈이 열선유리 릴레이를 동작시킨다.

- IP-F의 18번 12V → 0V

(3) 엔진룸 퓨즈 & 릴레이박스의 열선유리 뒷 릴레이와 열선유리 앞 릴레이가 동작한다.

(4) 리어 디포거가 동작한다.

(5) 앞 열선유리와 운전석 파워 아웃사이드 미러의 디포거와 동승석 파워 아웃사이드 미러의 디포거가 동작한다.

Question 다음 물음에 답하시오

01. 회로도를 보고 열선을 작동시키려고 할 때 회로도상의 전류가 흐르는 요소들을 잘 보고 (　)를 채우시오(오토 에어컨 경우).

(1) 운전자가 열선 스위치를 작동

IPM의 IPS컨트롤모듈의 리어 디포거 스위치 입력 → I/P-H의 3번 → M03-A의 10번 → 에어컨 컨트롤모듈의 디포거스위치 → ON → M03-A의 26번 → GM02

(2) IPM이 열선유리 뒤 릴레이와 열선유리 앞 릴레이를 작동시킨다.

상시전원 → 엔진룸 퓨즈 & 릴레이박스의 열선 유리 뒤 40A 퓨즈 → E52의 5번 → 열선유리 뒤 릴레이 코일 → E52의 3번 → I/P-F의 (　)번 → IPM의 열선유리 릴레이 컨트롤

상시전원 → 엔진룸 퓨즈 & 릴레이박스의 열선 유리 앞 20A 퓨즈 → E57의 5번 → 열선유리 앞 릴레이 코일 → E57의 3번 → I/P-F의 18번 → IPM의 열선유리 릴레이 컨트롤

(3) 리어 디포거가 작동한다.

상시전원 → 엔진룸 퓨즈 & 릴레이박스의 열선 유리 뒤 40A 퓨즈 → E52의 1번 → 열선유리 뒤 릴레이 스위치 → E52의 2번 → F32의 1번 → 리어 디포거 → 쿼터 판넬 접지

(4) 앞 열선 유리 디포거와 아웃사이드 미러의 디포거가 작동한다.

상시전원 → 엔진룸 퓨즈 & 릴레이박스의 열선 유리 앞 20A 퓨즈 → E57의 1번 → 열선유리 앞 릴레이 스위치 → E57의 2번 → ① ②로 나뉨

① → E22의 1번 → 앞 열선 유리 디포거 → E22의 ( )번 → GE01

② → 열선미러 10A 퓨즈 → ③④⑤로 나뉨

③ → I/P-D의 37번 → D06의 14번 → 운전석 파워 아웃사이드 미러의 디포거 → D06의 13번 → JD01의 ( )번 → 조인트 커넥터 → JD01의 1번 → GF02

④ → I/P-D의 37번 → D16의 14번 → 동승석 파워 아웃사이드 미러의 디포거 → D16의 13번 → JD02의 1번 → 조인트 커넥터 → JD02의 4번 → GF03

⑤ → I/P-C의 ( )번 → M03-A의 9번 → 에어컨 컨트롤모듈의 디포거스위치 IND → M03-A의 23번 →GM02

02. 열선을 작동시키려고 할 때 회로도상의 전류가 흐르는 요소들을 배선 색깔을 모두 찾아 적으시오.

03. 열선을 작동을 시작한 후 30초가 지나면 자동으로 열선을 정지시키기 위해서 어떻게 제어를 하는지 적으시오.

2.4. 열선제어 실험 실습

01. 실험 준비물을 확인한다.

실습 교재, 열선 모듈, 열선 스위치 모듈, 배선, 전원공급기

02. 다음 방법에 따라서 실험을 실시한다.

① 전원공급기의 1A의 (+), (-)를 자동차의 배터리로 사용한다.

② 회로도를 보고 열선 스위치를 사용해서 열선이 정상적으로 구동할 수 있도록 회로를 연결한다.

③ 회로도에 나타나 있는 배선의 색깔과 커넥터의 핀을 잘 확인하여 연결한다.

④ 실내 정션박스, 엔진룸 정션박스 등은 없으므로 직접 배선으로 연결한다.

⑤ 전원공급기의 (-)를 자동차의 접지로 사용한다.

⑥ 열선 스위치를 사용해서 사이드미러 열선이 작동 되는지 살펴본다.

⑦ 열선이 작동하지 않으면 회로도와 비교하면서 틀린 곳을 찾아 바르게 연결한다.

⑧ 위의 과정을 반복해서 실시하여 숙달이 되도록 한다.

03. 사이드 미러 열선은 정상적으로 구동이 되었는가 ?

예(   ), 아니오(   )

04. 만약 열선이 잘 구동이 되지 않았다면 그 원인은 무엇이라고 생각되는지 아래에 적으시오.

05. 위의 실험을 통해 느낀 점을 아래에 적으시오.

MEMO

03 차선이탈 경보장치 제어

3.1. 교재의 구성

내용소개

자동차 차선이탈 경보장치의 고장진단 및 정비에 필요한 관련 지식과 그 목적을 달성하기 위한 기본적이 능력인 자동차 차선이탈 경보장치 전기 회로도를 해독할 수 있도록 실습을 구성하였다. 여러 가지 해석문제와 실습을 통해 학생 스스로 흥미를 갖고 회로도의 해석에 자신감을 갖을 수 있도록 한다. 학습 후 학생 스스로 자신의 학습능력을 검토할 수 있도록 하였다.

학습목표

통신을 사용한 자동차의 차선이탈 경보장치를 고장 진단하고 정비하는데 필요한 여러 차종의 차선이탈경보장치 전기 회로도를 설명할 수 있다.

선수 학습모듈

자동차 전기부품 및 전자장치에 대한 구조 및 작동원리에 대한 기초적인 지식을 타 교과에서 이수하도록 한다.

3.2. 통신을 사용한 차량의 차선이탈 경보장치 제어

주요어

IPM, 차선이탈 경보스위치, 차선이탈 경보카메라, 계기판

개요

통신을 사용한 자동차 차선이탈 경보장치의 고장진단 및 정비에 필요한 관련 지식과 그 목적을 달성하기 위한 기본적이 능력인 자동차 차선이탈 경보장치 전기 회로도를 해독할 수 있도록 실습을 구성하였다. 여러 가지 해석문제와 실습을 통해 학생 스스로 흥미를 갖고 회로도의 해석에 자신감을 갖을 수 있도록 한다. 학습 후 학생 스스로 자신의 학습능력을 검토할 수 있도록 하였다.

학습목표

통신을 사용한 자동차의 차선이탈 경보 장치를 고장 진단하고 정비하는데 필요한 여러 가지 차종의 차선이탈경보장치 전기 회로도를 설명할 수 있다.

Question 다음 회로도를 보고 차선이탈 경보장치를 동작시키려고 할 때 전류의 흐름을 상시 전원부터 접지까지 회로도 위에 표시하시오

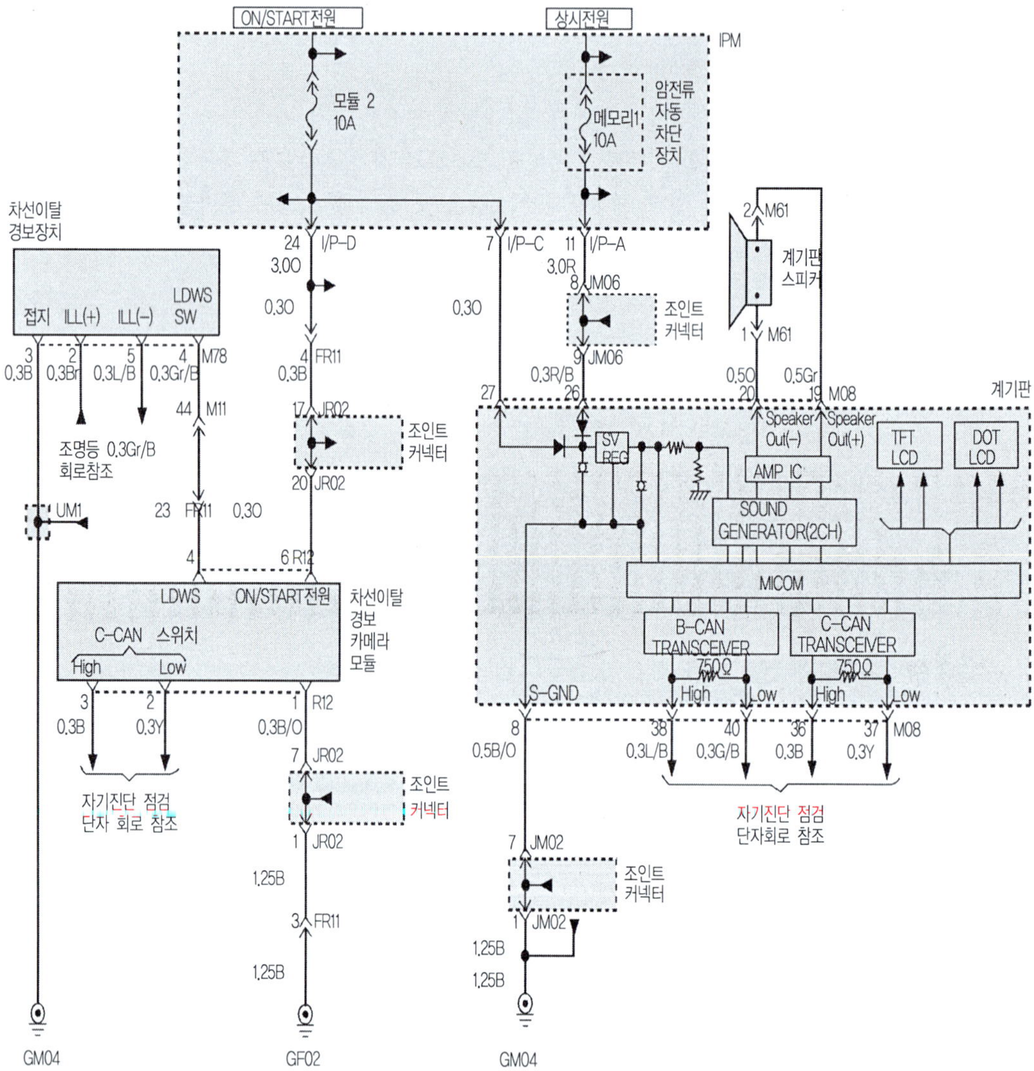

※LDWS : Lane Departure Warning System

3.2.1. 차선이탈 경보장치(LDWS) 제어방법

(1) 운전자가 LDWS스위치를 누른다.

(2) 계기판의 LDWS 표시등이 점등되면서 차선이탈 경보장치 작동상태가 표시된다.

(3) 차선이탈 경보장치 유닛의 카메라가 차선을 인식한다.

(4) 차량의 신호 정보와 카메라의 영상을 통해 차선이탈이 예측되면 운전자에게 경보를 울린다.

(5) 와이퍼 속도가 일정속도 이상이 되었을 경우에는 LDWS 경보기능을 중지한다.

Automotive Electronic Circuits

Question 다음 물음에 답하시오.

01. 회로도를 보고 차선이탈 경보장치를 작동시킬 때 회로도상의 전류가 흐르는 요소들을 잘 보고 ( )를 채우시오.

(1) 차선이탈 경보카메라 전원과 접지 연결

ON/START전원 → IPM의 모듈2 10A → I/P-D의 24번 → JR02의 17번 → 조인트 커넥터 → JR02의 20번 → R12의 6번 → 차선이탈 경보카메라의 ON/START 전원

차선이탈 경보카메라의 접지 → R12의 1번 → JR02의 7번 → 조인트 커넥터 → JR02의 1번 → GF02

(2) 차선이탈 경보스위치 작동시키면 차선이탈 경보 카메라에 정보가 전달되어 차선인식을 시작한다.

차선이탈 경보스위치의 LDWS SW → M78의 4번 → R12의 4번 차선이탈 경보카메라의 LDWS 스위치

차선이탈 경보스위치의 접지 → M78의 ( )번 → GM04

(3) CAN 통신을 통해 계기판에 정보 전달

상시전원 → IPM의 메모리1 10A → I/P-A의 11번 → JM06의 8번 → 조인트 커넥터 → JM06의 9번 → M08의 26번 → 계기판의 전원

계기판의 S-GND → M08의 8번 → JM02의 7번 → 조인트 커넥터 → JM02의 1번 → GM04

차선이탈 경보카메라의 C-CAN HIGH → R12의 ( )번 → C-CAN 통신 → M08의 36번 → 계기판의 C-CAN TRANSCEIVER→MICOM→TFT LCD

차선이탈 경보카메라의 C-CAN LOW → R12의 2번 → C-CAN 통신 → M08의 37번 → 계기판의 C-CAN TRANSCEIVER→MICOM→TFT LCD

3.3. 차선이탈 경보장치 제어 실험 실습

01. 실험 준비물을 확인한다.

실습 교재, 차선 이탈제어 모듈, 배선, 전원공급기

02. 다음 방법에 따라서 실험을 실시한다.

① 전원공급기의 1A의 (+), (-)를 자동차의 배터리로 사용한다.

② 회로도를 보고 차선이탈 제어가 정상적으로 구동할 수 있도록 회로를 연결한다.

③ 회로도에 나타나 있는 배선의 색깔과 커넥터의 핀을 잘 확인하여 연결한다.

④ 실내 정션박스, 엔진룸 정션박스 등은 없으므로 직접 배선으로 연결한다.

⑤ 전원공급기의 (-)를 자동차의 접지로 사용한다.

⑥ 차선이탈제어가 정상적으로 작동 되는지 살펴본다.

⑦ 정상적으로 작동하지 않으면 회로도와 비교하면서 틀린 곳을 찾아 바르게 연결한다.

⑧ 위의 과정을 반복해서 실시하여 숙달이 되도록 한다.

03. 차선이탈제어는 정상적으로 구동이 되었는가 ?

예(　　　), 아니오(　　　)

04. 만약 잘 구동이 되지 않았다면 그 원인은 무엇이라고 생각되는지 아래에 적으시오.

05. 위의 실험을 통해 느낀 점을 아래에 적으시오.

MEMO

04 타이어 공기압력 경보장치 제어

4.1. 교재의 구성

내용소개

자동차 타이어 공기압력 경보장치의 고장진단 및 정비에 필요한 관련 지식과 그 목적을 달성하기 위한 기본적이 능력인 자동차 타이어 공기압력 경보장치 전기 회로도를 해독할 수 있도록 실습을 구성하였다. 여러 가지 해석문제와 실습을 통해 학생 스스로 흥미를 갖고 회로도의 해석에 자신감을 갖을 수 있도록 한다. 학습 후 학생 스스로 자신의 학습능력을 검토할 수 있도록 하였다.

학습목표

통신을 사용한 자동차의 타이어 공기압력 경보장치를 고장 진단하고 정비하는데 필요한 여러 차종의 타이어 공기압력 경보장치 전기 회로도를 설명할 수 있다.

선수 학습모듈

자동차 전기 부품 및 전자장치에 대한 구조 및 작동원리에 대한 기초적인 지식을 타 교과에서 이수하도록 한다.

4.2. 통신을 사용한 차량의 타이어 공기압력 경보장치 제어

주요어

IPM, 타이어 공기압력스위치, 차선이탈 경보카메라, 계기판

개요

통신을 사용한 자동차 타이어 공기압력 경보장치의 고장진단 및 정비에 필요한 관련 지식과 그 목적을 달성하기 위한 기본적이 능력인 자동차 타이어공기압력 전기 회로도를 해독할 수 있도록 실습을 구성하였다. 여러 가지 해석문제와 실습을 통해 학생 스스로 흥미를 갖고 회로도의 해석에 자신감을 갖을 수 있도록 한다. 학습 후 학생 스스로 자신의 학습능력을 검토할 수 있도록 하였다.

학습목표

통신을 사용한 자동차의 타이어 공기압력 경보장치를 고장 진단하고 정비하는데 필요한 여러 가지 차종의 타이어 공기압력 경보장치 전기 회로도를 설명할 수 있다.

Question 다음 회로도를 보고 타이어공기압력 경보장치를 동작시키려고 할 때 전류의 흐름을 상시 전원부터 접지까지 회로도 위에 표시하시오

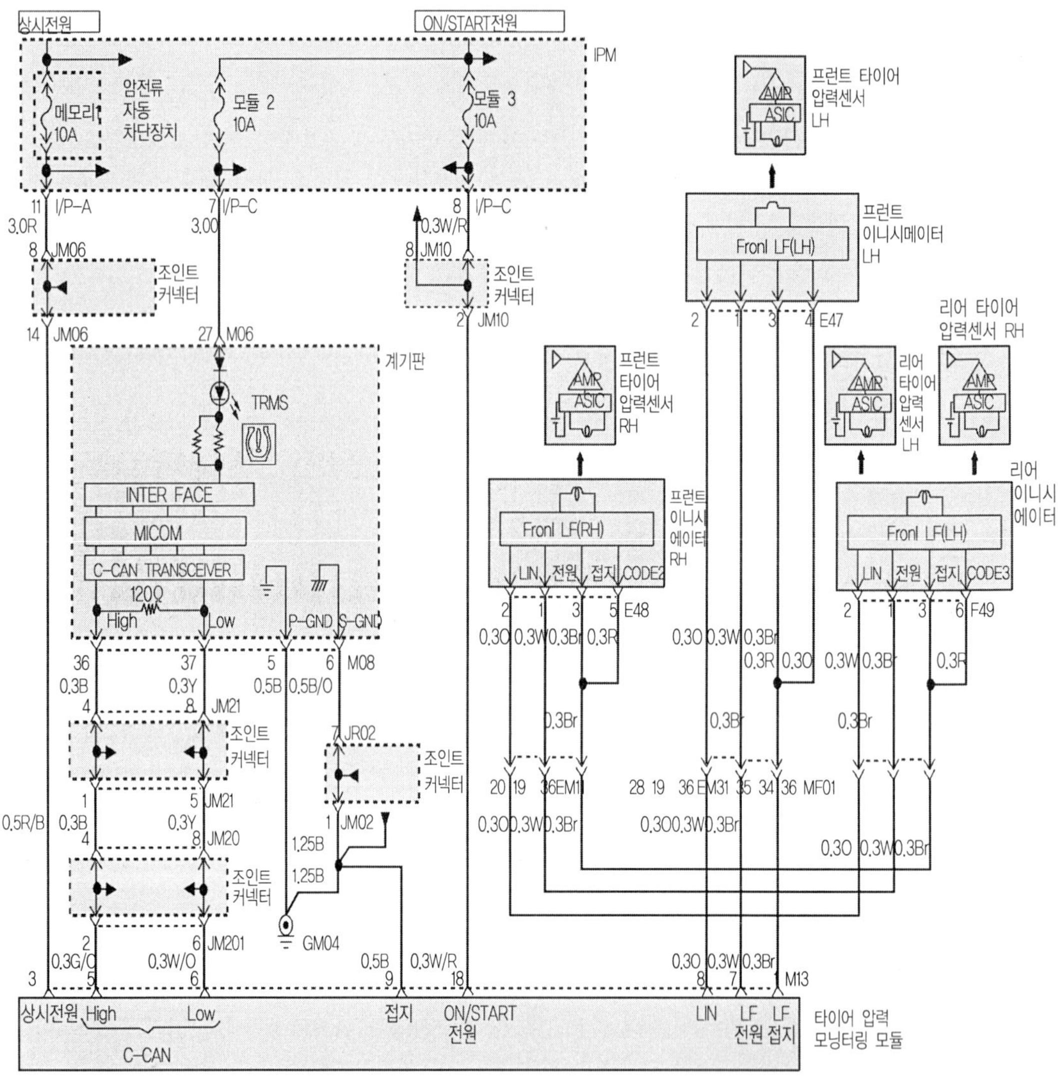

4.2.1. 타이어공기압 경보장치(TPMS) 제어 방법

(1) 타이어공기압모니터링 모듈이 4개 타이어 내부의 압력 및 온도를 감시한다.

(2) 타이어 압력이 규정치 이하가 되면 타이어 저압 경고등(트레드 램프)를 점등시킨다.

(3) 타이어의 위치는 휠위치 경고등으로 점등시킨다(운전석 FL, 동승석 FR, 운전석 리어 RL, 동승석 리어 RR)

Question 다음 물음에 답하시오.

01. 회로도를 보고 타이어 공기압력 경보장치을 작동시킬 때 회로도상의 전류가 흐르는 요소들을 잘 보고 ( )를 채우시오.

(1) 타이어 압력모니터링 모듈에 전원과 접지를 연결

상시전원 → IPM의 메모리1 10A → I/P-A의 11번 →JM06의 8번→ 조인트 커넥터 → JM06의 14번 →M13의 3번 → 타이어압력 모니터링 모듈의 상시전원

타이어압력 모니터링 모듈의 접지 → M13의 9번 → GM04

(2) 타이어 압력모니터링 모듈과 계기판에 ON/START 전원이 연결된다.

ON/START전원 → ①②로 나누어 짐

① IPM의 모듈3 10A → I/P-C의 8번 → JM10의 8번 → 조인트 커넥터 → JM10의 2번 → M13의 18번 → 타이어압력 모니터링 모듈의 ON/START전원

② IPM의 모듈2 10A →I/P-C의 7번 → M08의 27번 → 계기판의 ON/START전원

계기판의 P-GND → M06의 5번 → ( )

계기판의 S-GND → M06의 6번 → GM04

(3) 3개의 이니시에이터는 타이어 압력 모니터링 모듈에서 동작명령을 받아서 각각의 TPMS 휠센서와 통신한다.

타이어압력 모니터링 모듈의 LF 전원 → M13의 7번 → ①②③으로 나누어 짐

① E47의 ( )번 → 프런트 이니시에이터 LH의 전원

② E48의 1번 → 프런트 이니시에이터 RH의 전원

③ F49의 1번 → 리어 이니시에이터의 전원

타이어압력 모니터링 모듈의 LF 접지 → M13의 1번 → ①②③으로 나누어 짐

① E47의 3번 → 프런트 이니시에이터 LH의 접지

② E48의 3번 → 프런트 이니시에이터 RH의 접지

③ F49의 3번 → 리어 이니시에이터 의 접지

타이어압력 모니터링 모듈의 LIN → M13의 (　)번 → ①②③으로 나누어 짐

① E47의 2번 → 프런트 이니시에이터 LH의 LIN

② E48의 2번 → 프런트 이니시에이터 RH의 LIN

③ F49의 2번 → 리어 이니시에이터 의 LIN

(4) 4개의 TPMS 휠센서는 타이어압력모니터링모듈에 무선신호를 송신한다.

(5) 타이어 압력모니터링모듈은 4개 타이어의 압력신호를 모니터링 하면서 이상 신호가 입력되면 계기판에 경고등을 점등시킨다.

타이어압력 모니터링 C-CAN의 HIGH → M13의 5번 → JM20의 2번 → 조인트 커넥터 → JM20의 4번 → JM21의 1번 → 조인트 커넥터 → JM21의 4번 → M06의 36번 → 계기판의 C-CAN의 HIGH

타이어압력 모니터링 C-CAN의 LOW → M13의 6번 → (　　)의 8번 → 조인트 커넥터 → JM20의 6번 → JM21의 5번 → 조인트 커넥터 → JM21의 6번 → M06의 37번 → 계기판의 C-CAN의 LOW

4.3. 타이어공기압력 경보장치 실험 실습

01. 실험 준비물을 확인한다.

실습 교재, 타이어공기압력 모듈, 배선, 전원공급기

02. 다음 방법에 따라서 실험을 실시한다.

① 전원공급기의 1A의 (+), (-)를 자동차의 배터리로 사용한다.

② 회로도를 보고, 타이어 공기압력 경보장치가 정상적으로 구동할 수 있도록 회로를 연결한다.

③ 회로도에 나타나 있는 배선의 색깔과 커넥터의 핀을 잘 확인하여 연결한다.

④ 실내 정션박스, 엔진룸 정션박스 등은 없으므로 직접 배선으로 연결한다.

⑤ 전원공급기의 (-)를 자동차의 접지로 사용한다.

⑥ 타이어공기압력 경보장치가 정상적으로 작동 되는지 살펴본다.

⑦ 정상적으로 작동하지 않으면 회로도와 비교하면서 틀린 곳을 찾아 바르게 연결한다.

⑧ 위의 과정을 반복해서 실시하여 숙달이 되도록 한다.

03. 타이어공기압력 경보장치는 정상적으로 구동이 되었는가 ?

예(　　　), 아니오(　　　)

04. 만약 잘 구동이 되지 않았다면 그 원인은 무엇이라고 생각되는지 아래에 적으시오.

05. 위의 실험을 통해 느낀 점을 아래에 적으시오.

05 ECM 룸미러 제어

5.1. 교재의 구성

내용소개

자동차 ECM 룸미러 장치의 고장진단 및 정비에 필요한 관련 지식과 그 목적을 달성하기 위한 기본적이 능력인 자동차 ECM 룸미러 장치 전기 회로도를 해독할 수 있도록 실습을 구성하였다. 여러 가지 해석문제와 실습을 통해 학생 스스로 흥미를 갖고 회로도의 해석에 자신감을 갖을 수 있도록 한다. 학습 후 학생 스스로 자신의 학습능력을 검토할 수 있도록 하였다.

학습목표

통신을 사용한 자동차의 ECM 룸미러 장치를 고장 진단하고 정비하는데 필요한 여러 차종의 ECM 룸미러 장치 전기 회로도를 설명할 수 있다.

선수 학습모듈

자동차 전기 부품 및 전자장치에 대한 구조 및 작동원리에 대한 기초적인 지식을 타 교과에서 이수하도록 한다.

5.2. 통신을 사용한 차량의 ECM 룸미러 장치 제어

주요어

IPM, ECM, ECTS, RCM, 후방 카메라, 카메라 컨트롤모듈, 운전석 파워 아웃사이드 미러, 동승석 파워 아웃사이드 미러,

개요

통신을 사용한 자동차 ECM 룸미러 장치의 고장진단 및 정비에 필요한 관련 지식과 그 목적을 달성하기 위한 기본적이 능력인 자동차 ECM 룸미러 전기 회로도를 해독할 수 있도록 실습을 구성하였다. 여러 가지 해석문제와 실습을 통해 학생 스스로 흥미를 갖고 회로도의 해석에 자신감을 갖을 수 있도록 한다. 학습 후 학생 스스로 자신의 학습능력을 검토할 수 있도록 하였다.

학습목표

통신을 사용한 자동차의 ECM 룸미러 경보장치를 고장진단하고 정비하는데 필요한 여러 가지 차종의 ECM 룸미러 경보장치 전기 회로도를 설명할 수 있다.

Automotive Electronic Circuits

Question 다음 회로도를 보고 ECM 룸미러 제어장치를 동작시키려고 할 때 전류의 흐름을 상시 전원부터 접지까지 회로도 위에 표시하시오

【ECM+ECTS+RCD】

- •ECM(실내 괌광미러) : Electro Cromic Mirrow
- •ECTS(자동요금 징수시스템) : Electronic Toll Collection System
- •RCD(후방 디스플레이 카메라) : Rear Camera Display

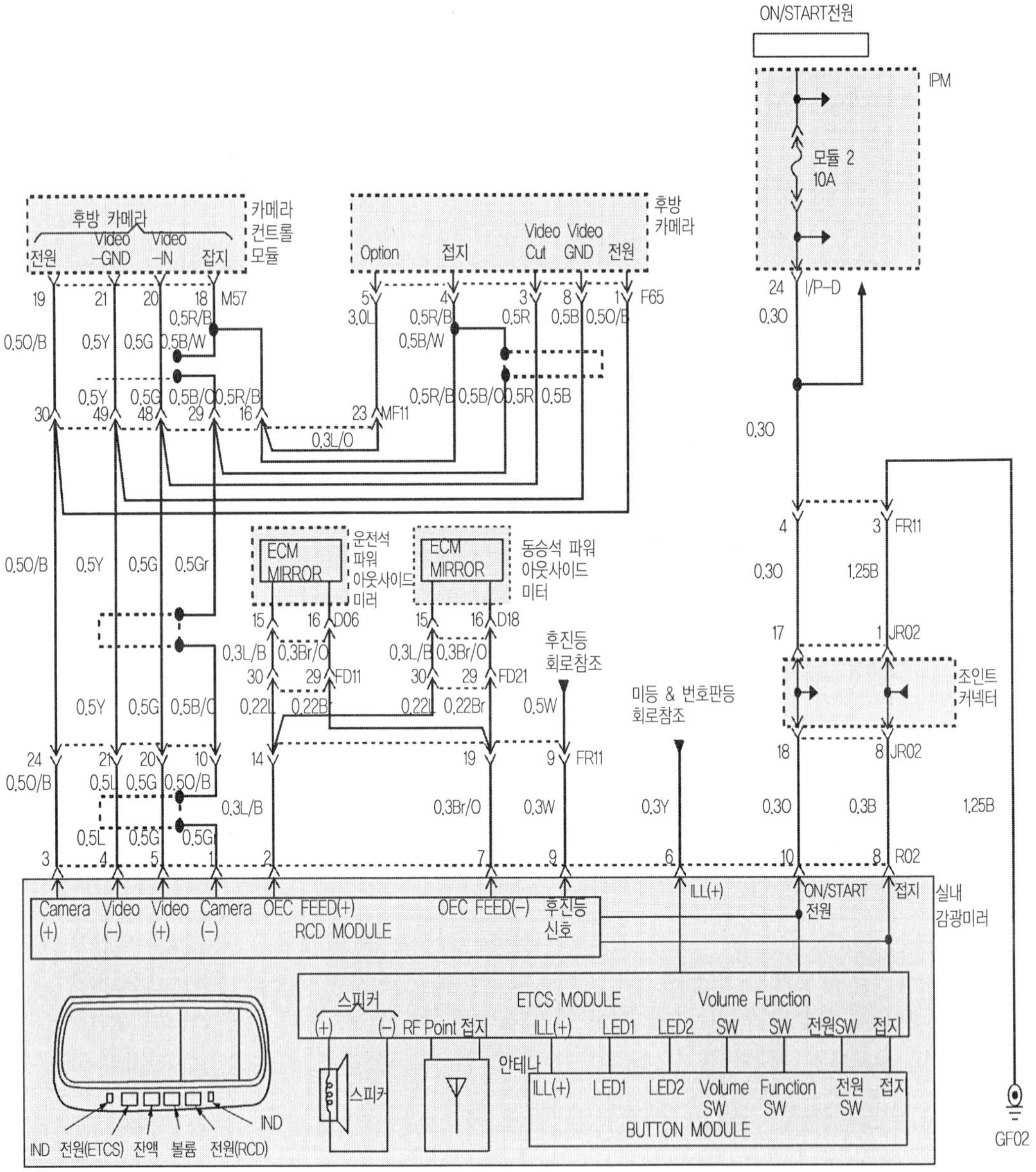

5.2.1. ECM(Electronic Chromic Mirror)제어 방법

룸미러에 들어오는 뒤쪽 차량의 빛을 광센서를 통해 자동으로 감지해 거울의 반사율을 낮추어 운전자의 눈부심 현상을 없애 주는 장치

(1) 전방센서는 주위 빛의 밝기가 어두운가를 결정한다.

(2) 후방센서는 미러의 눈부심을 탐지하여 요구되는 수준까지 어두워지기 위한 신호를 출력한다.

(3) 미러는 후방센서로부터 유도된 수준까지 어두워진다. 눈부심이 탐지되지 않으면 거울은 원래의 상태로 되돌아간다.

(4) 후진기어 작동시에는 원상태로 돌아간다.

5.2.2. 후방 디스플레이

(1) 차량의 뒷문에 설치되어 있는 카메라의 정보를 받아서 차량후방의 상황을 룸미러에 나타낸다.

(2) 후진시 후방의 상황을 눈으로 직접 볼 수 있게 한다.

Question 다음 물음에 답하시오.

01. 회로도를 보고 주위가 어두워져서 실내 감광 미러(ECM 룸미러) 장치가 작동할 때 회로도상의 전류가 흐르는 요소들을 잘 보고 ( )를 채우시오.

(1) 실내 감광 미러에 전원과 접지를 연결하여 실내 감광 미러가 작동을 시작한다.

ON/START 전원 → IPM의 모듈2 10A → I/P-D의 24번 → JR02의 17번 → 조인트 커넥터 →JR02의 18번 → R02의 10번 → 실내 감광 미러의 ON/START 전원

실내 감광 미러의 접지 → R02의 8번 → GF02

(2) 전방센서는 주위의 어두움을 감지한다. 후방센서는 미러는 눈부심을 감지한다.

(3) 전방센서와 후방센서의 신호를 받아서 룸미러와 사이드 미러의 반사율을 조절한다.

실내 감광 미러의 RCD 모듈 OEC FEED(+) → R02의 ( )번 →①②으로 나누어 짐

---

① D06의 15번 → (+) ECM MIRROR (−) → D06의 16번 → R02의 7번 → 실내 감광 미러의 RCD 모듈 OEC FEED(−)

② ( )의 15번 → (+) ECM MIRROR (−) → D16의 16번 → R02의 7번 → 실내 감광 미러의 RCD 모듈 OEC FEED(−)

(4) 후진기어를 넣으면 후방카메라의 정보가 실내 감광 미러에 나타난다.

1) 후진기어 신호 입력

실내 감광 미러의 RCD 모듈 후진등 신호 → R02의 9번 → 후진등 회로 참조

2) 카메라 컨트롤 모듈과 후방카메라에 전원과 접지 연결

실내 감광 미러의 RCD 모듈 camera (+) → R02의 3번 → ①②으로 나누어 짐

① M57의 19번 → 카메라 컨트롤 모듈의 전원

② F65의 1번 → 후방 카메라의 전원

실내 감광 미러의 RCD 모듈 camera (-) → R02의 1번 → ①②③으로 나누어 짐

① M57의 18번 → 카메라 컨트롤 모듈의 접지

② F65의 4번 → 후방 카메라의 접지

③ F65의 (   )번 → 후방 카메라의 OPTION

3) 카메라 컨트롤 모듈과 후방카메라에서 정보가 실내 감광 미러로 입력된다.

실내 감광 미러의 RCD 모듈 VIDEO (+) → R02의 5번 → ①②으로 나누어 짐

① M57의 20번 → 카메라 컨트롤 모듈의 VIDEO-IN

② F65의 3번 → 후방 카메라의 VIDEO-Out

실내 감광 미러의 RCD 모듈 VIDEO (-) → R02의 4번 → ①②으로 나누어 짐

① M57의 21번 → 카메라 컨트롤 모듈의 VIDEO-GND

② F65의 6번 → 후방 카메라의 VIDEO-GND

5.3. ECM 룸미러 회로 실험 실습

01. 실험 준비물을 확인한다.

실습 교재, ECM 룸미러 모듈, 배선, 전원공급기

02. 다음 방법에 따라서 실험을 실시한다.

① 전원공급기의 1A의 (+), (-)를 자동차의 배터리로 사용한다.
② 회로도를 보고 ECM룸미러가 정상적으로 구동할 수 있도록 회로를 연결한다.
③ 회로도에 나타나 있는 배선의 색깔과 커넥터의 핀을 잘 확인하여 연결한다.
④ 실내 정션박스, 엔진룸 정션박스 등은 없으므로 직접 배선으로 연결한다.
⑤ 전원공급기의 (-)를 자동차의 접지로 사용한다.
⑥ ECM룸미러가 정상적으로 작동 되는지 살펴본다.
⑦ 정상적으로 작동하지 않으면 회로도와 비교하면서 틀린 곳을 찾아 바르게 연결한다.
⑧ 위의 과정을 반복해서 실시하여 숙달이 되도록 한다.

03. ECM 룸미러는 정상적으로 구동이 되었는가 ?

예(　　　), 아니오(　　　)

04. 만약 잘 구동이 되지 않았다면 그 원인은 무엇이라고 생각되는지 아래에 적으시오.

05. 위의 실험을 통해 느낀 점을 아래에 적으시오.

06 | 스마트 키 제어

6.1. 교재의 구성

내용소개

자동차 스마트키의 고장진단 및 정비에 필요한 관련지식과 그 목적을 달성하기 위한 기본적이 능력인 자동차 스마트키 전기회로도를 해독할 수 있도록 실습을 구성하였다. 여러 가지 해석문제와 실습을 통해 학생 스스로 흥미를 갖고 회로도의 해석에 자신감을 갖을 수 있도록 한다. 학습 후 학생 스스로 자신의 학습능력을 검토할 수 있도록 하였다.

학습목표

통신을 사용한 자동차의 스마트키를 고장진단하고 정비하는데 필요한 여러 차종의 스마트키 전기 회로도를 설명할 수 있다.

선수 학습모듈

자동차 전기부품 및 전자장치에 대한 구조 및 작동원리에 대한 기초적인 지식을 타 교과에서 이수하도록 한다.

6.2. 통신을 사용한 차량의 스마트키 제어

주요어

IPM, 스마트키 컨트롤모듈, 리시버, 운전석 스마트키 아웃사이드 핸들, 동승석 스마트키 아웃사이드 핸들, 스마트키 실내 안테나, 스마트키 트렁크 안테나, 스마트키 범퍼 안테나

개요

통신을 사용한 자동차 스마트키의 고장진단 및 정비에 필요한 관련 지식과 그 목적을 달성하기 위한 기본적이 능력인 자동차 스마트키 전기 회로도를 해독할 수 있도록 실습을 구성하였다. 여러 가지 해석문제와 실습을 통해 학생 스스로 흥미를 갖고 회로도의 해석에 자신감을 갖을 수 있도록 한다. 학습 후 학생 스스로 자신의 학습능력을 검토할 수 있도록 하였다.

학습목표

통신을 사용한 자동차의 스마트키를 고장 진단하고 정비하는데 필요한 여러 가지 차종의 스마트키 전기 회로도를 설명할 수 있다.

Question 다음 회로도를 보고 스마트키를 동작시키려고 할 때 전류의 흐름을 상시 전원부터 접지까지 회로도 위에 표시하시오

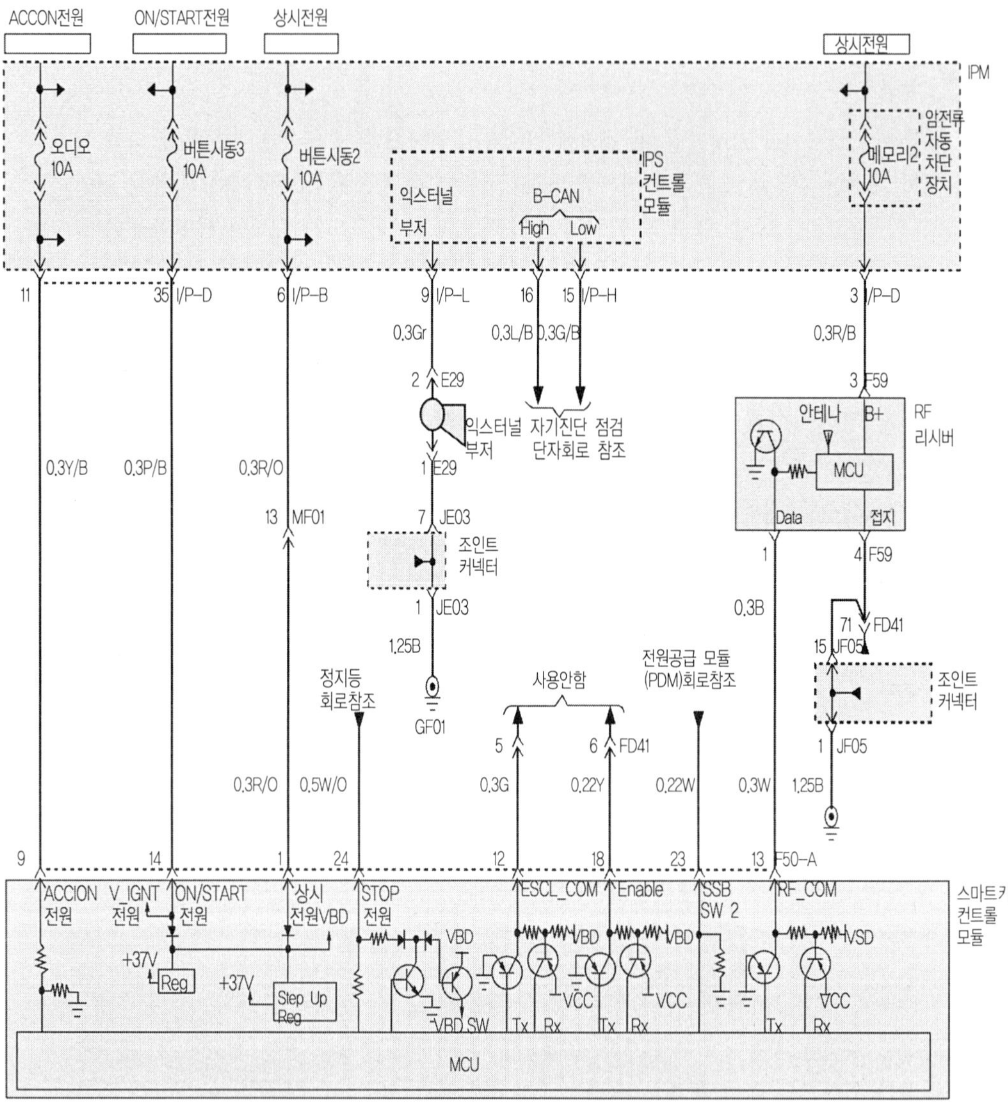

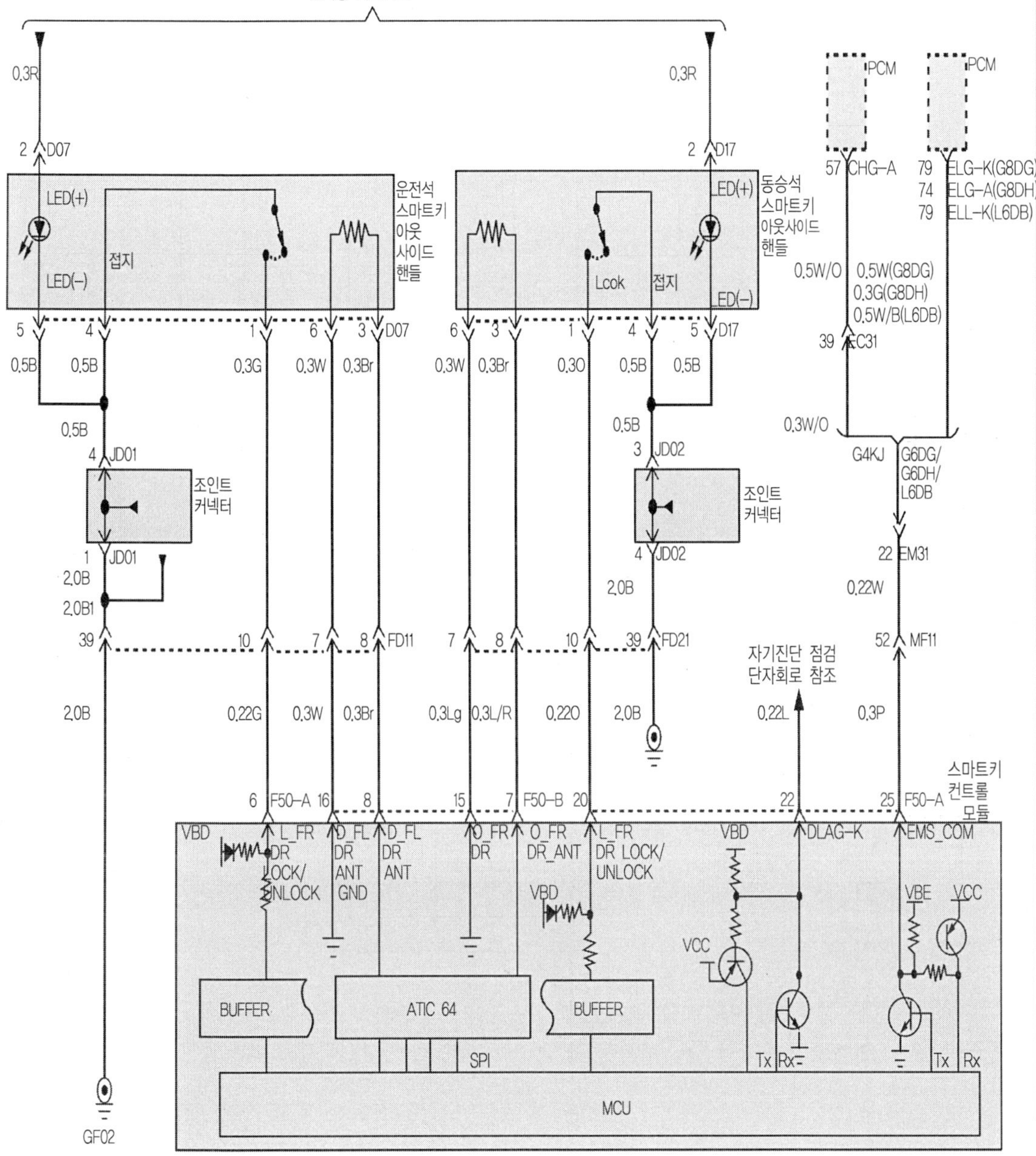
실내등 회로참조
0.3R
2 D07
LED(+)
접지
LED(-)
운전석
스마트키
아웃
사이드
핸들
동승석
스마트키
아웃사이드
핸들
Lcok
2 D17
PCM
57 CHG-A
79 ELG-K(G8DG)
74 ELG-A(G8DH)
79 ELL-K(L6DB)
0.5W/O
0.5W(G8DG)
0.3G(G8DH)
0.5W/B(L6DB)
39 EC31
0.3W/O
G4KJ
G6DG/
G6DH/
L6DB
22 EM31
0.22W
52 MF11
0.3P
5 4 1 6 3 D07
6 3 1 4 5 D17
0.5B 0.5B 0.3G 0.3W 0.3Br
0.3W 0.3Br 0.3O 0.5B 0.5B
4 JD01
조인트
커넥터
1 JD01
2.0B
2.0B1
3 JD02
4 JD02
39 10 7 8 FD11
7 8 10 39 FD21
자기진단 점검
단자회로 참조
2.0B 0.22G 0.3W 0.3Br 0.3Lg 0.3L/R 0.22O 2.0B 0.22L
스마트키
컨트롤
모듈
6 F50-A 16 8 15 7 F50-B 20 22 25 F50-A
VBD
L_FR DR LOCK/ UNLOCK
D_FL DR ANT GND
D_FL DR ANT
O_FR DR
O_FR DR_ANT
L_FR DR LOCK/ UNLOCK
DLAG-K
EMS_COM
VBE
VCC
BUFFER
ATIC 64
SPI
Tx Rx
MCU
GF02

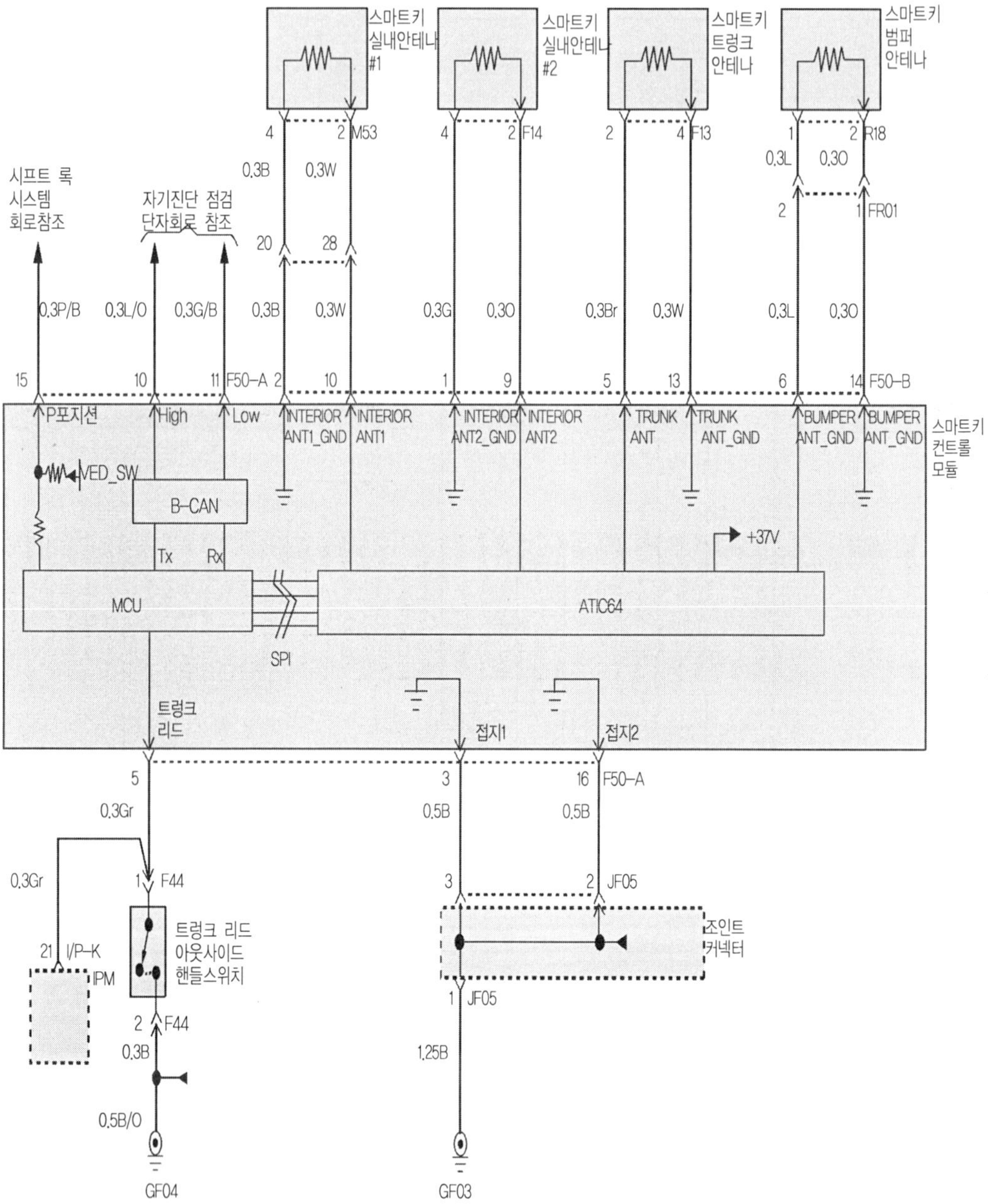
스마트키 실내안테나 #1
스마트키 실내안테나 #2
스마트키 트렁크 안테나
스마트키 범퍼 안테나
M53
F14
F13
R18
FR01
0.3B
0.3W
0.3L
0.3O
시프트 록 시스템 회로참조
자기진단 점검 단자회로 참조
0.3P/B
0.3L/O
0.3G/B
0.3G
0.3Br
F50-A
F50-B
P포지션
High
Low
INTERIOR ANT1_GND
INTERIOR ANT1
INTERIOR ANT2_GND
INTERIOR ANT2
TRUNK ANT
TRUNK ANT_GND
BUMPER ANT_GND
BUMPER ANT_GND
스마트키 컨트롤 모듈
VED_SW
B-CAN
Tx
Rx
+37V
MCU
ATIC64
SPI
트렁크 리드
접지1
접지2
0.3Gr
0.5B
F44
JF05
I/P-K
IPM
트렁크 리드 아웃사이드 핸들스위치
조인트 커넥터
0.5B/O
1.25B
GF04
GF03

6.2.1. 스마트키 제어 방법

[1] 도어 잠금 해제 기능

① 전체 도어가 잠금 상태에서 운전자가 스마트키를 소지한 상태에서 운전석 또는 조수석 도어의 핸들의 버튼을 누른다.

② 차량의 스마트키 유닛이 도어핸들의 안테나를 통해 스마트키를 찾는다.

③ 스마트키는 응답신호를 보낸다.

④ 차량의 수신기는 스마트키 신호를 받아서 스마트 키 유닛으로 데이터를 입력하고 인증을 확인한다.

⑤ 스마트키 유닛은 CAN통신으로 IPM에 도어잠금해제 명령을 한다.

⑥ IPM은 도어해제 명령을 수행한다.

[2] 도어 잠금 기능

① 전체 도어가 해제상태에서 운전자가 스마트키를 소지한 상태에서 운전석 또는 조수석 도어의 핸들의 버튼을 누른다.

② 차량의 스마트키 유닛이 도어핸들의 안테나를 통해 스마트키를 찾는다.

③ 스마트키는 응답신호를 보낸다.

④ 차량의 수신기는 스마트키 신호를 받아서 스마트키 유닛으로 데이터를 입력하고 인증을 확인한다.

⑤ 스마트키 유닛은 CAN통신으로 IPM에 도어 잠금 명령을 한다.

⑥ IPM은 도어 잠금 명령을 수행한다.

[3] 웰컴 라이트 기능

① 운전자가 리모컨 잠금 또는 패시브 잠금을 하여 차량이 경계모드로 전환된다.

② 스마트키는 실내 안테나를 구동하여 검색을 실시한다.

③ 스마트키는 실내에서 스마트키가 검색이 안되는 경우, 도어 핸들 안테나를 구동하여 운전자가 차량에 근접하고 있는지 3초씩 3회 검색을 한다.

④ 스마트키는 3회 모두 검색이 되지 않으면 웰컴 라이트(Welcome Light) 검색모드로 진입하며 도어 미러를 폴딩시킨다.

⑤ 웰컴 라이트 검색 모드 상태에서 운전자가 스마트키를 소지하고 차량에 접근하면 스마트키는 웰컴 라이트 ON신호를 15초간 CAN통신을 통해 IPM으로 송신한다.

⑥ IPM은 도어 미러의 램프를 15초간 ON 출력하고 미러를 언폴딩시킨다.

[4] 사전 인증 기능

① 도어 열림시 3초마다 차량 실내 스마트 키 유무를 검색한다.

② 실내에 스마트키가 있으면 인증을 유지하여 스마트키가 없으면 인증을 취소하여 엔진시동을 정지시킨다.

③ 3초간 인증을 유지한다.

[5] 시동 기능

① 기어 변속레버를 P 또는 N위치에 놓는다.

② 브레이크 페달을 밟고 시동버튼을 누른다.

③ 스마트키 컨트롤 모듈은 차량실내에 스마트키가 있는지 검색한다.

④ 스마트키가 발견되면 엔진제어장치는 시동을 한다.

[6] 키리 마인더

문이 열린 상태에서 실내에 스마트키가 있는 상태에서 차량문의 노브 스위치가 잠기는 것을 방지하는 기능

① ACC 또는 IGN1 OFF 상태

② 문이 적어도 한 개 이상 열려있는 경우

③ 차 실내에 스마트키가 있는 경우

④ 차량의 문을 잠그려고 할 때 스마트키 컨트롤

Question 다음 물음에 답하시오.

01. 회로도를 보고 운전자가 스마트키를 소지한 상태에서 사용해서 운전석 문을 열었을 경우 잠긴 문이 자동으로 해제되는 경우에 있어서 회로도상의 전류가 흐르는 요소들을 잘 보고 (   )를 채우시오.

(1) 스마트기 컨트롤 모듈에 전원과 접지가 연결된다.

상시 전원 → IPM의 버튼시동 2 10A → I/P-B의 6번 → F50-A의 1번 → 스마트키 컨트롤 모듈의 상시전원

스마트키 컨트롤 모듈의 접지1 → F50-A의 3번 → JF05의 3번 → 조인트 커넥터 → JF05의 1번 → GF03

스마트키 컨트롤 모듈의 접지2 → F50-A의 16번 → JF05의 2번 → 조인트 커넥터 → JF05의 1번 → GF03

(2) 운전자가 운전석 도어 핸들의 버튼을 누른다.

스마트키 컨트롤 모듈의 MCU → BUFFER → F50-A의 6번 → D07의 1번 → 운전석 스마트키 아웃사이드 핸들 → JD01의 (   )번 → 조인트 커넥터 → JD01의 1번 → GF02

(3) 스마트키 컨트롤모듈이 실내안테나를 통해 스마트키를 찾는다.

스마트키 컨트롤 모듈의 ATIC64 → INTERIOR ANT1 → F50-B의 10번 → M53의 2번 → 스마트키 실내 안테나 #1 → M53의 4번 → F50-B의 2번 → 스마트키 컨트롤 모듈의 INTERIOR ANT1_GND

스마트키 컨트롤 모듈의 ATIC64 → INTERIOR ANT2 → F50-B의 (　　)번 → F14의 2번 → 스마트키 실내 안테나 #2 → F14의 4번 → F50-B의 1번 → 스마트키 컨트롤 모듈의 INTERIOR ANT2_GND

스마트키 컨트롤 모듈의 ATIC64 → TRUNK_ANT → F50-B의 5번 → F13의 2번 → 스마트키 트렁크 안테나 → F13의 4번 → F50-B의 13번 → 스마트키 컨트롤 모듈의 TRUNK ANT_GND

스마트키 컨트롤 모듈의 ATIC64 → BUMPER_ANT → F50-B의 6번 → R18의 1번 → 스마트키 범퍼 안테나 → R18의 2번 → F50-B의 14번 → 스마트키 컨트롤 모듈의 BUMPER ANT_GND

(4) 스마트키가 응답신호를 보낸다. 수신기가 스마트키의 신호를 받아서 스마트키 컨트롤모듈에 신호를 보낸다.

상시전원 → IPM의 암전류 자동 차단장치의 메모리2 10A → I/P-D의 3번 → F59의 3번 → RF 리시버 B+

RF 리시버 접지 → F59의 4번 → JF05의 15번 → 조인트 커넥터 → JF05의 1번 → GF03

RF 리시버의 MCU → Data → F59의 1번 → F50-A의 (　　)번 → 스마트키 컨트롤 모듈의 RF_COM → MCU

(5) 스마트키가 CAN 통신으로 IPM에 운전석도어해제 신호를 보낸다.

스마트키 컨트롤모듈의 MCU → B_CAN의 HIGH → F50-A의 10번 → I/P-H의 16번 → IPM의 IPS컨트롤모듈 → HIGH

스마트키 컨트롤모듈의 MCU → B_CAN의 LOW → F50-A의 11번 → I/P-H의 15번 → IPM의 IPS 컨트롤모듈 → LOW

(6) IPM은 도어해제명령을 수행한다.

통신을 사용한 파워 도어록 회로 참조

02. 회로도를 보고 웰컴 라이트 기능 수행하는 경우에 있어서 회로도상의 전류가 흐르는 요소들을 잘 보고 ( )를 채우시오.

(1) 스마트키 컨트롤 모듈에 전원과 접지가 연결된다.

상시 전원 → IPM의 버튼시동 2 10A → I/P-B의 6번 → F50-A의 1번 → 스마트키 컨트롤모듈의 상시전원

스마트키 컨트롤모듈의 접지1 → F50-A의 3번 → JF05의 3번 → 조인트 커넥터 → JF05의 1번 → GF03

스마트키 컨트롤모듈의 접지2 → F50-A의 ( )번 → JF05의 2번 → 조인트 커넥터 → JF05의 1번 → GF03

(2) 운전자가 리모컨으로 차량을 잠근 후 차량이 경계모드로 전환되어 스마트키 컨트롤 모듈은 실내 안테나를 구동하여 검색을 실시한다.

스마트키 컨트롤모듈의 ATIC64 → INTERIOR ANT1 → F50-B의 10번 → M53의 2번 → 스마트키 실내 안테나 #1 → M53의 4번 → F50-B의 2번 → 스마트키 컨트롤모듈의 INTERIOR ANT1_GND

스마트키 컨트롤모듈의 ATIC64 → INTERIOR ANT2 → F50-B의 8번 → F14의 2번 → 스마트키 실내 안테나 #2 → F14의 4번 → F50-B의 1번 → 스마트키 컨트롤모듈의 INTERIOR ANT2_GND

(3) 스마트키는 실내에서 스마트키가 검색이 안되는 경우, 도어핸들 안테나를 구동하여 운전자가 차량에 근접하고 있는지를 3초씩 3회 검색을 한다.

스마트키 컨트롤모듈의 ATIC64 → TRUNK_ANT → F50-B의 5번 → F13의 2번 → 스마트키 트렁크 안테나 → F13의 (　　)번 → F50-B의 13번 → 스마트키 컨트롤모듈의 TRUNK ANT_GND

스마트키 컨트롤모듈의 ATIC64 → BUMPER_ANT → F50-B의 6번 → R18의 1번 → 스마트키 범퍼 안테나 →R18의 2번 → F50-B의 14번→ 스마트키 컨트롤모듈의 BUMPER ANT_GND

(4) 웰컴 라이트 검색모드로 진입하고 도어 미러를 폴딩시킨다.

통신을 사용한 파워 아웃사이드 미러 폴딩 참조

(5) 운전자가 스마트키를 소지하고 차량에 접근하면 스마트키는 안테나 신호를 받아서 웰컴 라이트 ON신호를 15초간 보내고 이 신호를 받은 수신기는 스마트키 컨트롤 모듈에 신호를 전달한다.

상시전원 → IPM의 암전류 자동 차단장치의 메모리2 10A → I/P-D의 3번 → F59의 3번 → RF 리시버 B+

RF 리시버 접지 → F59의 4번 → JF05의 15번 → 조인트 커넥터 → JF05의 (　)번 → GF03

RF 리시버의 MCU→Data → F59의 1번 → F50-A의 13번 → 스마트키 컨트롤모듈의 RF_COM → MCU

(6) 스마트키 컨트롤모듈은 CAN 통신으로 IPM에 도어 미러 램프 ON신호와 사이드 미러 언폴딩 신호를 보낸다.

스마트키 컨트롤모듈의 MCU → B_CAN의 HIGH → F50-A의 10번 → I/P-H의 16번 → IPM의 IPS컨트롤모듈 → HIGH

스마트키 컨트롤모듈의 MCU → B_CAN의 LOW → F50-A의 11번 → I/P-H의 15번 → IPM의 IPS 컨트롤모듈 → LOW

(7) IPM은 사이드미러 램프를 15초간 ON출력을 시키고 사이드 미러를 언폴딩 명령을 수행한다.

① 통신을 사용한 방향등 회로 참조

② 통신을 사용한 파워 아웃사이드 미러 폴딩 회로 참조

6.3. 스마트키 회로 실험 실습

01. 실험 준비물을 확인한다.

실습 교재, IPM 모듈, 스마트키 회로 모듈, 배선, 전원공급기

02. 다음 방법에 따라서 실험을 실시한다.

① 전원공급기의 1A의 (+), (-)를 자동차의 배터리로 사용한다.
② 회로도를 보고 스마트키가 정상적으로 구동할 수 있도록 회로를 연결한다.
③ 회로도에 나타나 있는 배선의 색깔과 커넥터의 핀을 잘 확인하여 연결한다.
④ 실내 정션박스, 엔진룸 정션박스 등은 없으므로 직접 배선으로 연결한다.
⑤ 전원공급기의 (-)를 자동차의 접지로 사용한다.
⑥ 스마트키가 정상적으로 작동 되는지 살펴본다.
⑦ 정상적으로 작동하지 않으면 회로도와 비교하면서 틀린 곳을 찾아 바르게 연결한다.
⑧ 위의 과정을 반복해서 실시하여 숙달이 되도록 한다.

03. 스마트키는 정상적으로 구동이 되었는가 ?

예(　　), 아니오(　　)

04. 만약 잘 구동이 되지 않았다면 그 원인은 무엇이라고 생각되는지 아래에 적으시오.

05. 위의 실험을 통해 느낀 점을 아래에 적으시오.

CHAPTER 00

부 록

통신회로를 이용한 • 자동차 전기회로

01 | 일반 차량의 정션박스

1.1. 실내 정션박스

[1] 실내 정션박스

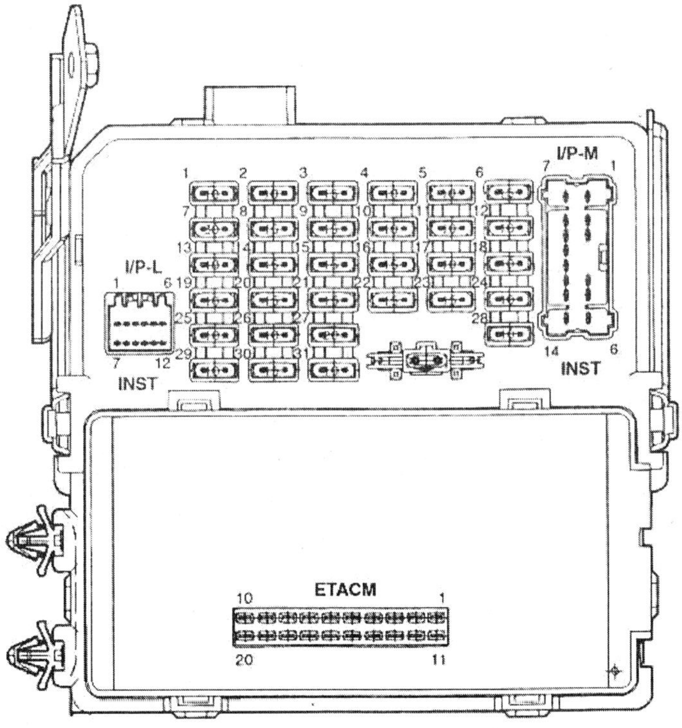

[앞면]

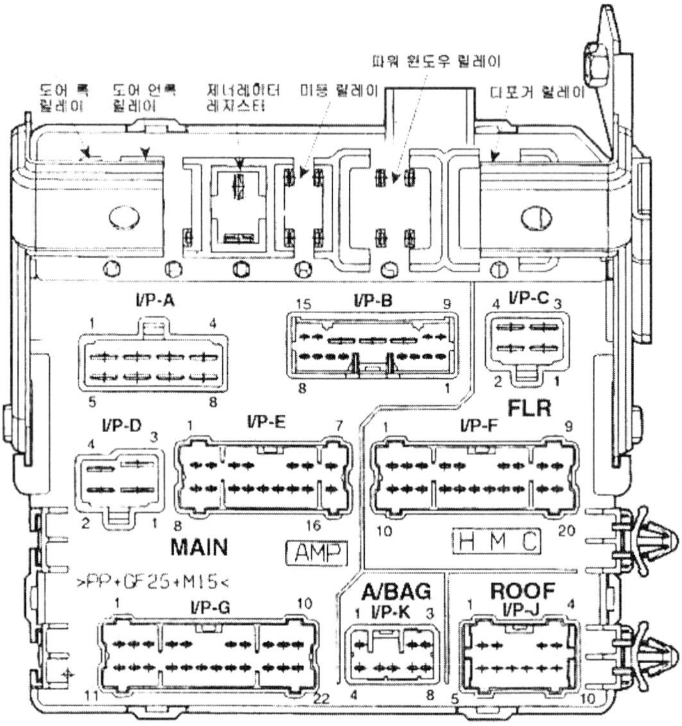

[뒷면]

[2] 회로

퓨즈	용량(A)	연결회로
1	10A	열선
2	10A	비상등
3	15A	ECS
4	10A	에어컨
5	10A	ETACS, 전조등 오토 레벨링, 선루프, 레인센서, 실내감광 미러, 블로워 릴레이
6	15A	자동 잠금문
7	30A	자동시트
8	15A	트렁크 열림
9	15A	정지등, 엔진 컨트롤 릴레이 #2
10	10A	전조등

퓨즈	용량(A)	연결회로
11	10A	에어백 경고등
12	10A	방향지시등
13	10A	에어컨
14	15A	액세서리 소켓
15	15A	시트히터
16	15A	에어백
17	10A	차속센서, 후진등
18	10A	ETACS, 계기판, 시계, 오토 라이터
19	10A	스타팅
20	15A	사용안함
21	15A	사용안함
22	15A	사용안함
23	15A	사용안함
24	10A	키레스 리시버, 체크 커넥터, ETACS, 오디오, 시계
25	10A	미등(좌측)
26	10A	오디오
27	20A	와이퍼
28	10A	실내등, 이그니션 키 조명등
29	10A	안개등, 미등(우측)
30	15A	시거 라이터, 아웃사이드 미러 & 폴딩
31	10A	EPS

1.2. 엔진룸 정션박스

[1] 앞면 위치

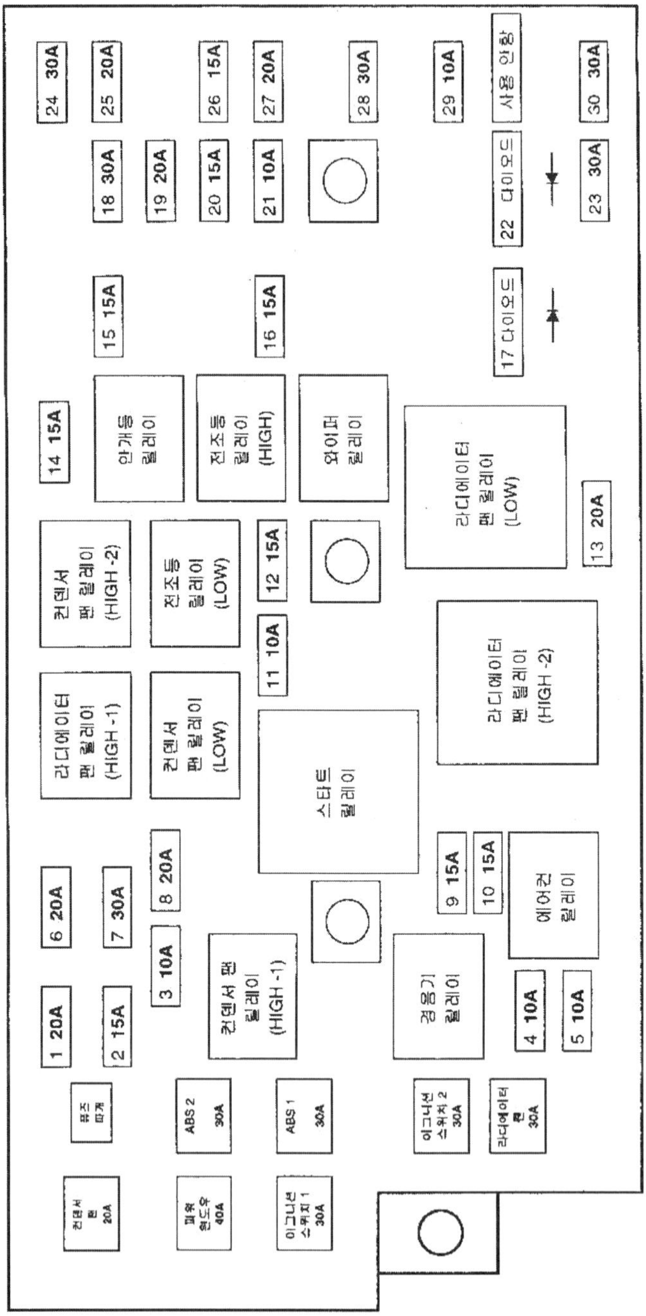

[2] 앞면 회로

퓨즈블링크 & 퓨즈		용량(A)	연결회로
컨덴서		20A	컨덴서 팬 모터 릴레이
파워 윈도우		40A	파워 윈도우
이그니션 스위치		30A	이그니션 스위치(ACC, IG1)
ABS 1		30A	ABS 컨트롤
ABS 2		30A	ABS 컨트롤
이그니션스위치		30A	이그니션 스위치(IG2, Start), 스타트 릴레이
라디에이터		30A	라디에이터 팸 모터, 릴레이
30	디포거(뒷유리 열선)	30A	디포거 릴레이
29	ECU	10A	제너레이터, ECM
28	실내정선박스 1 (파워 퓨즈 1)	30A	살내정선박스(퓨즈 12, 13, 16, 17, 18)
27	미등	30A	미등 릴레이
26	선루프	15A	자기진단 점검단자, 선루프
25	파워 앰프	20A	스피커 앰프
24	실내정선박스 2 (파워 퓨즈 2)	30A	쇼트 커넥터 A, 퓨즈 28
23	블로워	30A	블로워 컨트롤
22	다이오드-2		
21	예비 퓨즈	10A	
20	예비 퓨즈	15A	
19	예비 퓨즈	20A	
18	예비 퓨즈	30A	
17	다이오드-1		
16	우측 전조등(Low)	15A	전조등 릴레이 - 전조등(Low)
15	안개등	15A	안개등 릴레이 - 안개등
14	DRL	15A	사이렌
13	전조등 와셔	20A	전조등 와셔

퓨즈블링크 & 퓨즈		용량(A)	연결회로
12	전조등(High)	15A	전조등 릴레이 - 전조등(High)
11	경음기	10A	경음기
10	ERG(ECU)	15A	ECM, 연료펌프 릴레이, 퍼지 컨트롤 솔레노이드밸브, 캠 포지션센서, 이이들 스피드 컨트롤 액추에이터
9	O_2센서(산소센서)	15A	O_2센서
8	이그니션 코일	20A	이그니션 코일, 이그니션 휠러센서
7	메인(ECU 릴레이)	30A	엔진 컨트롤 릴레이
6	A/T 릴레이	20A	A/T 컨트롤 릴레이, TCM
5	에어컨 컴프레서	10A	에어컨 컨트롤
4	인젝터(연료분사기)	10A	인젝터
3	ABS	10A	ABS 컨트롤 모듈
2	좌측 전조등(Low)	15A	전조등 릴레이 - 전조등(Low)
1	연료펌프	20A	연료펌프 릴레이 - 모터

[3] 뒷면 위치

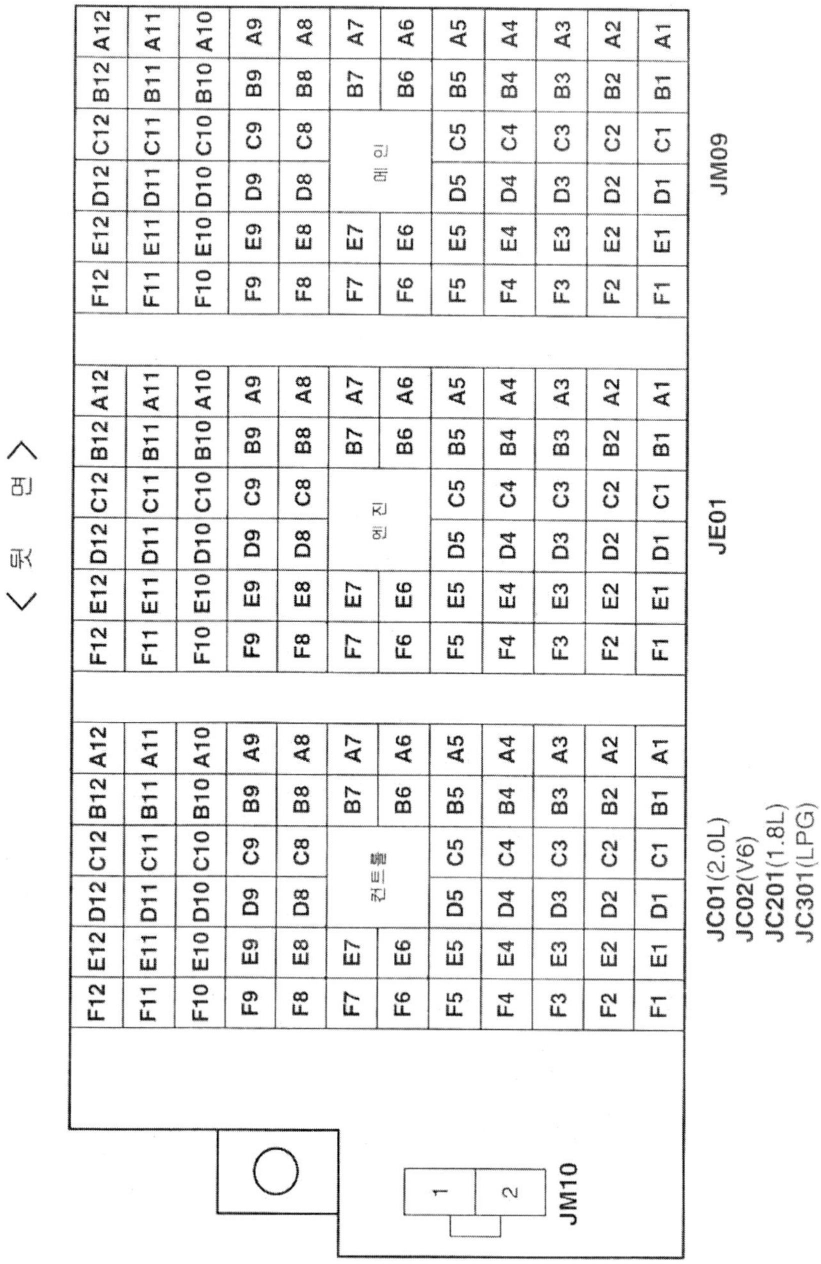
< 뒷 면 >
메인
JM09
엔진
JE01
컨트롤
JC01(2.0L)
JC02(V6)
JC201(1.8L)
JC301(LPG)
1
2
JM10

1. 3. 릴레이박스

[1] 위치

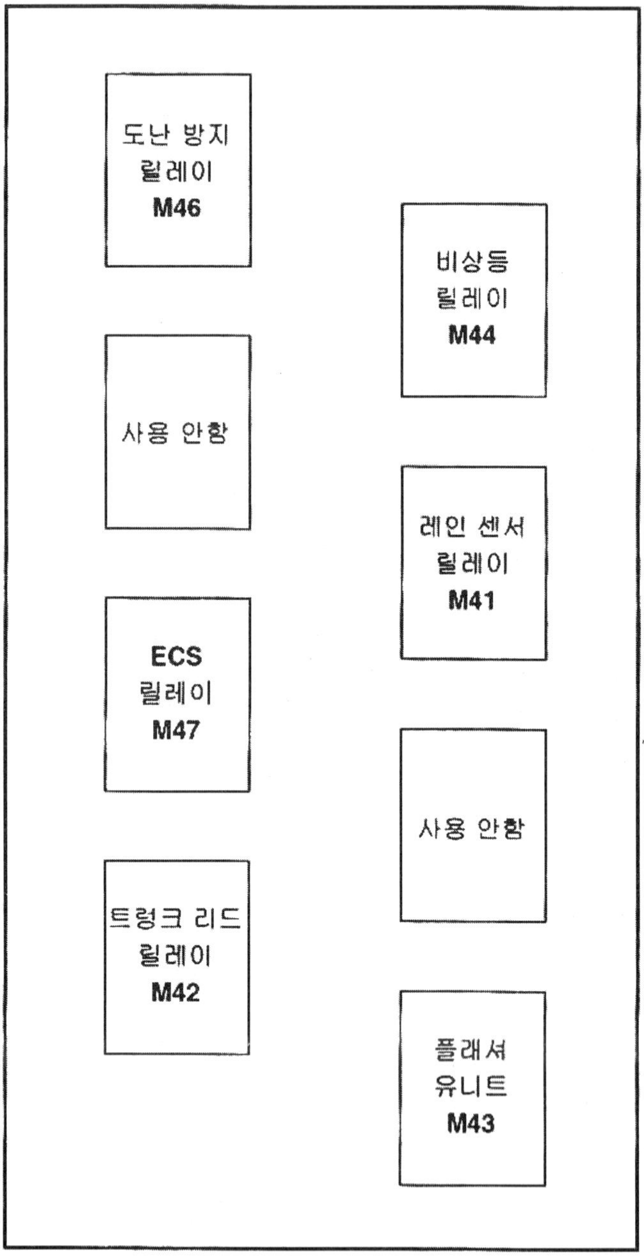
도난 방지
릴레이
M46
비상등
릴레이
M44
사용 안함
레인 센서
릴레이
M41
ECS
릴레이
M47
사용 안함
트렁크 리드
릴레이
M42
플래셔
유니트
M43

1.4. 커넥터 식별도

[1] 메인 하니스

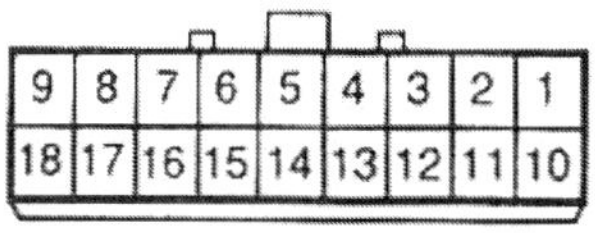

M01-1

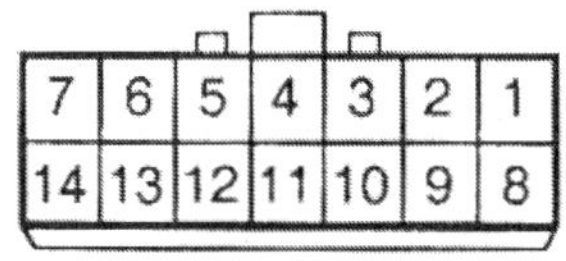

M01-2

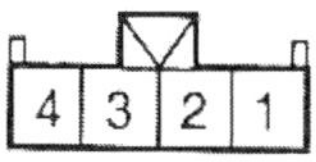

M01-3

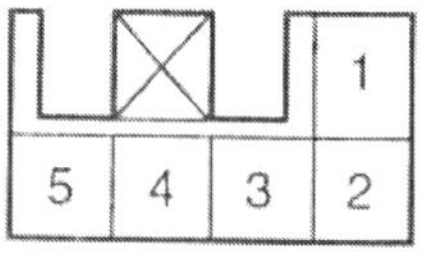

M02

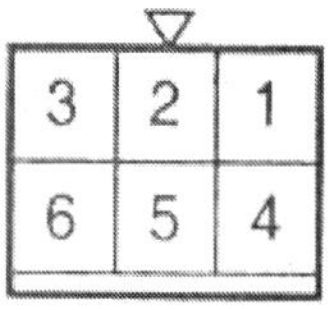

M03

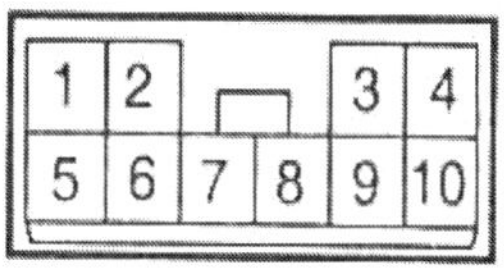

M04

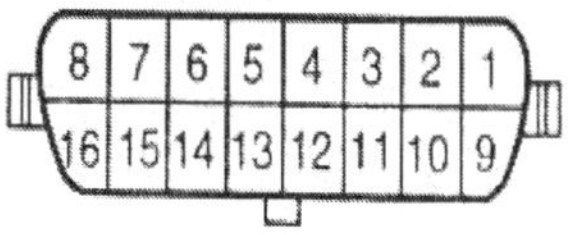

M05

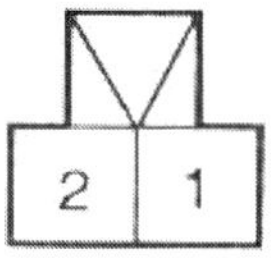

M06

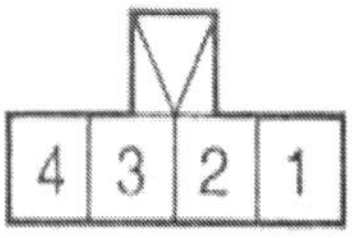

M07

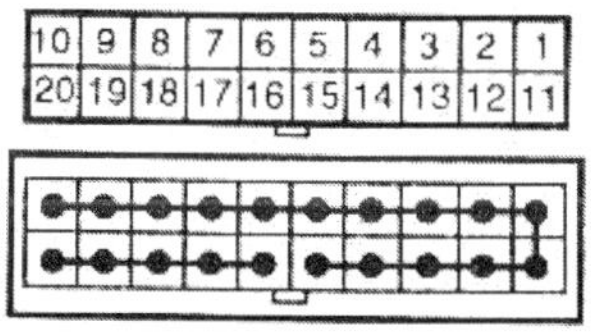

M08

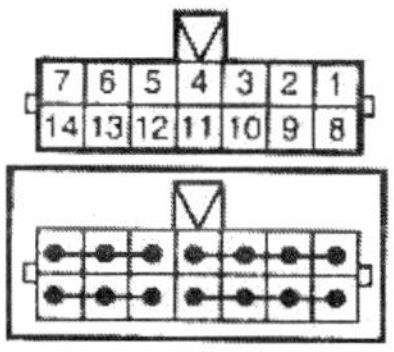

M09

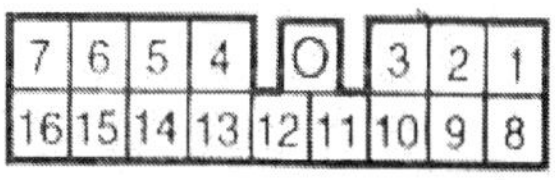

M10

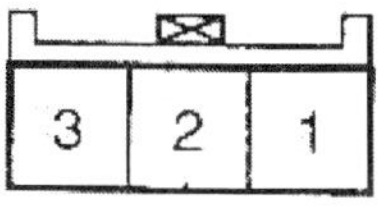

M11

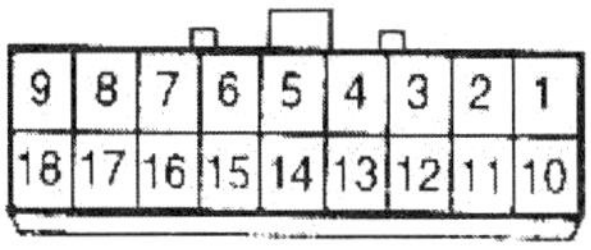

M12

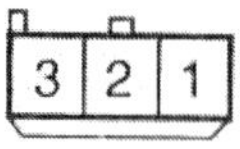

M13

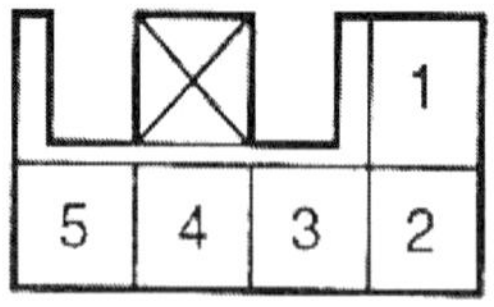

M14

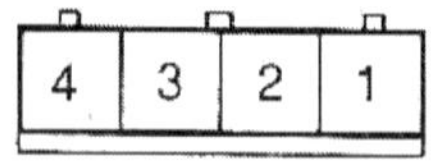

M15

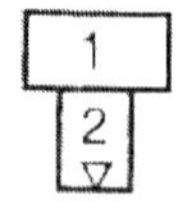

M16

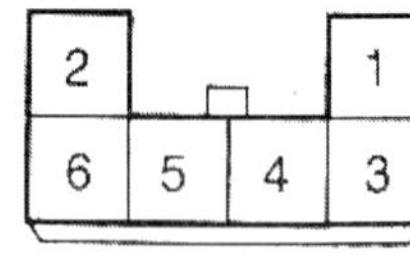

M17

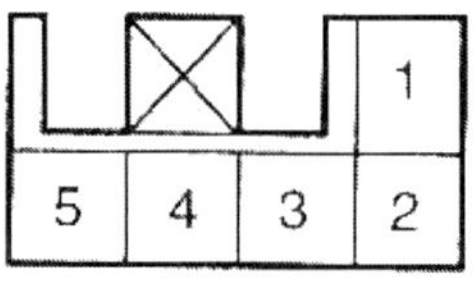

M18

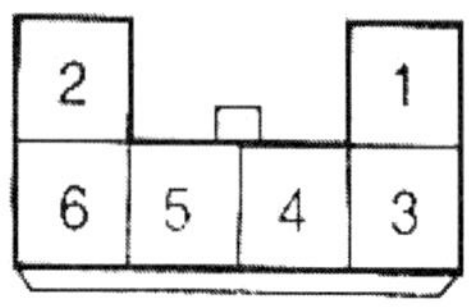

M19

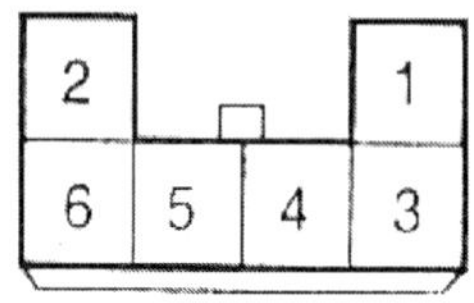

M20

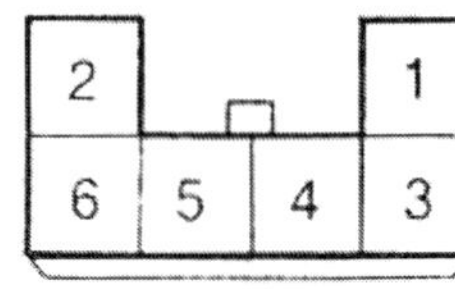

M21

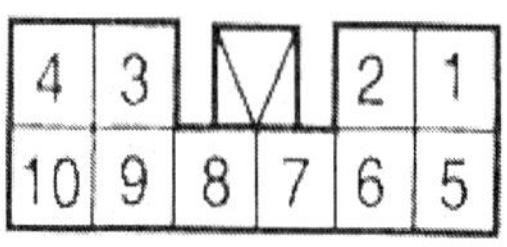

M22

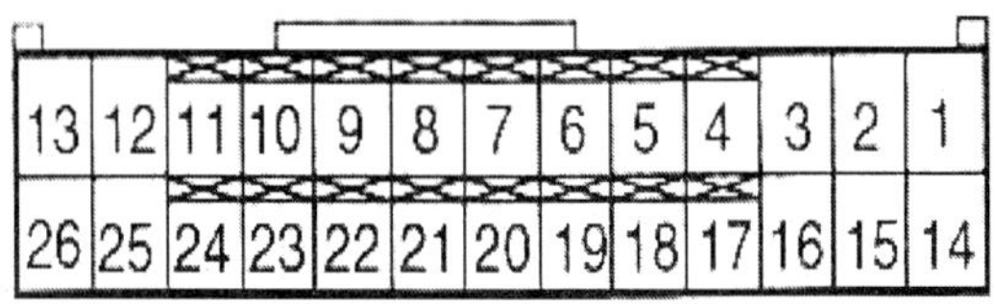

M23

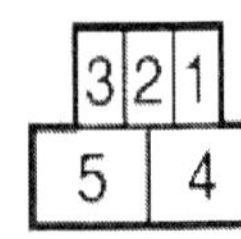

M24

M26

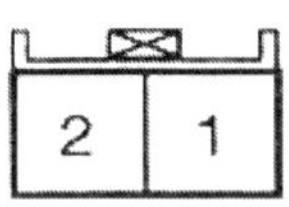

M28

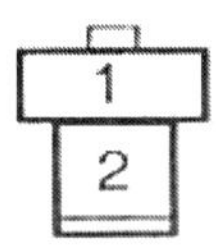

M30

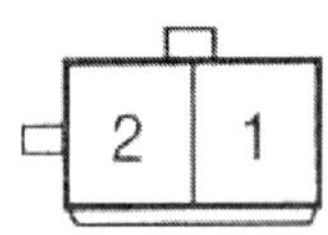

M31

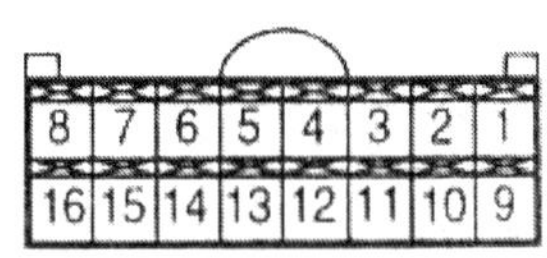

M33-1

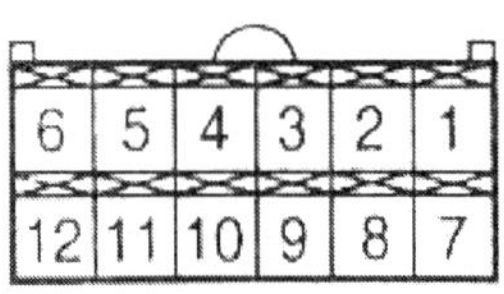

M33-2

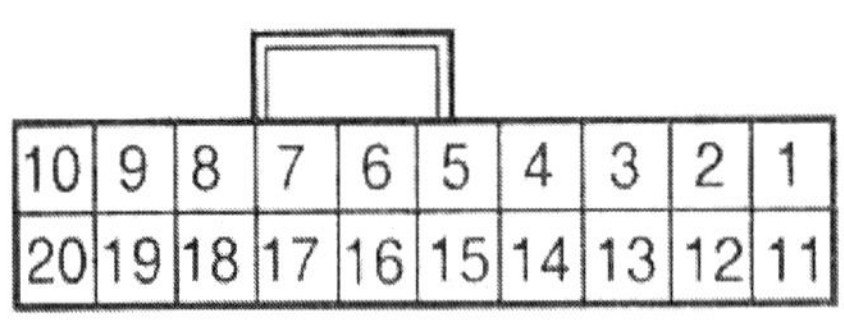

M33-3

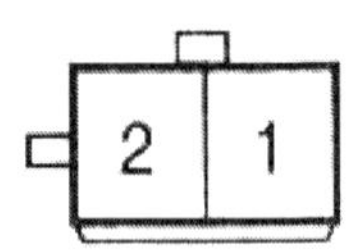

M34

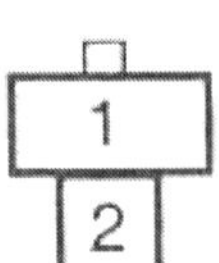

M35

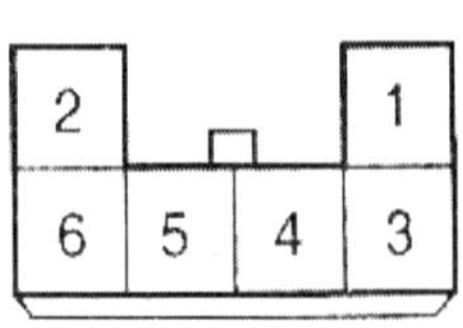

M36

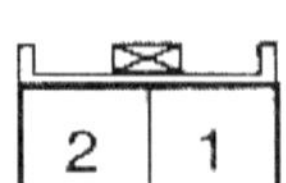

M38

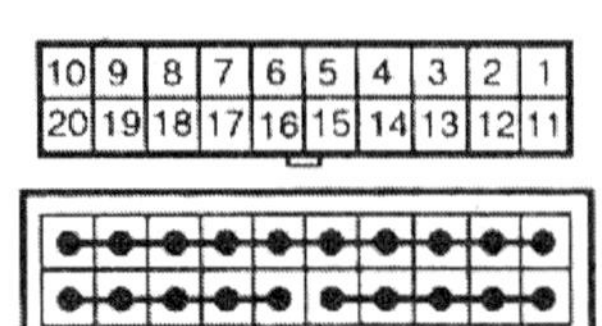

M39

M40

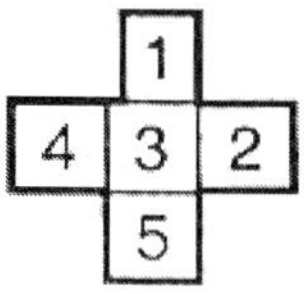

M41

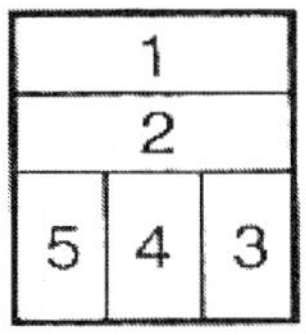

M42

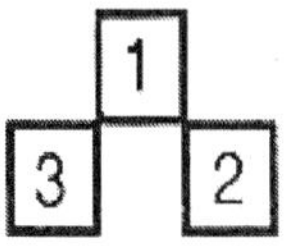

M43

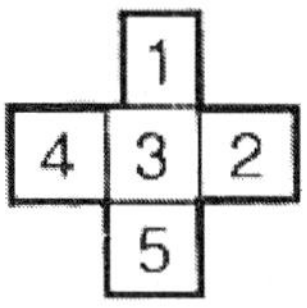

M44

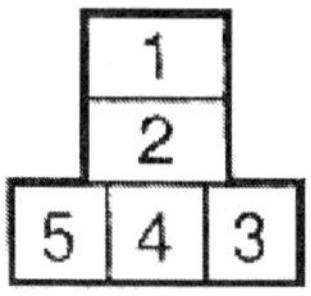

M45

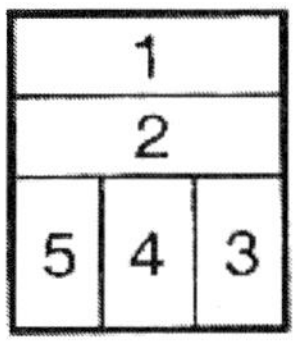

M46

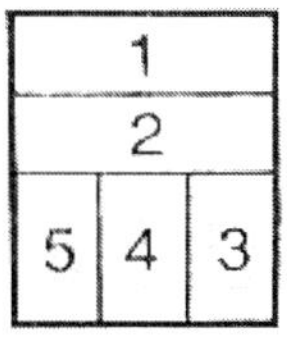

M47

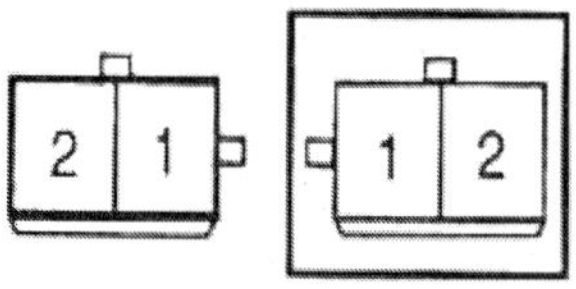

MM06

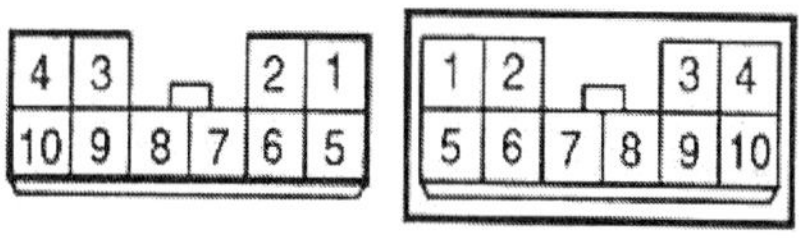

MM07

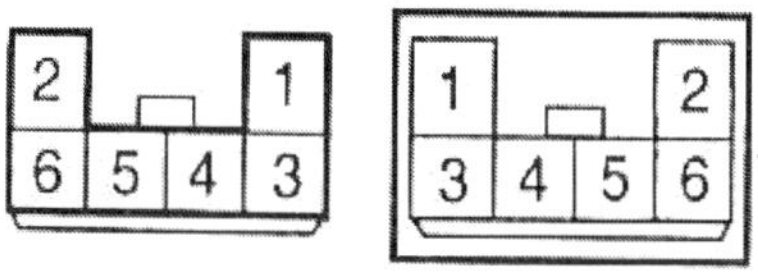

MM08

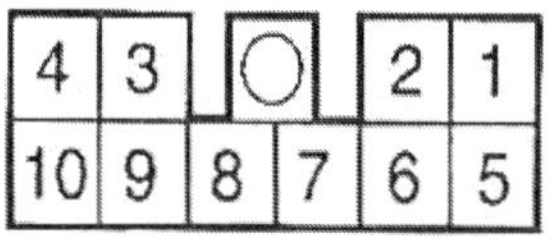

MR01

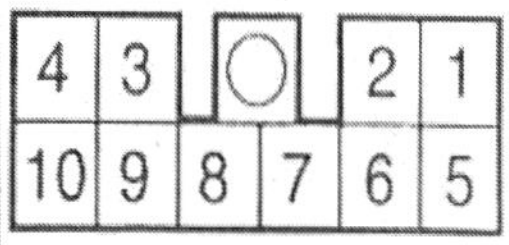

MR02

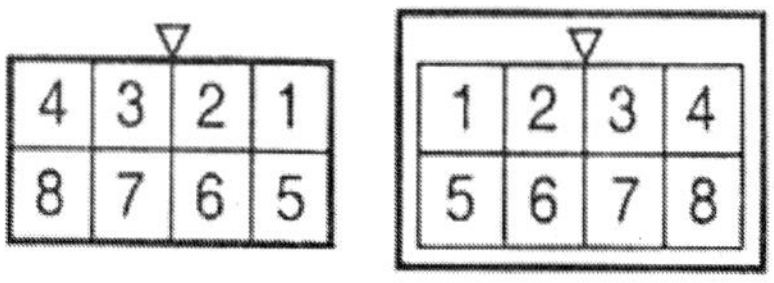

I/P–A

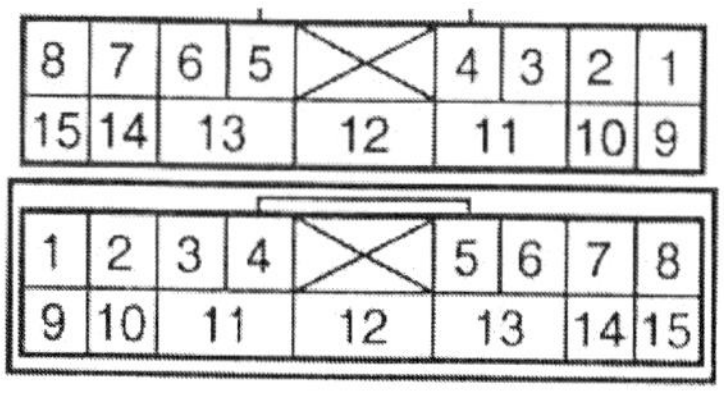

I/P–B

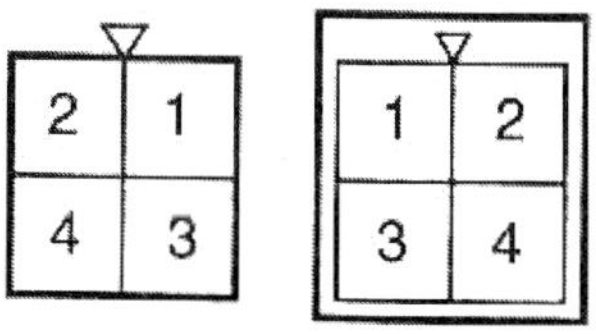

I/P–C

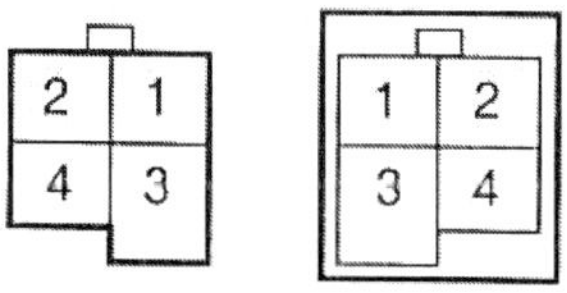

I/P–D

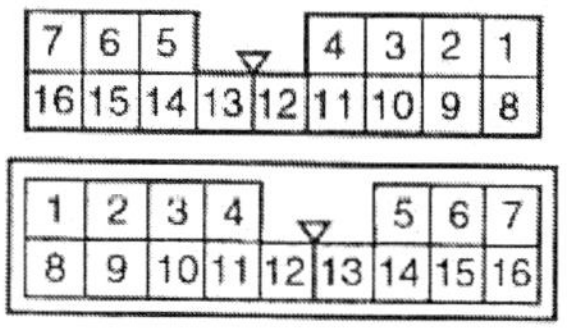

I/P–E

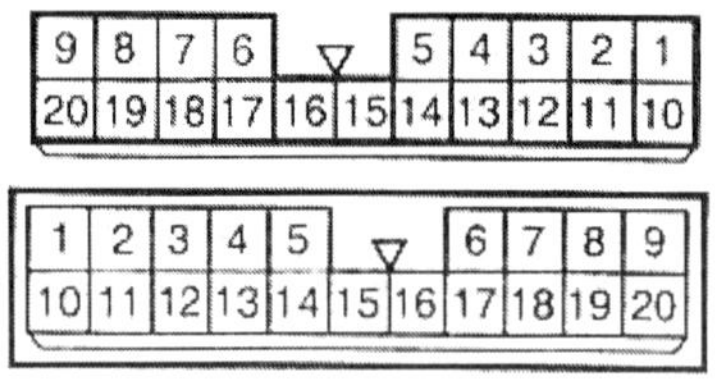

I/P–F

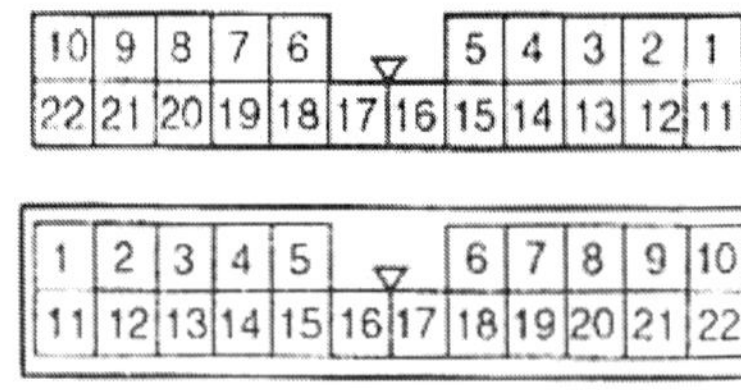

I/P–G

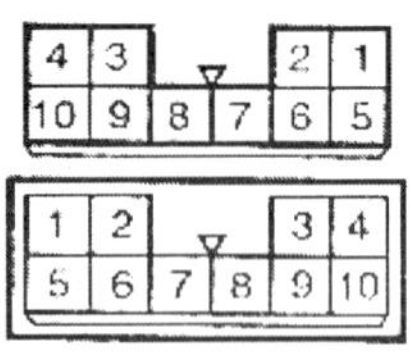

I/P–J

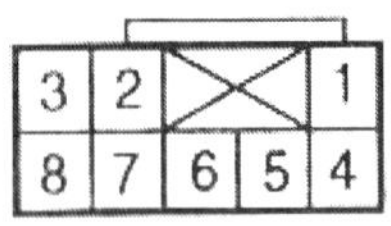

I/P–K

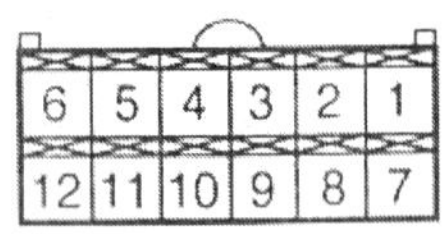

I/P–L

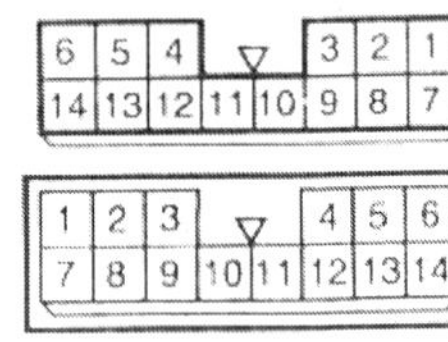

I/P–M

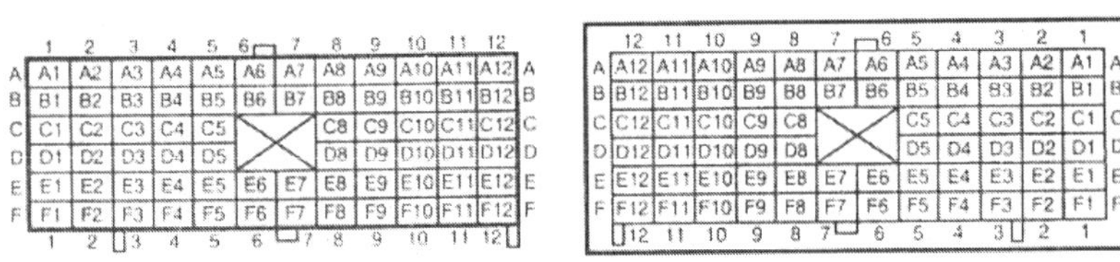

JM09

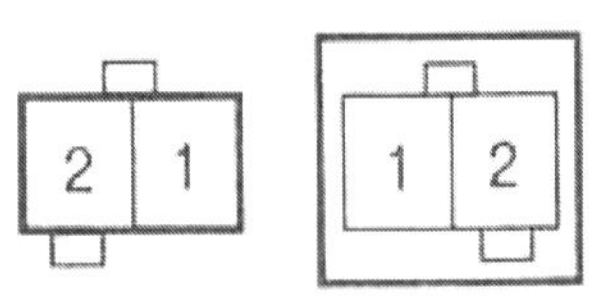

JM10

[2] 도어 하니스

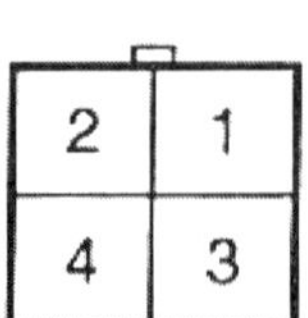

D01

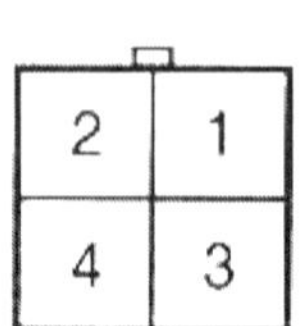

D02

D03

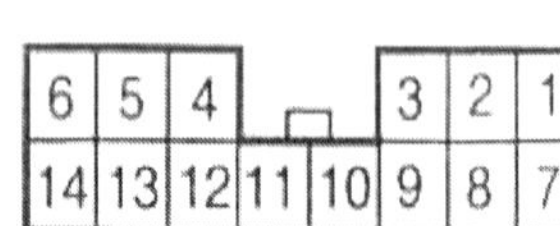

D04

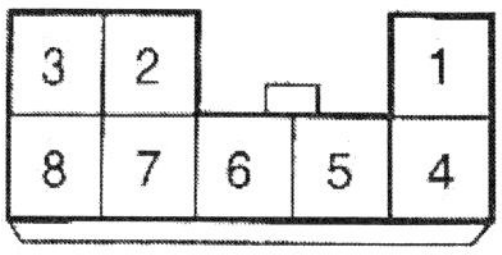

D05

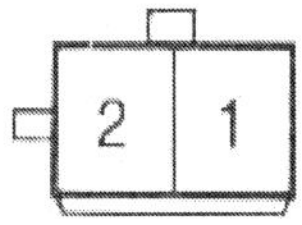

D06

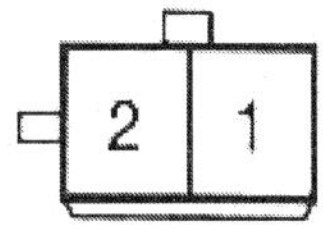

D07

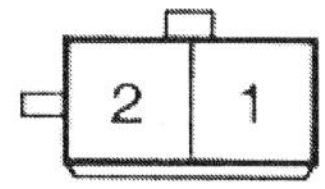

D08

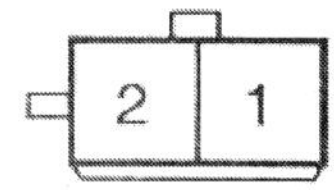

D09

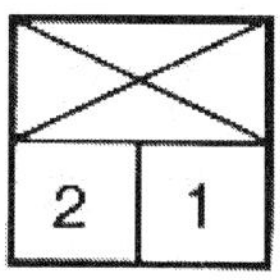

D10

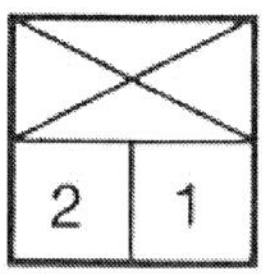

D11

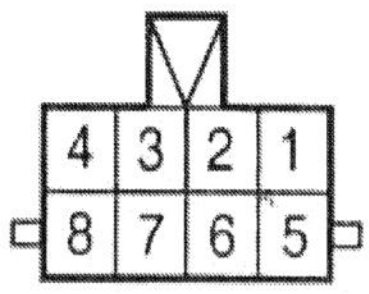

D12

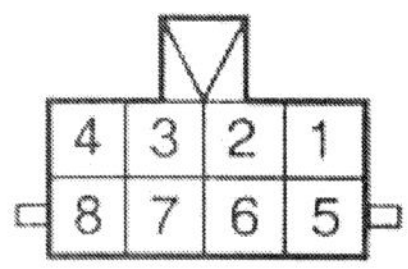

D13

D14

D15

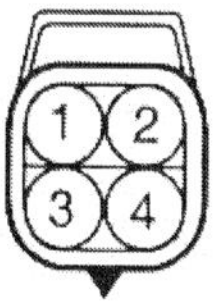

D16

D17

D18

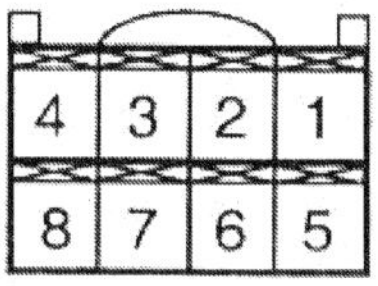

D19

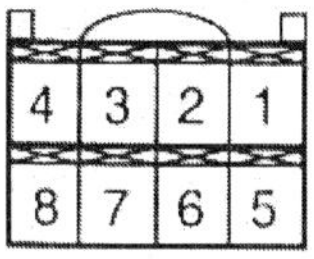

D20

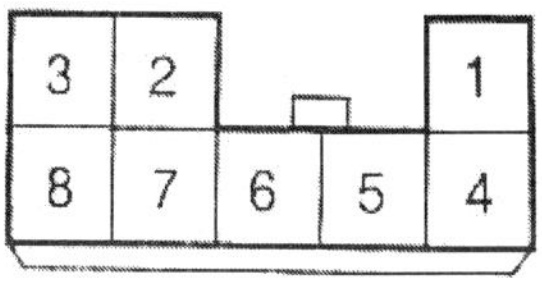

D21

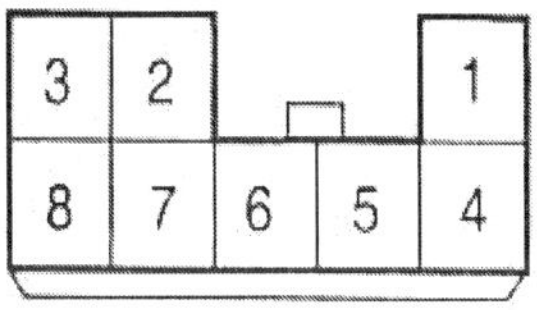

D22

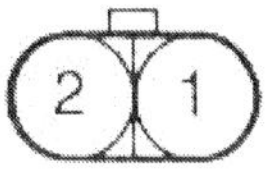

D23

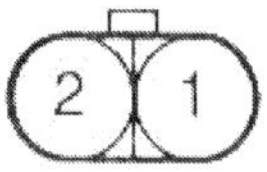

D24

MEMO

02 통신을 사용한 차량의 패널 모듈

2.1. 인스트루먼트 패널 모듈(IPM)

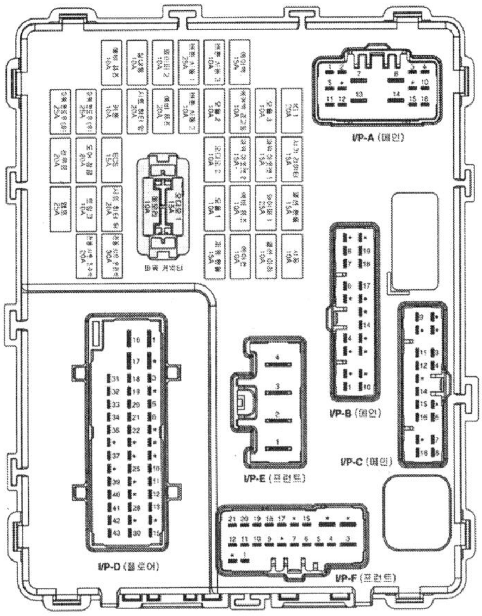

[앞면]

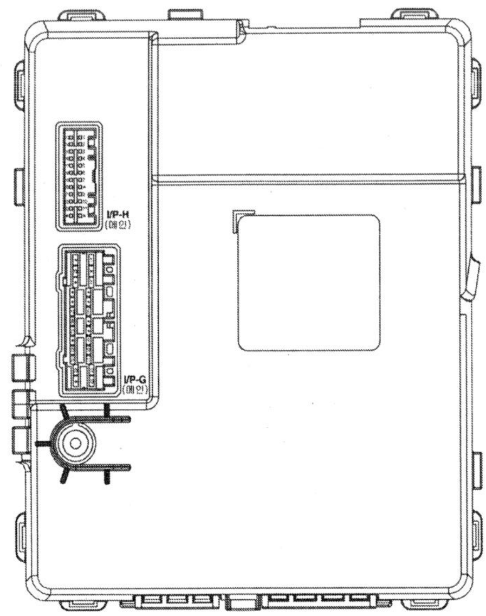

[뒷면]

[퓨즈 연결회로]

퓨즈 명칭	용량(A)	연결회로
모듈 2	10A	틸트 & 텔레스코픽 모듈, 계기판, 주차 조향 보조유닛, 운전석 CCS 모듈, 운전석 시트히터 모듈, IMS 컨트롤 모듈, 동승석 시트히터 모듈, 동승석 CCS 모듈, 리어 시트히터 모듈 LH/RH, 리어 시트히터 스위치, 후방 주차 보조센서, 운전석/동승석 도어 모듈, 차선 이탈 경보 카메라 모듈, 실내 감광 미러, 클램프, ATM레버 조명등, 오토 전조등 높낮이 조절 유닛, 전조등 높낮이 조절 액추에이터 LH/RH, MTS 모듈, 전방 주차 보조센서
버튼 시동 3	10A	전원 공급 모듈(PDM), 스마트 키 컨트롤 모듈
열선 미러	10A	운전석 파워 아웃사이드 미러, 동승석 파워 아웃사이드 미러, 에어컨 컨트롤 모듈
시트히터 앞	20A	운전석/동승석 시트히터 모듈, 운전석/동승석 CCS 모듈
열선핸들	15A	스티어링 휠 열선
ECS	15A	택시 레코더, 택시미터
마사지시트	10A	운전석 마사지 모듈
커튼	10A	리어 커튼 모듈, 운전석/동승석 도어 모듈
파워 윈도우 우	25A	동승석 도어 모듈, 동승석 도어 무드 램프, 리어 파워 윈도우 스위치 RH, 리어 도어 무드 램프 RH
파워 윈도우 좌	25A	운전석 세이프티 파워 윈도우 모듈, 운적선 도어 무드 램프, 리어 파워 윈도우 스위치 LH, 리어 도어 무드 램프 LH
에어백 경고등	10A	계기판
에어컨	10A	이온발생기(IND.), 카메라 컨트롤 모듈, 이온발생기, 에어컨 컨트롤 모듈, 엔진 룸 퓨즈&릴레이 박스(블로어 릴레이)
선루프	20A	파노라마 선루프
트렁크	10A	트렁크 리드 릴레이, 연료 주입구 스위치
메모리 2	10A	RF 리시버
전동시트 조수석	20A	동승석 매뉴얼 스위치
앰프	25A	앰프
에어백	15A	에어백 컨트롤 모듈
시가 라이터	20A	리어 파워 아웃렛, 프런트 시가 라이터
실내등	10A	가니시 램프 LH/RH, 가니시 램프 센터, 룸 램프, 운전석/동승석 화장등 스위치, 오버헤드 콘솔 램프 스위치, 운전석/동승석 도어 램프, 운전석/동승석 도어 스카프 램프, 트렁크 룸 램프

퓨즈 명칭	용량(A)	연결회로
멀티미디어	15A	MTS 모듈, 오디오, A/V & 내비게이션 헤드 유닛, 오디오 모니터, CUBIS(차량진단) 모듈
메모리 1	10A	자기진단 점검단자, 계기판, 오토라이트 & 포토센서, 디지털시계, 리어 커튼 모듈, 에어컨 컨트롤 모듈, 타이어 압력 모니터링 모듈, 룸램프, 운전석/동승석 모듈, 운전석/동승석 풋 램프
시트히트 뒤	20A	리어 시트히터 모듈 LH/RH
모듈 3	10A	인터페이스 컨트롤 모듈, VDC 모듈, ABS 컨트롤 모듈, EPS 컨트롤 모듈, 액티브 에코 스위치, 타이어 압력 모니터링 모듈, VDC OFF 스위치
모듈 1	10A	전원 공급 모듈(PDM), 리어 커튼 모듈, 레인센서, 파노라마 선루프
파워 아웃렛	15A	콘솔 파워 아웃렛
버튼 시동 1	25A	전원공급 모듈(PDM)
버튼 시동 2	10A	전원공급 모듈(PDM), 스마트 키 컨트롤 모듈, 시동/정지 버튼, FOB 홀더
파워 핸들	15A	틸트 & 텔레스코픽 모듈, 스포츠 모드 스위치
도어 잠금	20A	운전석 도어 모듈
IGN 1	20A	엔진 룸 퓨즈 & 릴레이 박스(ON/START 전원)
와이퍼	25A	엔진 룸 퓨즈 & 릴레이 박스(와이퍼 릴레이, 레인센서 릴레이), 와이퍼 모터, 다기능스위치
오디오	10A	스마트 키 컨트롤 모듈, 리어 오디오 스위치, 앰프, 오버헤드 콘솔 램프 스위치, 오디오 모니터, 전원공급 모듈(PDM), CUBIS(차량진단) 모듈, A/V & 내비게이션 헤드 유닛, 디지털 시계, MTS 모듈, 카메라 컨트롤 모듈, 택시미터, 택시 레코더
시동	10A	PCM, 인히비터 스위치

2.2. 엔진 룸 퓨즈 & 릴레이박스

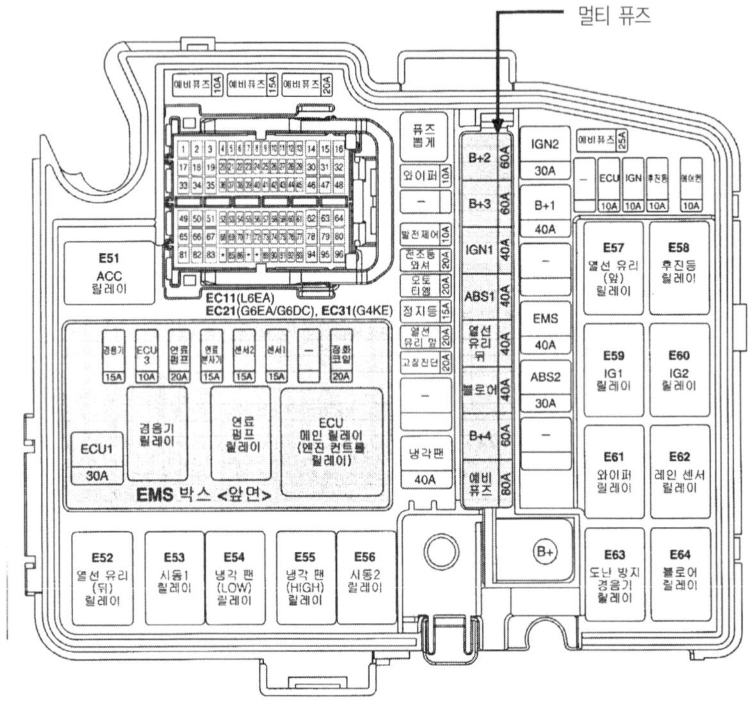

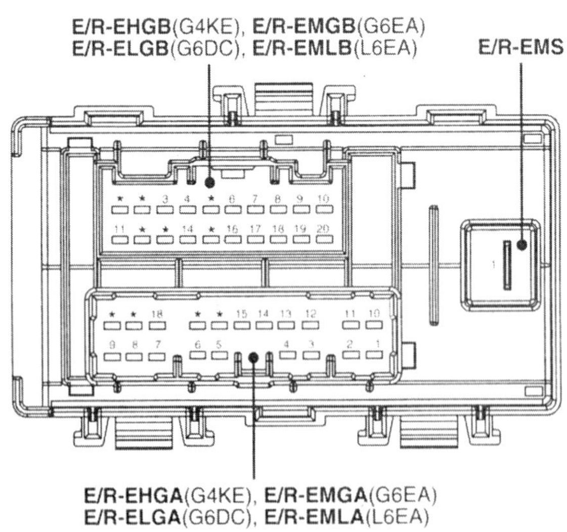

[EMS 박스(뒷면)]
[위치]

릴레이 No.		릴레이 명칭	TYPE
E51		ACC 릴레이	PLUG MICRO
E52		열선 유리 뒤 릴레이	PLUG MICRO
E53		시동 릴레이	PLUG MICRO
E54		냉각팬 LO 릴레이	PLUG MICRO
E55		냉각팬 HI 릴레이	PLUG MICRO
E56		긴급 제동 점멸등 릴레이	PLUG MICRO
E57		열선 유리 앞 릴레이	PLUG MICRO
E58		경사로 출발 보조장치 릴레이	PLUG MICRO
E59		IG 1 릴레이	PLUG MICRO
E60		IG 2 릴레이	PLUG MICRO
E61		와이퍼 릴레이	PLUG MICRO
E62		레인센서 릴레이	PLUG MICRO
E63		도난 경보 릴레이	PLUG MICRO
E64		블로어 릴레이	PLUG MICRO
EMS 박스	RLY. 1	경음기 릴레이	PLUG MICRO
	RLY. 2	연료펌프 릴레이	PLUG MICRO
	RLY. 3	엔진 컨트롤 릴레이	PLUG MINI

[퓨즈 연결회로]

퓨즈 명칭		용량(A)	연결회로
멀티 퓨즈	B+2	60A	IPM(커튼 10A, ECS 15A, 파워 윈도우 우 25A, 마사지 시트 10A, 파워 윈도우 좌 25A, IPS 1, 2, 3, 5, 7)
	B+3	60A	IPM(선루프 20A, 시트히터 뒤 20A, 엠프 25A, 전동시트 조수석 20A, 트렁크 10A, 트렁크 리드 릴레이)
	IG 1	40A	이그니션 스위치, IG 1 릴레이, ACC 릴레이
	ABS1	40A	ABS 컨트롤 모듈, VDC 모듈
	열선 유리 뒤	40A	열선 유리 뒤 릴레이
	블로어	40A	블로어 릴레이
	B+4	60A	IPM(시트히터 앞 20A)
	파워 스티어링	60A	EPS 컨트롤 모듈

퓨즈 명칭		용량(A)	연결회로
퓨즈	에어컨	10A	에어컨 컨트롤 모듈
	정지등 2	10A	경사로 출발 보조장치 릴레이, 긴급 제동 점멸등 릴레이, 다기능 체크 커넥터
	IGN	10A	PCM
	오토티엠 2	15A	인히비터 스위치
	IDB	10A	IDB
	IG 2	30A	IG 2 릴레이, 기동 릴레이, 이그니션 스위치
	냉각팬	40A	냉각팬 HI/LO 릴레이
	파킹 브레이크 1	30A	전자식 파킹 브레이크 모듈
	EMS	40A	EMS박스(경음기 15A, ECU 1 10A, ECU 2 10A, 연료펌프 20A)
	ABS 2	30A	ABS 컨트롤 모듈, VDC 모듈
	파킹 브레이크 2	30A	전자식 파킹 브레이크 모듈
	와이퍼	10A	와이퍼 릴레이, 다기능 스위치
	후진등	10A	MTS 모듈, A/V & 내비게이션 헤드 유닛, 리어 커튼 모듈, 실내 감광 미러, 리어 콤비네이션 램프(IN) LH/RH
	발전제어	10A	배터리 센서
	오토티엠 1	20A	PCM, IDB
	정지등 1	15A	경사로 출발 보조장치 릴레이, 정지등 스위치, 전지등 신호 릴레이
	열선 유리 앞	20A	열선 유리 앞 릴레이
	고장진단	20A	다기능 체크 커넥터
	전동시트 운전석	30A	운전석 허리받이 스위치, 쿠션 익스텐션 스위치, 운전석 매뉴얼 스윌, IMS 컨트롤 모듈
	B+1	40A	IPM(파워 핸들 15A, 도어 잠금 20A, 버튼 시동 1 25A, 버튼 시동 2 10A, IPS11)

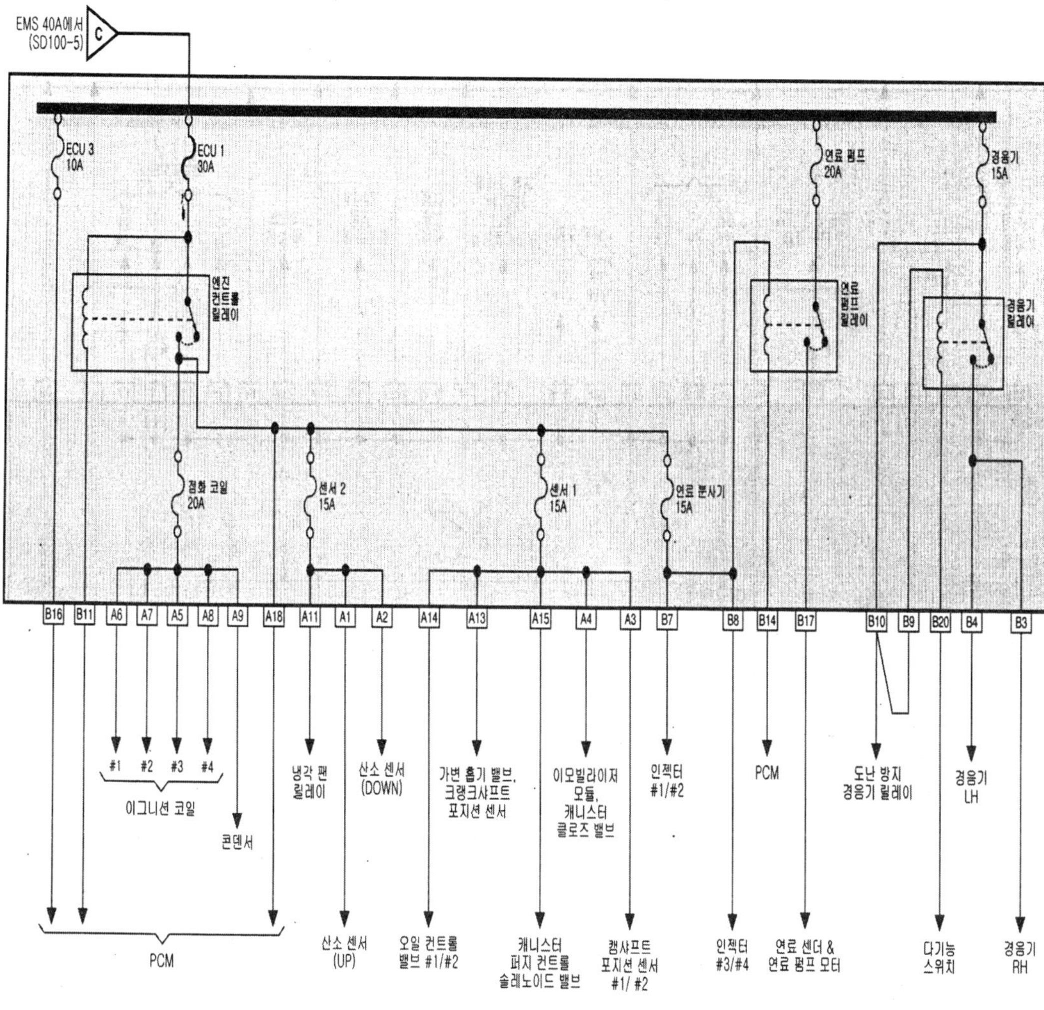

[EMS박스(G4KJ : THETAII 2.4L)]

MEMO

03 | 인텔리젠트 파워스위치 회로 IPS

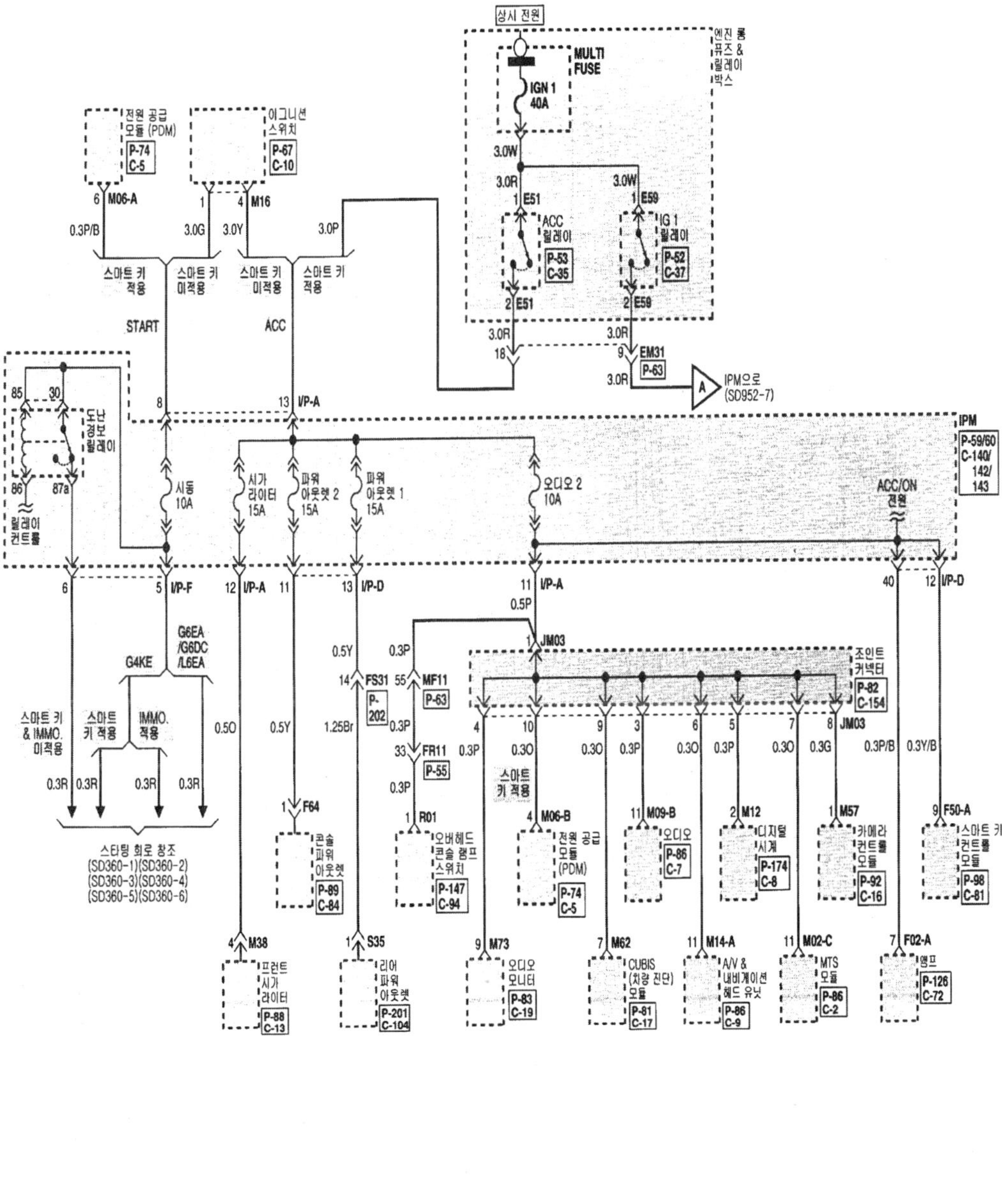

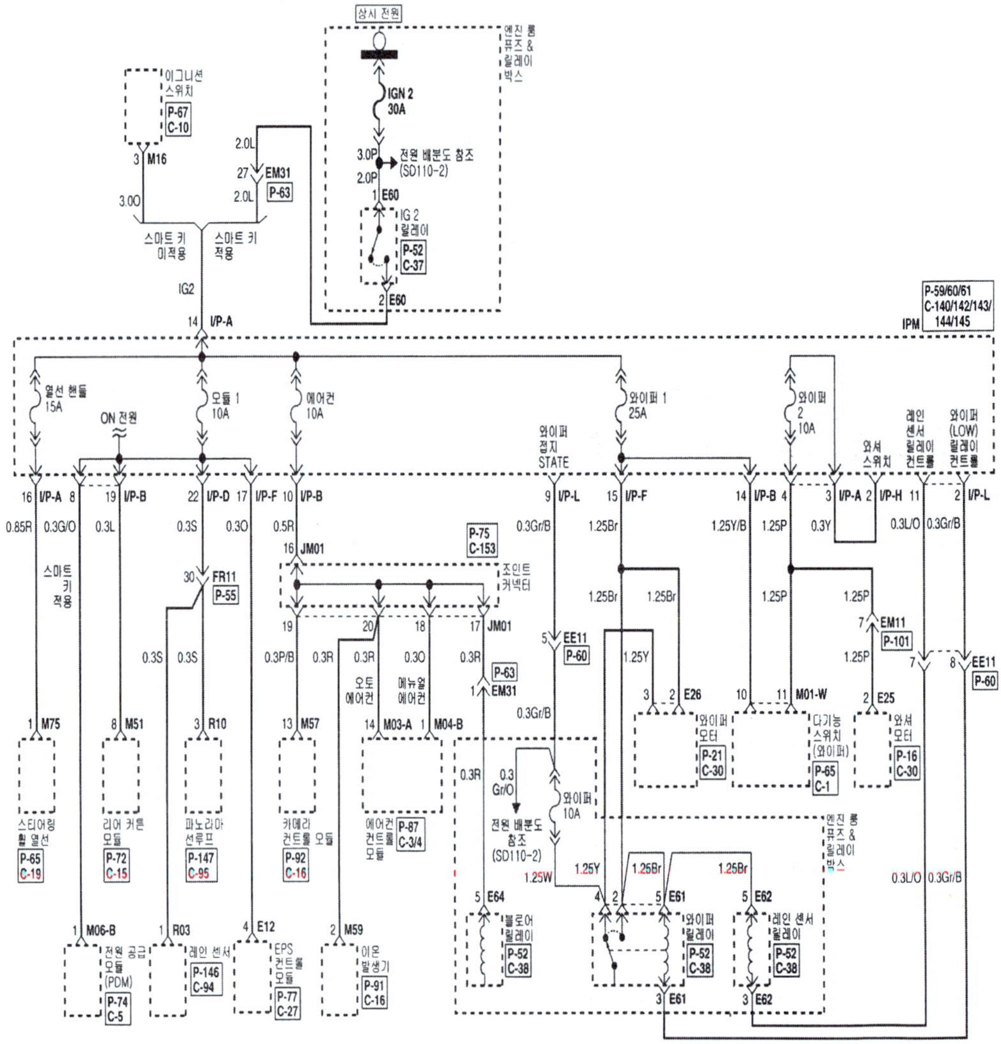
상시 전원
엔진 룸 퓨즈 & 릴레이 박스
IGN 2 30A
전원 배분도 참조 (SD110-2)
IG 2 릴레이
P-52 C-37
이그니션 스위치
P-67 C-10
M16
EM31
P-63
E60
스마트 키 미적용
스마트 키 적용
IG2
I/P-A
IPM
P-59/60/61 C-140/142/143/144/145
열선 핸들 15A
ON 전원
모듈 1 10A
에어컨 10A
와이퍼 1 25A
와이퍼 2 10A
와이퍼 정지 STATE
와셔 스위치
레인 센서 릴레이 컨트롤
와이퍼 (LOW) 릴레이 컨트롤
P-75 C-153
조인트 커넥터
JM01
FR11
P-55
EE11
P-60
EM11
P-101
M75
스티어링 휠 열선
P-65 C-19
M51
리어 커튼 모듈
P-72 C-15
R10
파노라마 선루프
P-147 C-95
M57
카메라 컨트롤 모듈
P-92 C-16
M03-A
M04-B
오토 에어컨
메뉴얼 에어컨
에어컨 컨트롤 모듈
P-87 C-3/4
E26
와이퍼 모터
P-21 C-30
M01-W
다기능 스위치 (와이퍼)
P-65 C-1
E25
와셔 모터
P-16 C-30
와이퍼 10A
E64
블로어 릴레이
P-52 C-38
E61
와이퍼 릴레이
P-52 C-38
E62
레인 센서 릴레이
P-52 C-38
M06-B
전원 공급 모듈 (PDM)
P-74 C-5
R03
레인 센서
P-146 C-94
E12
EPS 컨트롤 모듈
P-77 C-27
M59
이온 발생기
P-91 C-16

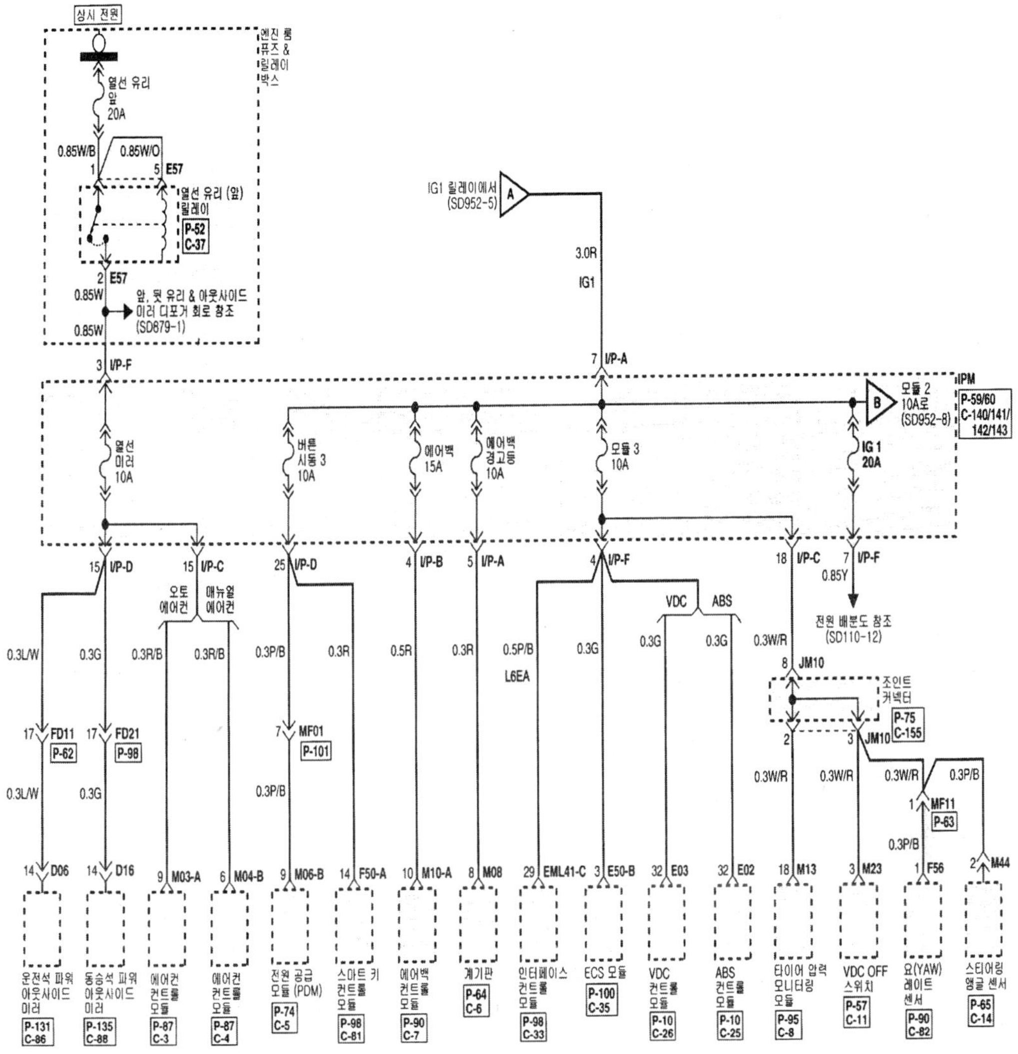

상시 전원
엔진 룸 퓨즈 & 릴레이 박스
열선 유리 앞 20A
0.85W/B
0.85W/O
E57
열선 유리 (앞) 릴레이
P-52 C-37
0.85W
앞, 뒷 유리 & 아웃사이드 미러 디포거 회로 참조 (SD879-1)
IG1 릴레이에서 (SD952-5)
3.0R
IG1
I/P-A
I/P-F
IPM
P-59/60 C-140/141/142/143
모듈 2 10A로 (SD952-8)
열선 미러 10A
버튼 시동 3 10A
에어백 15A
에어백 경고등 10A
모듈 3 10A
IG 1 20A
I/P-D
I/P-C
I/P-B
오토 에어컨
매뉴얼 에어컨
VDC
ABS
0.85Y
전원 배분도 참조 (SD110-12)
0.3L/W
0.3G
0.3R/B
0.3P/B
0.3R
0.5R
0.5P/B
L6EA
0.3W/R
JM10
조인트 커넥터
P-75 C-155
0.3P/B
FD11 P-62
FD21 P-98
MF01 P-101
MF11 P-63
D06
D16
M03-A
M04-B
M06-B
F50-A
M10-A
M08
EML41-C
E50-B
E03
E02
M13
M23
F56
M44
운전석 파워 아웃사이드 미러 P-131 C-86
동승석 파워 아웃사이드 미러 P-135 C-88
에어컨 컨트롤 모듈 P-87 C-3
에어컨 컨트롤 모듈 P-87 C-4
전원 공급 모듈 (PDM) P-74 C-5
스마트 키 컨트롤 모듈 P-98 C-81
에어백 컨트롤 모듈 P-90 C-7
계기판 P-64 C-6
인터페이스 컨트롤 모듈 P-98 C-33
ECS 모듈 P-100 C-35
VDC 컨트롤 모듈 P-10 C-26
ABS 컨트롤 모듈 P-10 C-25
타이어 압력 모니터링 모듈 P-95 C-8
VDC OFF 스위치 P-57 C-11
요(YAW) 레이트 센서 P-90 C-82
스티어링 앵글 센서 P-65 C-14

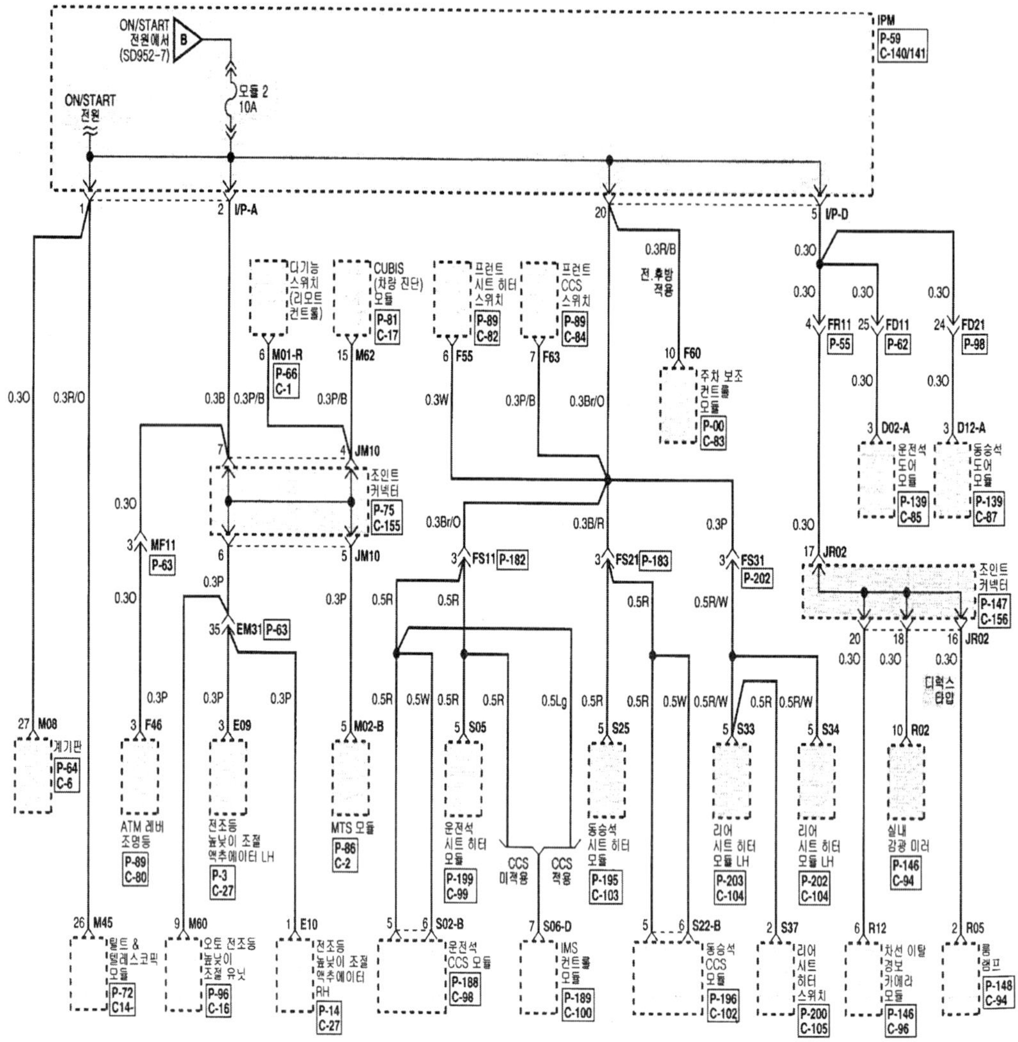
ON/START 전원에서 (SD952-7)
B
모듈 2 10A
ON/START 전원
IPM
P-59 C-140/141
I/P-A
I/P-D
다기능 스위치 (리모트 컨트롤)
CUBIS (차량 진단) 모듈
P-81 C-17
프런트 시트 히터 스위치
P-89 C-82
프런트 CCS 스위치
P-89 C-84
M01-R
P-66 C-1
M62
F55
F63
0.3R/B
전.후방 적용
F60
주차 보조 컨트롤 모듈
P-00 C-83
FR11
P-55
FD11
P-62
FD21
P-98
D02-A
운전석 도어 모듈
P-139 C-85
D12-A
동승석 도어 모듈
P-139 C-87
JM10
조인트 커넥터
P-75 C-155
MF11
P-63
EM31
P-63
FS11
P-182
FS21
P-183
FS31
P-202
JR02
조인트 커넥터
P-147 C-156
디럭스 타입
M08
계기판
P-64 C-6
F46
ATM 레버 조명등
P-89 C-80
E09
전조등 높낮이 조절 액추에이터 LH
P-3 C-27
M02-B
MTS 모듈
P-86 C-2
S05
운전석 시트 히터 모듈
P-199 C-99
CCS 미적용
CCS 적용
S25
동승석 시트 히터 모듈
P-195 C-103
S33
리어 시트 히터 모듈 LH
P-203 C-104
S34
리어 시트 히터 모듈 LH
P-202 C-104
R02
실내 감광 미러
P-146 C-94
M45
틸트 & 텔레스코픽 모듈
P-72 C14-
M60
오토 전조등 높낮이 조절 유닛
P-96 C-16
E10
전조등 높낮이 조절 액추에이터 RH
P-14 C-27
S02-B
운전석 CCS 모듈
P-188 C-98
S06-D
IMS 컨트롤 모듈
P-189 C-100
S22-B
동승석 CCS 모듈
P-196 C-102
S37
리어 시트 히터 스위치
P-200 C-105
R12
차선 이탈 경보 카메라 모듈
P-146 C-96
R05
룸 램프
P-148 C-94

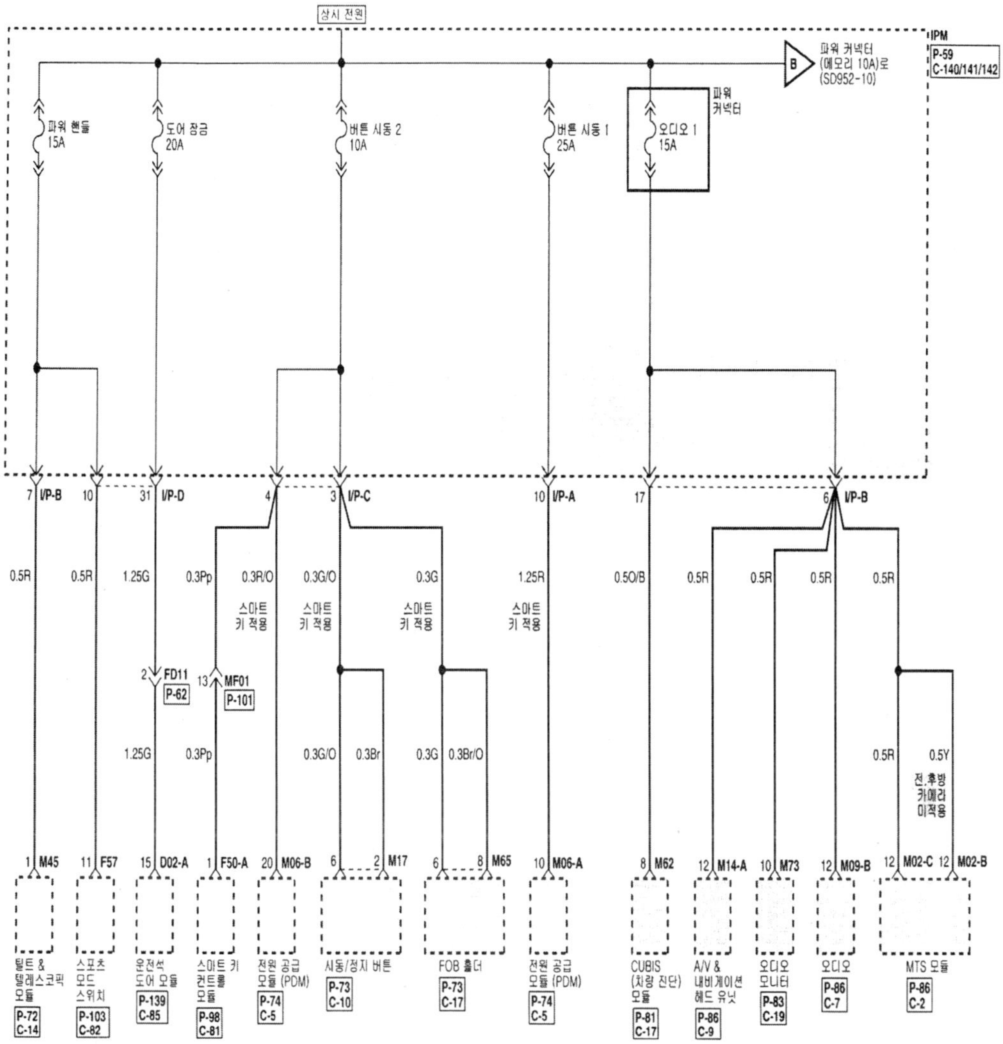

상시 전원
IPM
P-59
C-140/141/142
파워 커넥터
(메모리 10A)로
(SD952-10)
B
파워 핸들
15A
도어 잠금
20A
버튼 시동 2
10A
버튼 시동 1
25A
오디오 1
15A
파워
커넥터
7 I/P-B
10
31 I/P-D
4
3 I/P-C
10 I/P-A
17
6 I/P-B
0.5R
0.5R
1.25G
0.3Pp
0.3R/O
0.3G/O
0.3G
1.25R
0.5O/B
0.5R
0.5R
0.5R
0.5R
스마트
키 적용
스마트
키 적용
스마트
키 적용
스마트
키 적용
2 FD11
P-62
13 MF01
P-101
1.25G
0.3Pp
0.3G/O
0.3Br
0.3G
0.3Br/O
0.5R
0.5Y
전,후방
카메라
미적용
1 M45
11 F57
15 D02-A
1 F50-A
20 M06-B
6
2 M17
6
8 M65
10 M06-A
8 M62
12 M14-A
10 M73
12 M09-B
12 M02-C
12 M02-B
틸트 &
텔레스코픽
모듈
P-72
C-14
스포츠
모드
스위치
P-103
C-82
운전석
도어 모듈
P-139
C-85
스마트 키
컨트롤
모듈
P-98
C-81
전원 공급
모듈 (PDM)
P-74
C-5
시동/정지 버튼
P-73
C-10
FOB 홀더
P-73
C-17
전원 공급
모듈 (PDM)
P-74
C-5
CUBIS
(차량 진단)
모듈
P-81
C-17
A/V &
내비게이션
헤드 유닛
P-86
C-9
오디오
모니터
P-83
C-19
오디오
P-86
C-7
MTS 모듈
P-86
C-2

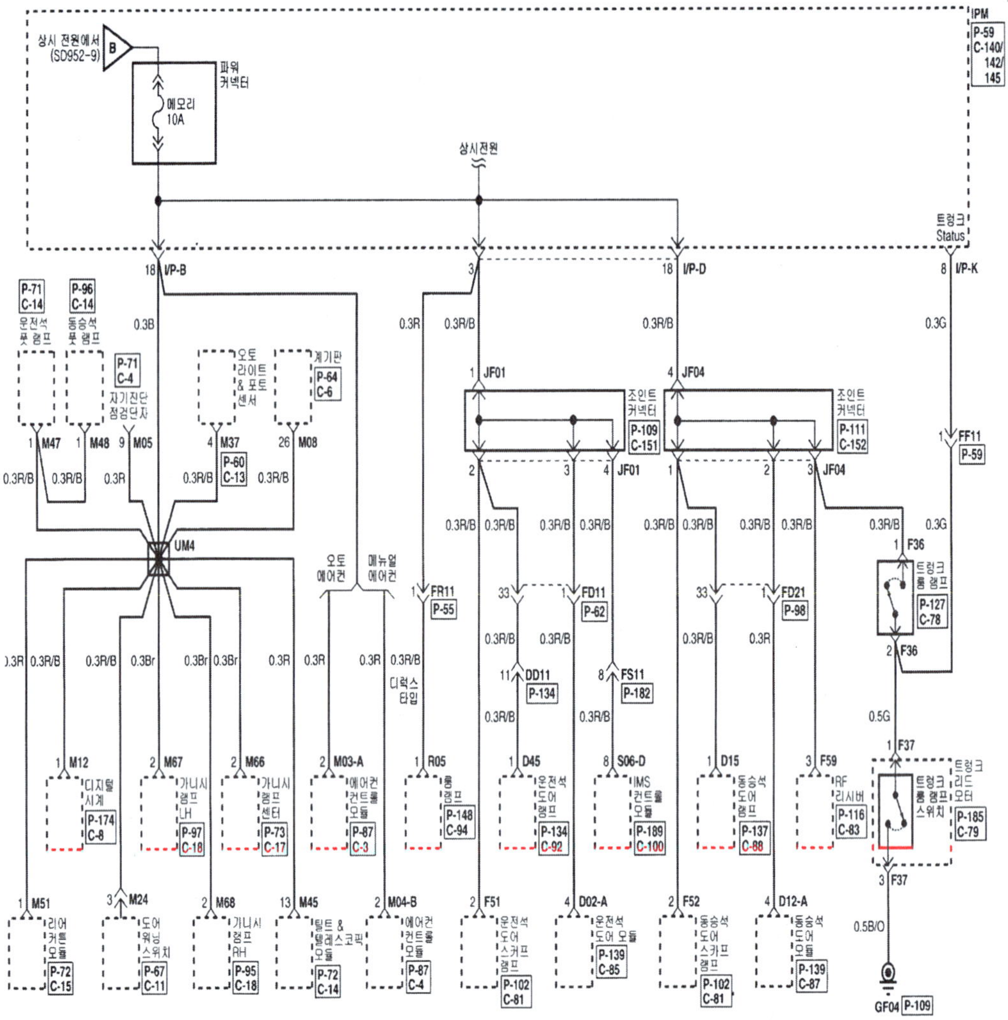

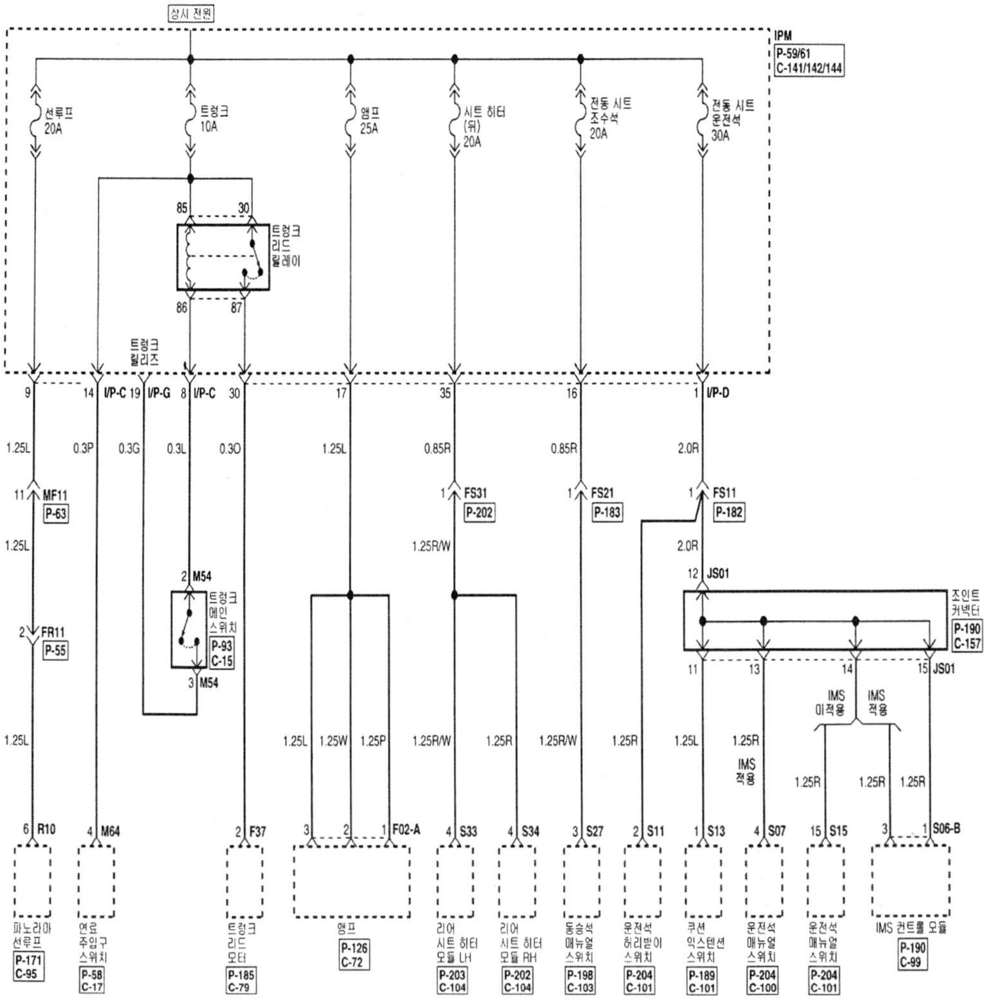
상시 전원
IPM
P-59/61
C-141/142/144
선루프 20A
트렁크 10A
앰프 25A
시트 히터 (뒤) 20A
전동 시트 조수석 20A
전동 시트 운전석 30A
트렁크 리드 릴레이
트렁크 릴리즈
I/P-C
I/P-G
I/P-D
MF11
P-63
FR11
P-55
M54
트렁크 메인 스위치
P-93
C-15
FS31
P-202
FS21
P-183
FS11
P-182
JS01
조인트 커넥터
P-190
C-157
IMS 미적용
IMS 적용
R10
M64
F37
F02-A
S33
S34
S27
S11
S13
S07
S15
S06-B
마노라마 선루프
P-171
C-95
연료 주입구 스위치
P-58
C-17
트렁크 리드 모터
P-185
C-79
앰프
P-126
C-72
리어 시트 히터 모듈 LH
P-203
C-104
리어 시트 히터 모듈 RH
P-202
C-104
동승석 매뉴얼 스위치
P-198
C-103
운전석 허리받이 스위치
P-204
C-101
쿠션 익스텐션 스위치
P-189
C-101
운전석 매뉴얼 스위치
P-204
C-100
운전석 매뉴얼 스위치
P-204
C-101
IMS 컨트롤 모듈
P-190
C-99

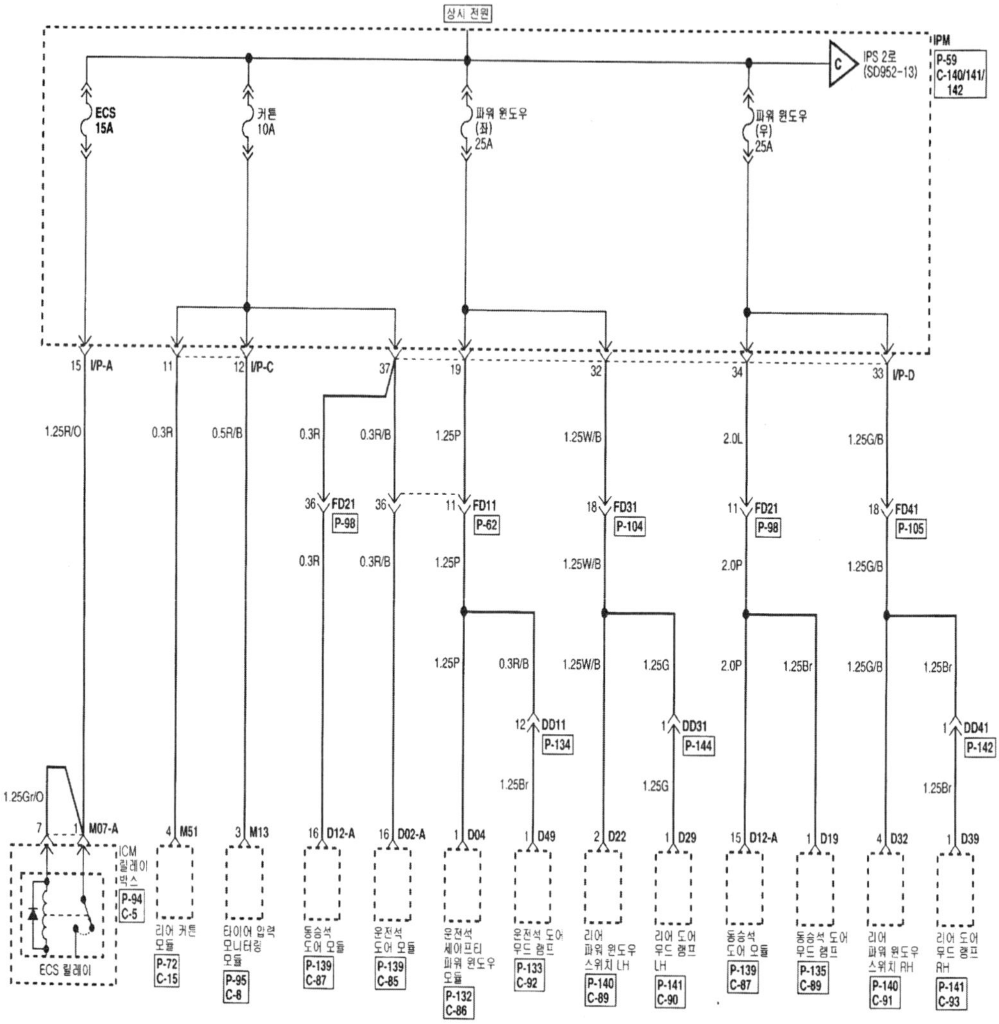

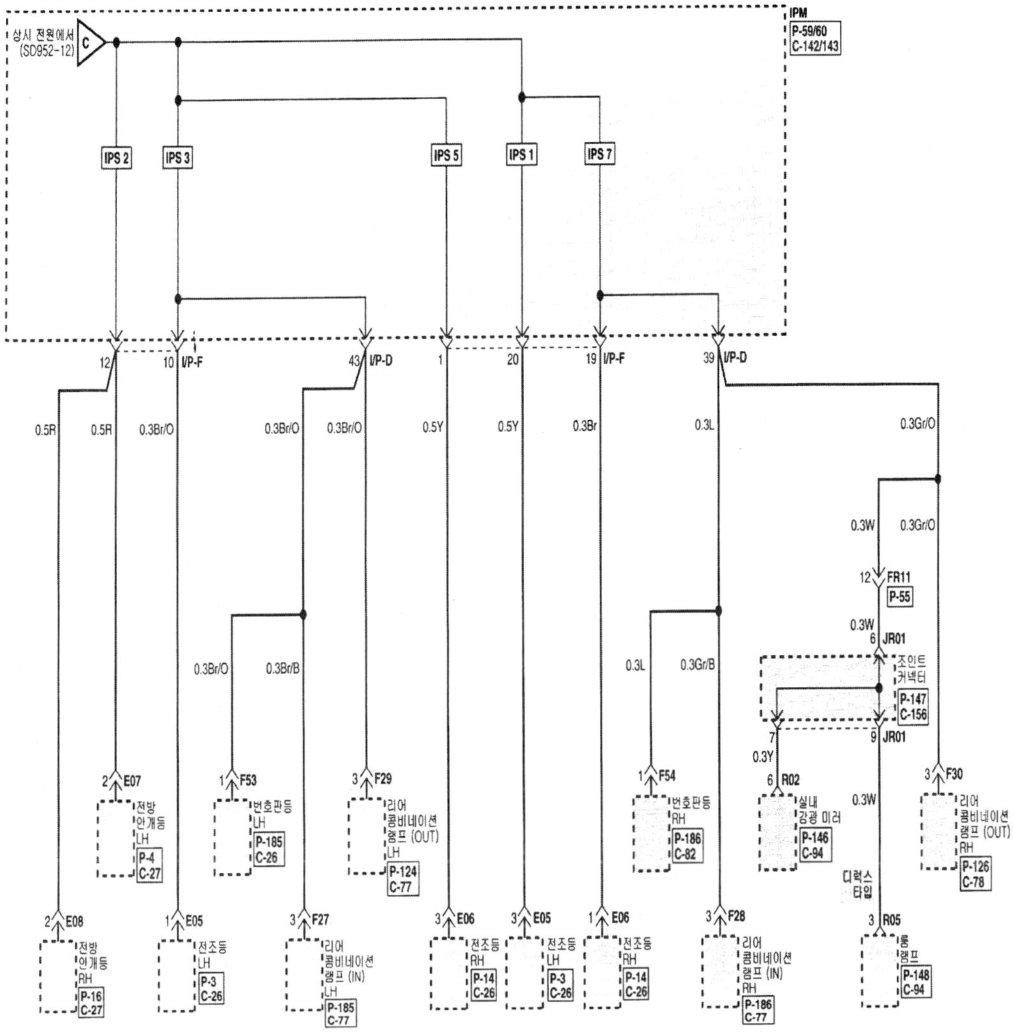
상시 전원에서 (SD952-12)
C
IPM
P-59/60
C-142/143
IPS 2
IPS 3
IPS 5
IPS 1
IPS 7
12
10 I/P-F
43 I/P-D
1
20
19 I/P-F
39 I/P-D
0.5R
0.5R
0.3Br/O
0.3Br/O
0.3Br/O
0.5Y
0.5Y
0.3Br
0.3L
0.3Gr/O
0.3W
0.3Gr/O
12 FR11
P-55
0.3W
6 JR01
조인트 커넥터
P-147
C-156
7
9 JR01
0.3Y
0.3W
0.3Br/O
0.3Br/B
0.3L
0.3Gr/B
2 E07
전방 안개등 LH
P-4
C-27
1 F53
번호판등 LH
P-185
C-26
3 F29
리어 콤비네이션 램프 (OUT) LH
P-124
C-77
1 F54
번호판등 RH
P-186
C-82
6 R02
실내 감광 미러
P-146
C-94
3 F30
리어 콤비네이션 램프 (OUT) RH
P-126
C-78
디럭스 타입
2 E08
전방 안개등 RH
P-16
C-27
1 E05
전조등 LH
P-3
C-26
3 F27
리어 콤비네이션 램프 (IN) LH
P-185
C-77
3 E06
전조등 RH
P-14
C-26
3 E05
전조등 LH
P-3
C-26
1 E06
전조등 RH
P-14
C-26
3 F28
리어 콤비네이션 램프 (IN) RH
P-186
C-77
3 R05
룸 램프
P-148
C-94

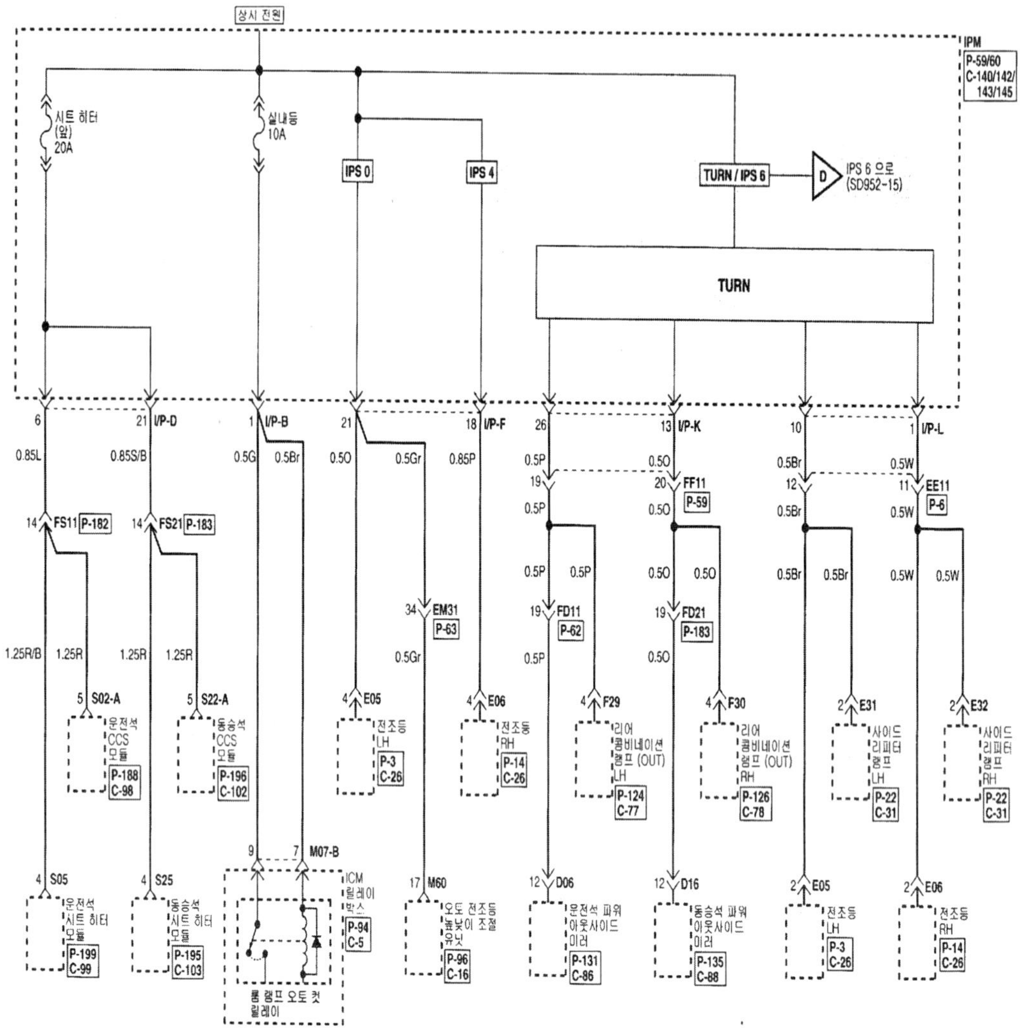
상시 전원
IPM
P-59/60
C-140/142/143/145
시트 히터 (앞) 20A
실내등 10A
IPS 0
IPS 4
TURN / IPS 6
D
IPS 6 으로 (SD952-15)
TURN
I/P-D
I/P-B
I/P-F
I/P-K
I/P-L
FS11 P-182
FS21 P-183
S02-A
운전석 CCS 모듈
P-188 C-98
S22-A
동승석 CCS 모듈
P-196 C-102
EM31 P-63
E05
전조등 LH
P-3 C-26
E06
전조등 RH
P-14 C-26
FF11 P-59
FD11 P-62
FD21 P-183
F29
리어 콤비네이션 램프 (OUT) LH
P-124 C-77
F30
리어 콤비네이션 램프 (OUT) RH
P-126 C-78
EE11 P-6
E31
사이드 리피터 램프 LH
P-22 C-31
E32
사이드 리피터 램프 RH
P-22 C-31
S05
운전석 시트 히터 모듈
P-199 C-99
S25
동승석 시트 히터 모듈
P-195 C-103
M07-B
ICM 릴레이 박스
P-94 C-5
룸 램프 오토 컷 릴레이
M60
오토 전조등 높낮이 조절 유닛
P-96 C-16
D06
운전석 파워 아웃사이드 미러
P-131 C-86
D16
동승석 파워 아웃사이드 미러
P-135 C-88

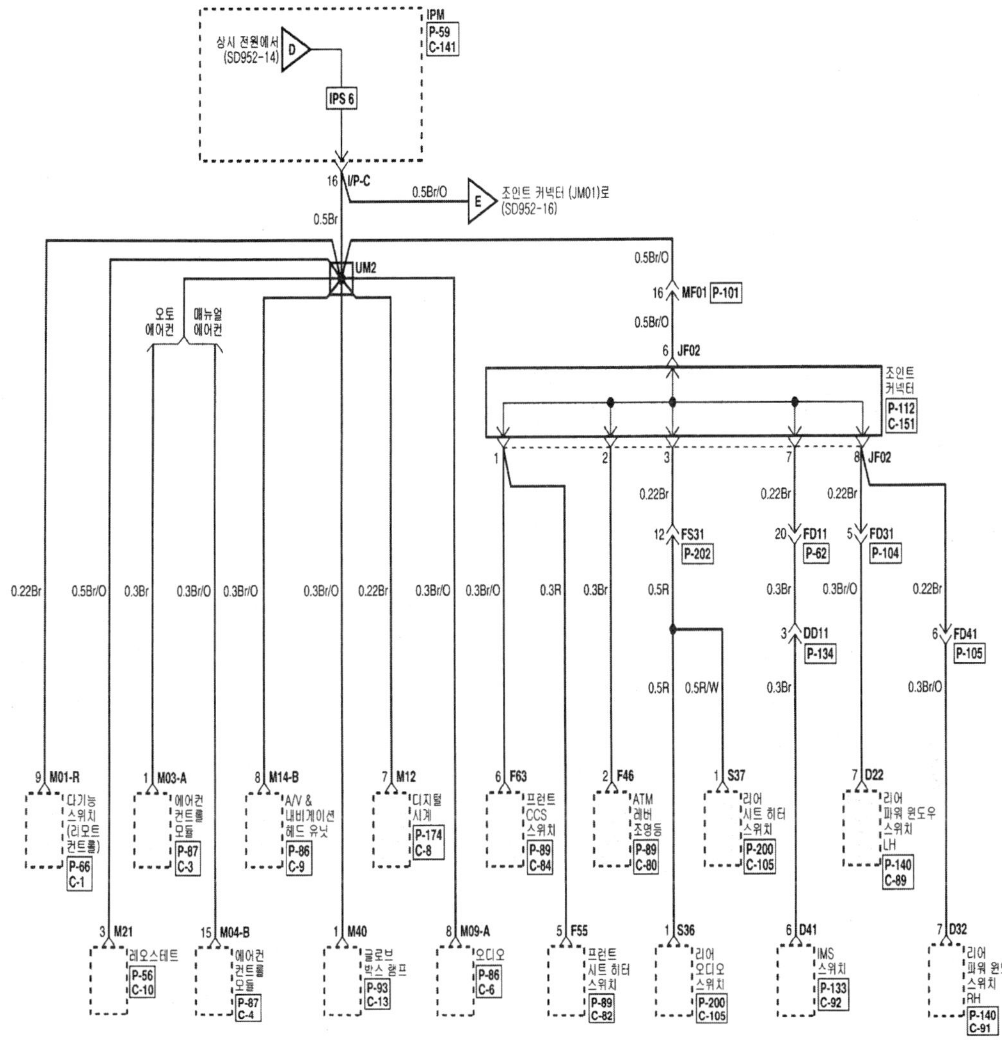

IPM
P-59
C-141
상시 전원에서 (SD952-14)
D
IPS 6
16 I/P-C
0.5Br/O
E
조인트 커넥터 (JM01)로 (SD952-16)
0.5Br
UM2
0.5Br/O
16 MF01 P-101
0.5Br/O
6 JF02
오토 에어컨
매뉴얼 에어컨
조인트 커넥터
P-112
C-151
1 2 3 7 8 JF02
0.22Br
0.22Br
0.22Br
12 FS31 P-202
20 FD11 P-62
5 FD31 P-104
0.22Br 0.5Br/O 0.3Br 0.3Br/O 0.3Br/O 0.3Br/O 0.22Br 0.3Br/O 0.3Br/O 0.3R 0.3Br 0.5R 0.3Br 0.3Br/O 0.22Br
3 DD11 P-134
6 FD41 P-105
0.5R 0.5R/W 0.3Br 0.3Br/O
9 M01-R 다기능 스위치 (리모트 컨트롤) P-66 C-1
1 M03-A 에어컨 컨트롤 모듈 P-87 C-3
8 M14-B A/V & 내비게이션 헤드 유닛 P-86 C-9
7 M12 디지털 시계 P-174 C-8
6 F63 프런트 CCS 스위치 P-89 C-84
2 F46 ATM 레버 조명등 P-89 C-80
1 S37 리어 시트 히터 스위치 P-200 C-105
7 D22 리어 파워 윈도우 스위치 LH P-140 C-89
3 M21 레오스태트 P-56 C-10
15 M04-B 에어컨 컨트롤 모듈 P-87 C-4
1 M40 글로브 박스 램프 P-93 C-13
8 M09-A 오디오 P-86 C-6
5 F55 프런트 시트 히터 스위치 P-89 C-82
1 S36 리어 오디오 스위치 P-200 C-105
6 D41 IMS 스위치 P-133 C-92
7 D32 리어 파워 윈도우 스위치 RH P-140 C-91

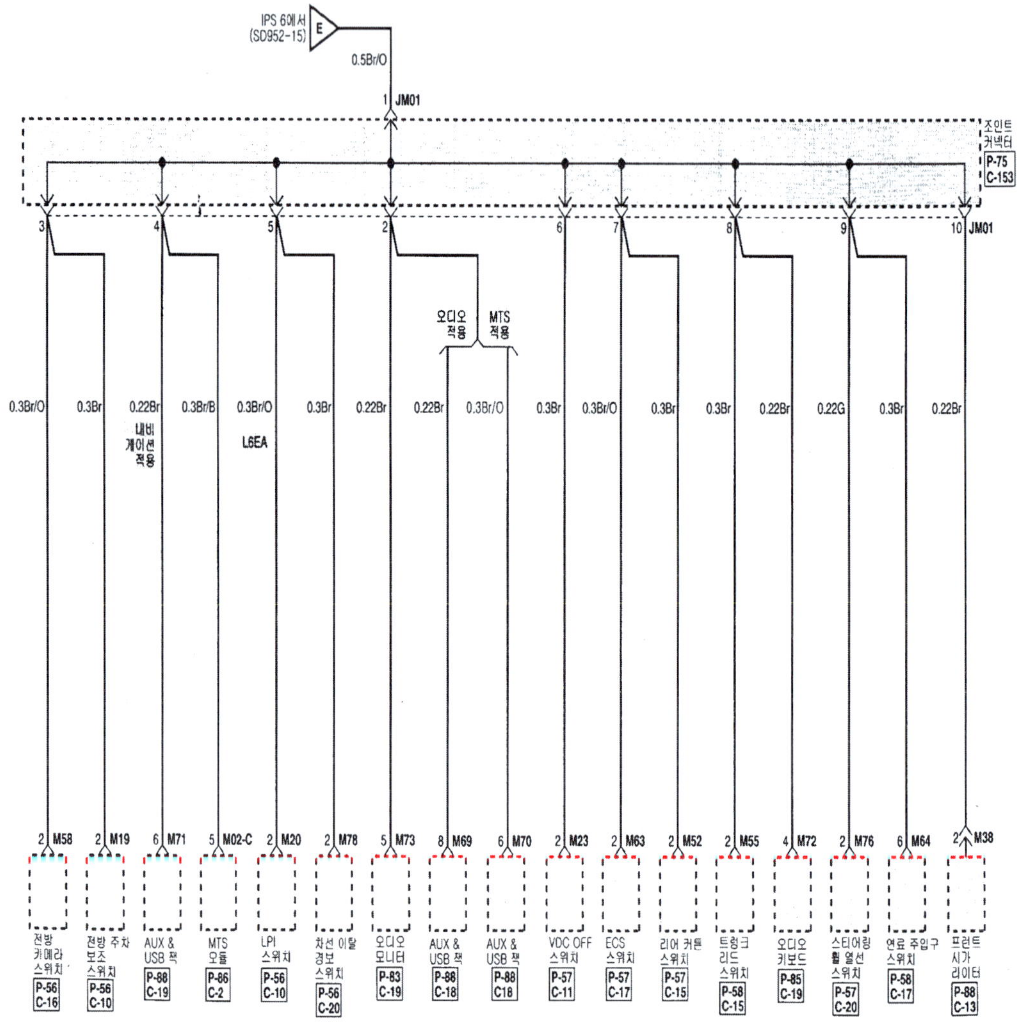
IPS 6에서
(SD952-15)
E
0.5Br/O
1 JM01
조인트
커넥터
P-75
C-153
3
4
5
2
6
7
8
9
10 JM01
오디오
적용
MTS
적용
0.3Br/O
0.3Br
0.22Br
내비
게이션
적용
0.3Br/B
0.3Br/O
L6EA
0.3Br
0.22Br
0.22Br
0.3Br/O
0.3Br
0.3Br/O
0.3Br
0.3Br
0.22Br
0.22G
0.3Br
0.22Br
2 M58
2 M19
6 M71
5 M02-C
2 M20
2 M78
5 M73
8 M69
6 M70
2 M23
2 M63
2 M52
2 M55
4 M72
2 M76
6 M64
2 M38
전방
카메라
스위치
P-56
C-16
전방 주차
보조
스위치
P-56
C-10
AUX &
USB 잭
P-88
C-19
MTS
모듈
P-86
C-2
LPI
스위치
P-56
C-10
차선 이탈
경보
스위치
P-56
C-20
오디오
모니터
P-83
C-19
AUX &
USB 잭
P-88
C-18
AUX &
USB 잭
P-88
C18
VDC OFF
스위치
P-57
C-11
ECS
스위치
P-57
C-17
리어 커튼
스위치
P-57
C-15
트렁크
리드
스위치
P-58
C-15
오디오
키보드
P-85
C-19
스티어링
휠 열선
스위치
P-57
C-20
연료 주입구
스위치
P-58
C-17
프런트
시가
라이터
P-88
C-13

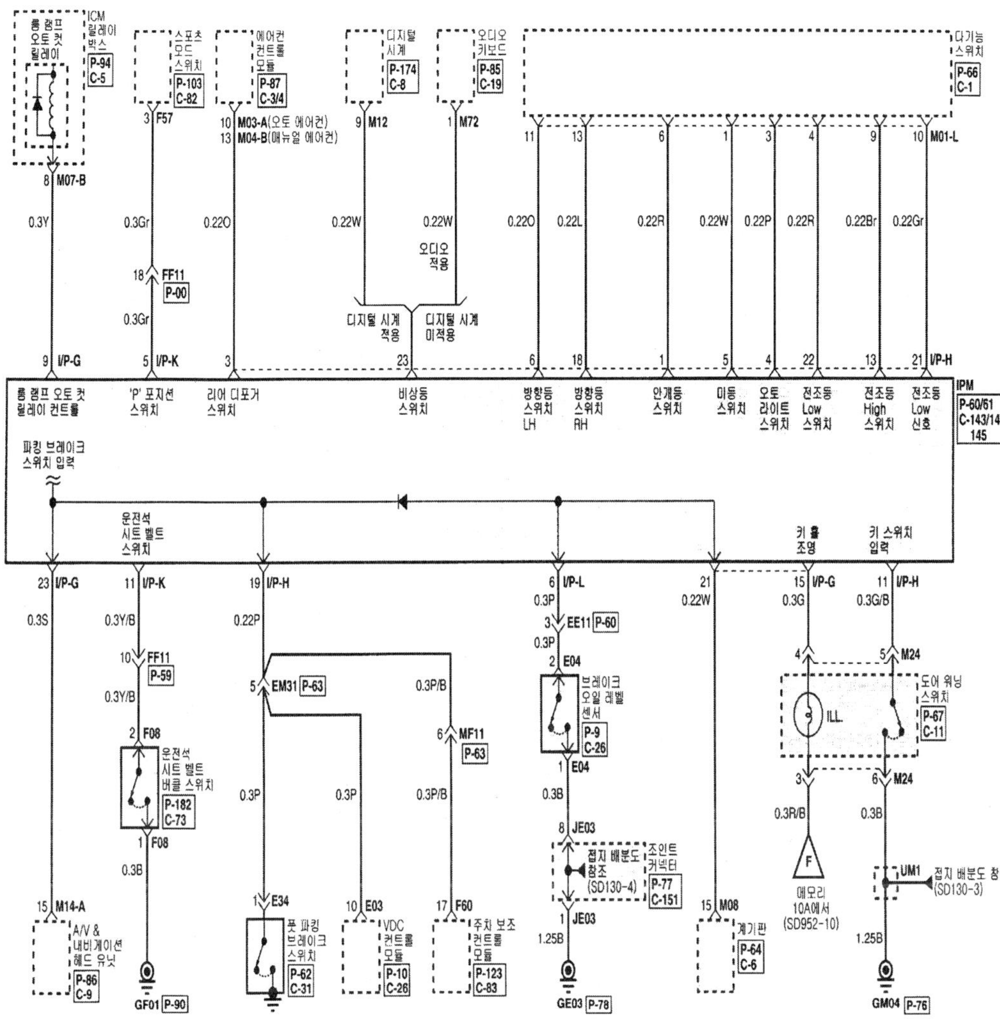
룸 램프 오토 컷 릴레이
ICM 릴레이 박스
P-94 C-5
스포츠 모드 스위치
P-103 C-82
에어컨 컨트롤 모듈
P-87 C-3/4
디지털 시계
P-174 C-8
오디오 키보드
P-85 C-19
다기능 스위치
P-66 C-1
M03-A(오토 에어컨)
M04-B(매뉴얼 에어컨)
오디오 적용
디지털 시계 적용
디지털 시계 미적용
IPM
P-60/61 C-143/144/145
룸 램프 오토 컷 릴레이 컨트롤
'P' 포지션 스위치
리어 디포거 스위치
비상등 스위치
방향등 스위치 LH
방향등 스위치 RH
안개등 스위치
미등 스위치
오토 라이트 스위치
전조등 Low 스위치
전조등 High 스위치
전조등 Low 신호
파킹 브레이크 스위치 입력
운전석 시트 벨트 스위치
키 홀 조명
키 스위치 입력
운전석 시트 벨트 버클 스위치
P-182 C-73
브레이크 오일 레벨 센서
P-9 C-26
접지 배분도 참조 (SD130-4)
조인트 커넥터
P-77 C-151
도어 워닝 스위치
P-67 C-11
메모리 10A에서 (SD952-10)
접지 배분도 참조 (SD130-3)
A/V & 내비게이션 헤드 유닛
P-86 C-9
풋 파킹 브레이크 스위치
P-62 C-31
VDC 컨트롤 모듈
P-10 C-26
주차 보조 컨트롤 모듈
P-123 C-83
계기판
P-64 C-6
GF01 P-90
GE03 P-78
GM04 P-76

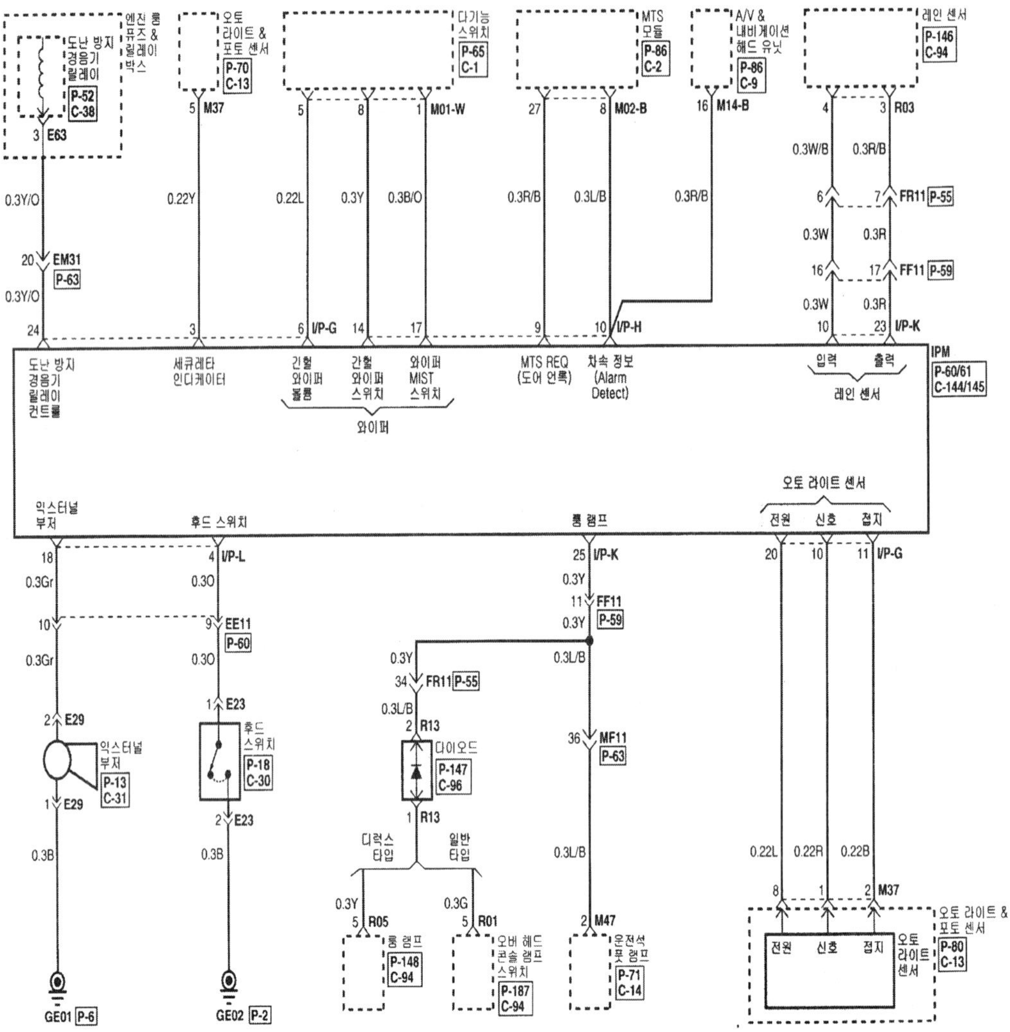

엔진 룸 퓨즈 & 릴레이 박스
도난 방지 경음기 릴레이
P-52 C-38
오토 라이트 & 포토 센서
P-70 C-13
다기능 스위치
P-65 C-1
MTS 모듈
P-86 C-2
A/V & 내비게이션 헤드 유닛
P-86 C-9
레인 센서
P-146 C-94
E63
M37
M01-W
M02-B
M14-B
R03
0.3Y/O
0.22Y
0.22L
0.3Y
0.3B/O
0.3R/B
0.3L/B
0.3W/B
FR11 P-55
FF11 P-59
0.3W
0.3R
EM31 P-63
I/P-G
I/P-H
I/P-K
IPM
P-60/61 C-144/145
도난 방지 경음기 릴레이 컨트롤
세큐레타 인디케이터
간헐 와이퍼 볼륨
간헐 와이퍼 스위치
와이퍼 MIST 스위치
와이퍼
MTS REQ (도어 언록)
차속 정보 (Alarm Detect)
입력
출력
레인 센서
오토 라이트 센서
익스터널 부저
후드 스위치
룸 램프
전원
신호
접지
I/P-L
0.3Gr
0.3O
EE11 P-60
FF11 P-59
E29
E23
익스터널 부저
P-13 C-31
후드 스위치
P-18 C-30
FR11 P-55
R13
다이오드
P-147 C-96
MF11 P-63
디럭스 타입
일반 타입
0.3B
0.3G
R05
R01
M47
룸 램프
P-148 C-94
오버 헤드 콘솔 램프 스위치
P-187 C-94
운전석 풋 램프
P-71 C-14
0.22R
0.22B
오토 라이트 & 포토 센서
오토 라이트 센서
P-80 C-13
GE01 P-6
GE02 P-2

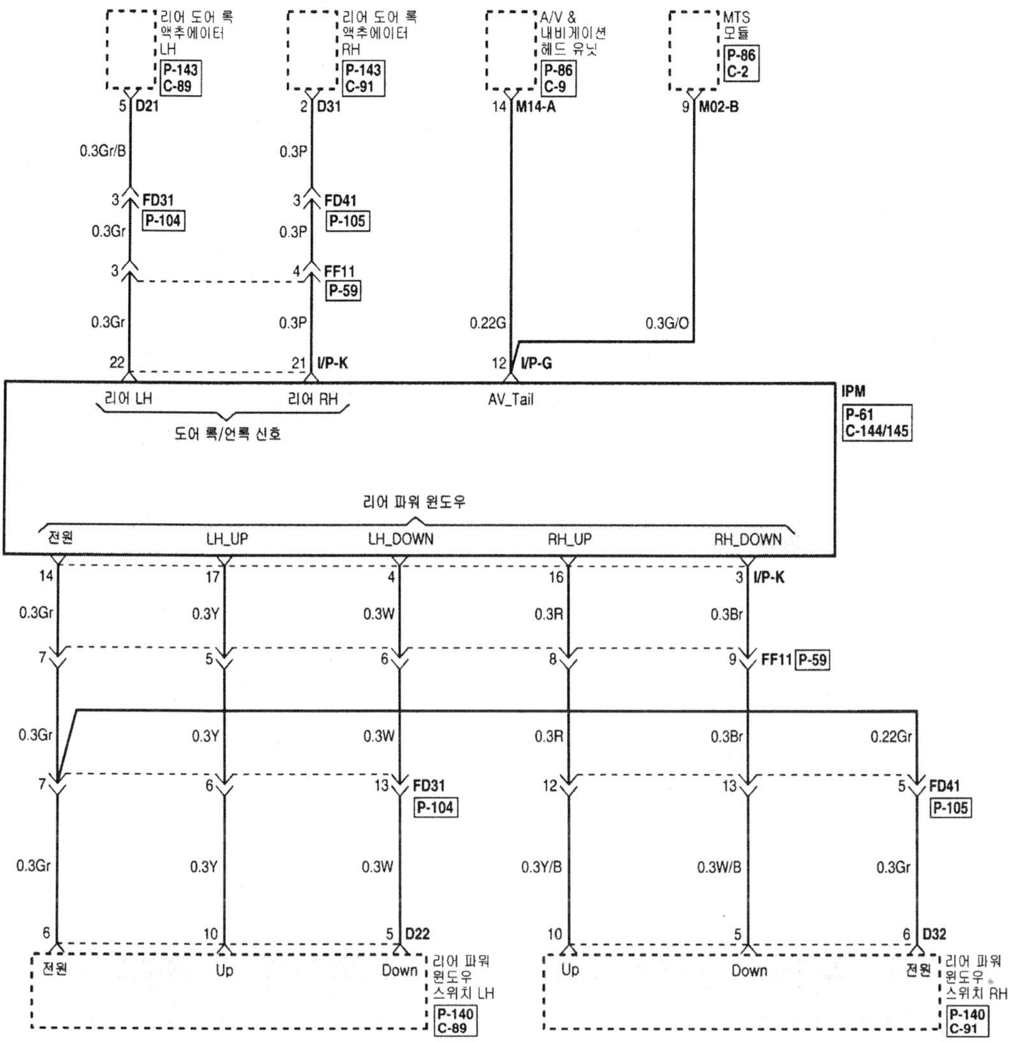

리어 도어 록 액추에이터 LH
P-143
C-89
5 D21
0.3Gr/B
3 FD31
P-104
0.3Gr
3
0.3Gr
22
리어 도어 록 액추에이터 RH
P-143
C-91
2 D31
0.3P
3 FD41
P-105
0.3P
4 FF11
P-59
0.3P
21 I/P-K
A/V & 내비게이션 헤드 유닛
P-86
C-9
14 M14-A
0.22G
12 I/P-G
MTS 모듈
P-86
C-2
9 M02-B
0.3G/O
IPM
P-61
C-144/145
리어 LH
리어 RH
도어 록/언록 신호
AV_Tail
리어 파워 윈도우
전원
LH_UP
LH_DOWN
RH_UP
RH_DOWN
14
17
4
16
3 I/P-K
0.3Gr
0.3Y
0.3W
0.3R
0.3Br
7
5
6
8
9 FF11 P-59
0.3Gr
0.3Y
0.3W
0.3R
0.3Br
0.22Gr
7
6
13 FD31
P-104
12
13
5 FD41
P-105
0.3Gr
0.3Y
0.3W
0.3Y/B
0.3W/B
0.3Gr
6
10
5 D22
10
5
6 D32
전원
Up
Down
리어 파워 윈도우 스위치 LH
P-140
C-89
Up
Down
전원
리어 파워 윈도우 스위치 RH
P-140
C-91

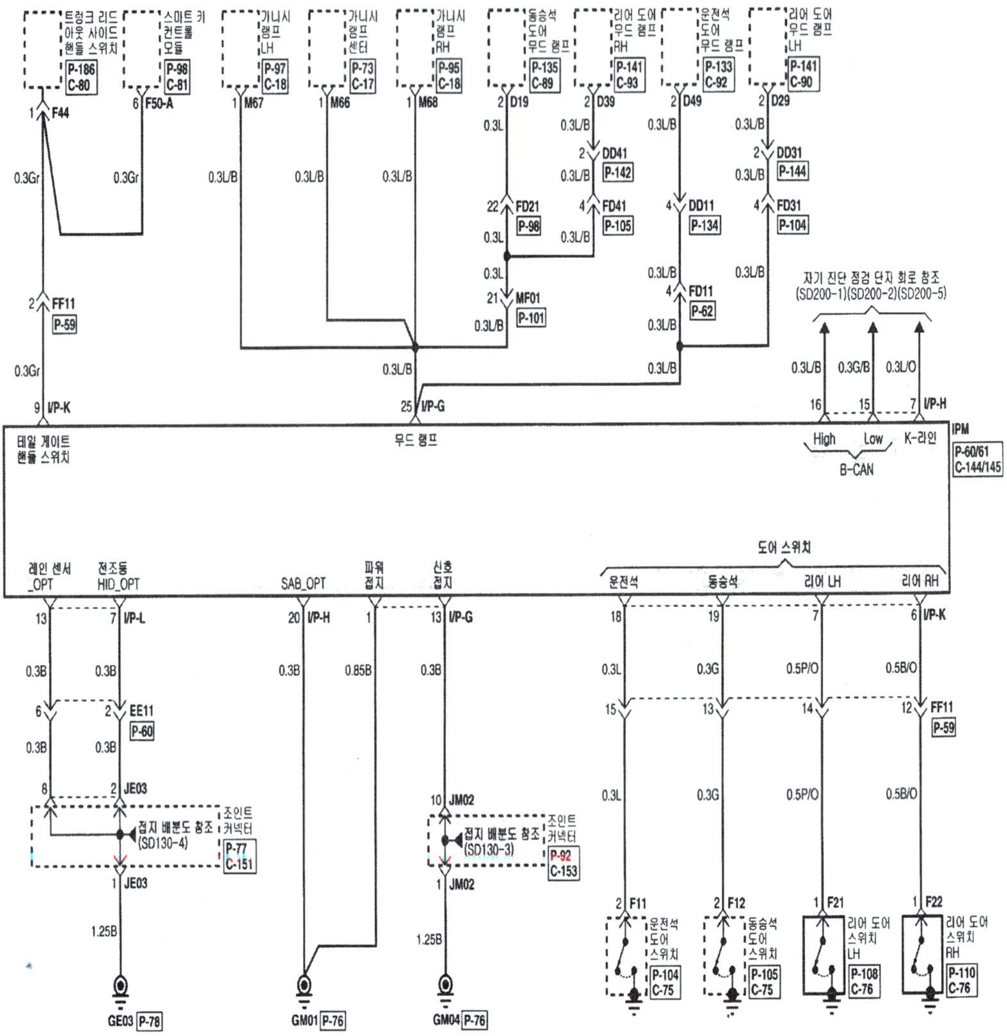

트렁크 리드 아웃 사이드 핸들 스위치
스마트 키 컨트롤 모듈
가니시 램프 LH
가니시 램프 센터
가니시 램프 RH
동승석 도어 무드 램프
리어 도어 무드 램프 RH
운전석 도어 무드 램프
리어 도어 무드 램프 LH
자기 진단 점검 단자 회로 참조 (SD200-1)(SD200-2)(SD200-5)
테일 게이트 핸들 스위치
무드 램프
High Low K-라인
B-CAN
IPM
P-60/61 C-144/145
도어 스위치
레인 센서 _OPT
전조등 HID_OPT
SAB_OPT
파워 접지
신호 접지
운전석 동승석 리어 LH 리어 RH
접지 배분도 참조 (SD130-4)
조인트 커넥터
접지 배분도 참조 (SD130-3)
운전석 도어 스위치
동승석 도어 스위치
리어 도어 스위치 LH
리어 도어 스위치 RH
GE03 P-78
GM01 P-76
GM04 P-76

04 PDM 모듈

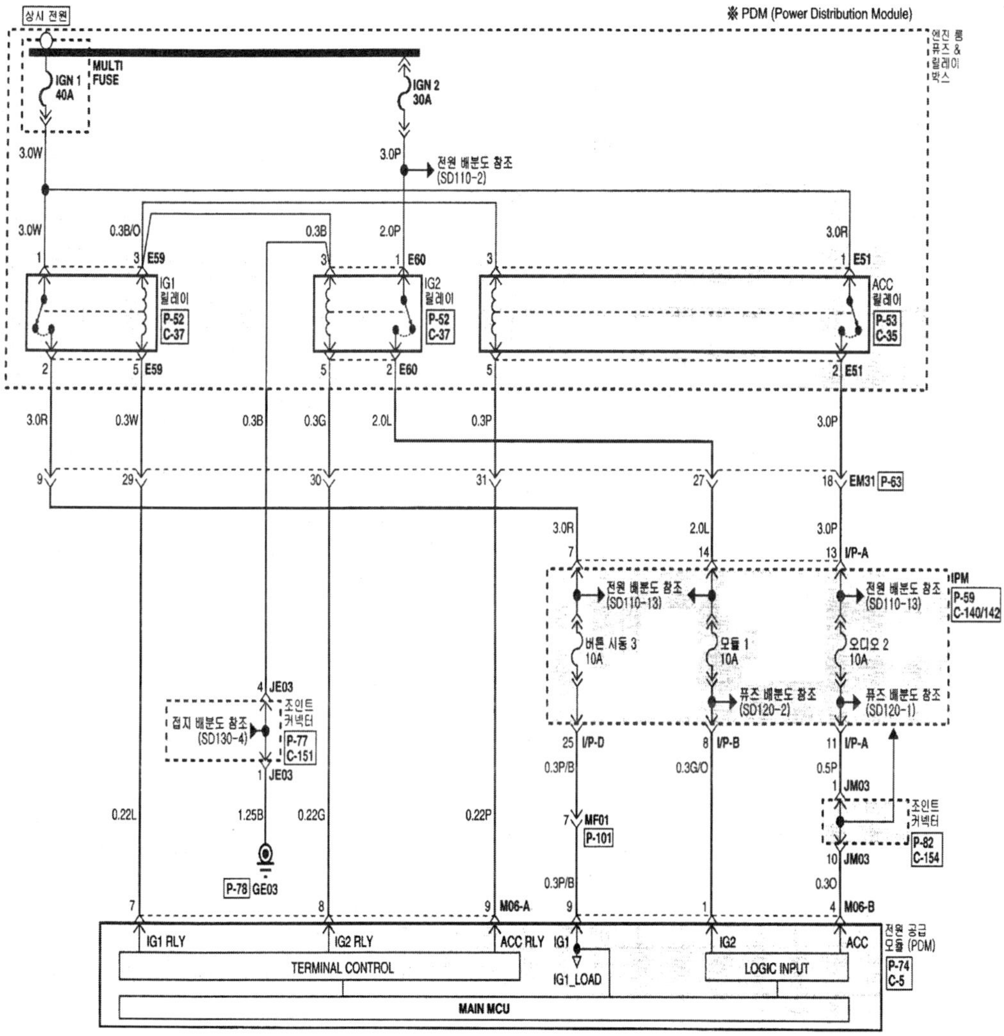
상시 전원
※ PDM (Power Distribution Module)
엔진 룸 퓨즈 & 릴레이 박스
MULTI FUSE
IGN 1 40A
IGN 2 30A
전원 배분도 참조 (SD110-2)
IG1 릴레이
P-52 C-37
IG2 릴레이
ACC 릴레이
P-53 C-35
E59
E60
E51
EM31 P-63
I/P-A
IPM
P-59 C-140/142
전원 배분도 참조 (SD110-13)
버튼 시동 3 10A
모듈 1 10A
오디오 2 10A
퓨즈 배분도 참조 (SD120-2)
퓨즈 배분도 참조 (SD120-1)
I/P-D
I/P-B
JE03
조인트 커넥터
접지 배분도 참조 (SD130-4)
P-77 C-151
JM03
P-82 C-154
MF01 P-101
P-78 GE03
M06-A
M06-B
IG1 RLY
IG2 RLY
ACC RLY
IG1
IG2
ACC
TERMINAL CONTROL
IG1_LOAD
LOGIC INPUT
MAIN MCU
전원 공급 모듈 (PDM)
P-74 C-5

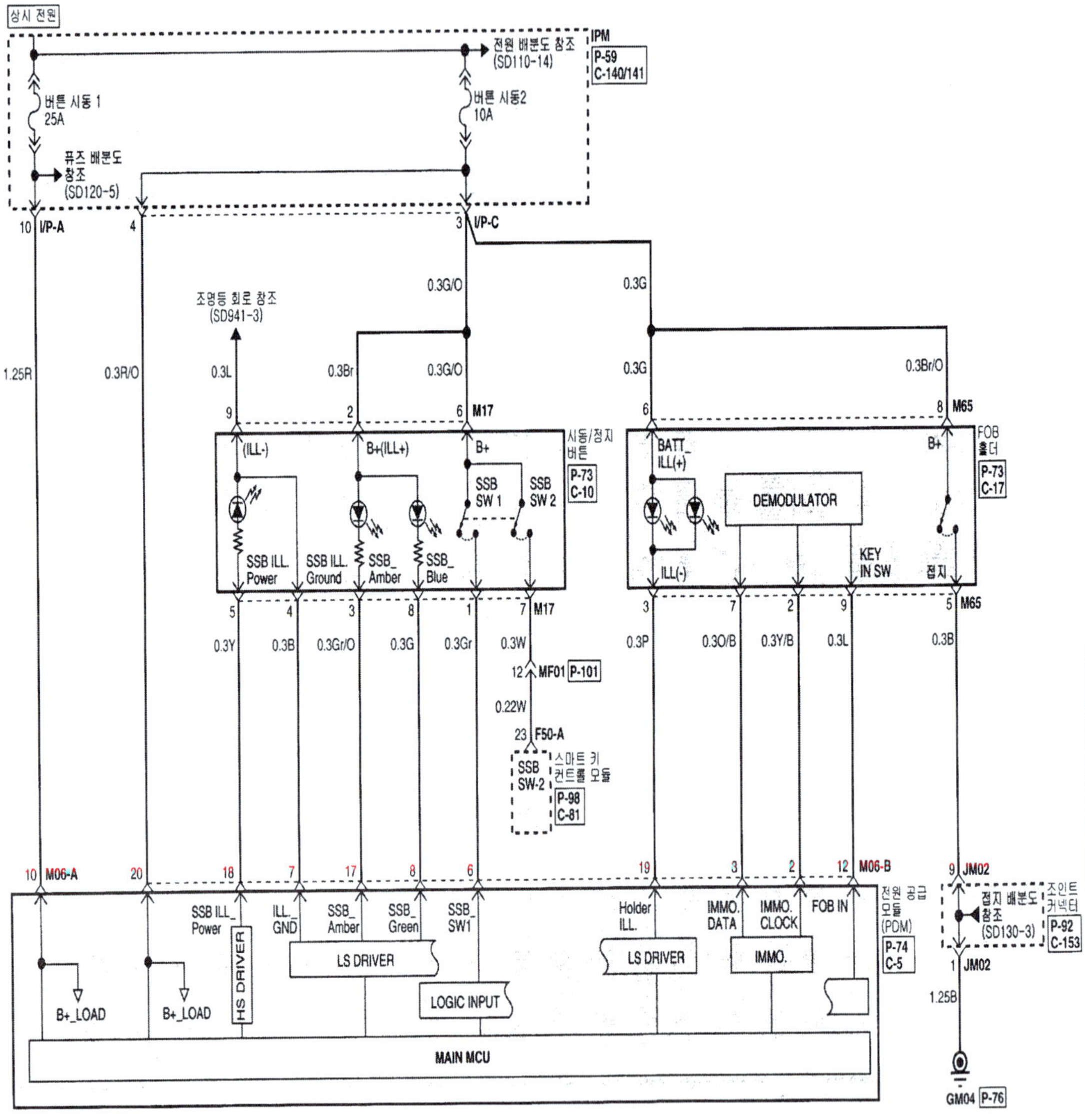

상시 전원
IPM
P-59
C-140/141
전원 배분도 참조 (SD110-14)
버튼 시동 1 25A
버튼 시동2 10A
퓨즈 배분도 참조 (SD120-5)
I/P-A
I/P-C
조명등 회로 참조 (SD941-3)
M17
M65
시동/정지 버튼
P-73
C-10
FOB 홀더
P-73
C-17
DEMODULATOR
SSB SW 1
SSB SW 2
SSB ILL. Power
SSB ILL. Ground
SSB_ Amber
SSB_ Blue
BATT_ ILL(+)
ILL(-)
KEY IN SW
접지
MF01 P-101
F50-A
스마트 키 컨트롤 모듈
P-98
C-81
M06-A
M06-B
전원 공급 모듈 (PDM)
P-74
C-5
JM02
접지 배분도 참조 (SD130-3)
조인트 커넥터
P-92
C-153
SSB ILL_ Power
ILL_ GND
SSB_ Amber
SSB_ Green
SSB_ SW1
Holder ILL.
IMMO. DATA
IMMO. CLOCK
FOB IN
HS DRIVER
LS DRIVER
LOGIC INPUT
IMMO.
B+_LOAD
MAIN MCU
GM04 P-76

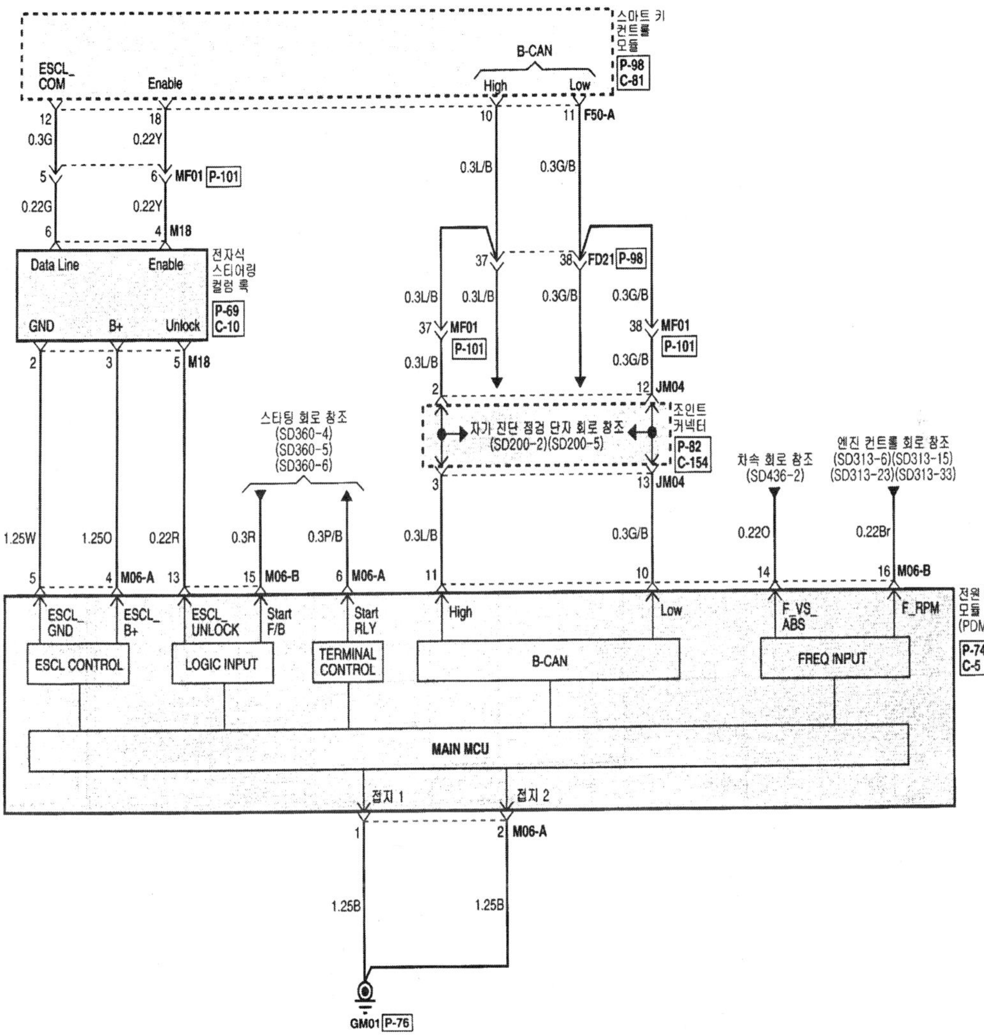
스마트 키 컨트롤 모듈
P-98 C-81
B-CAN
High
Low
ESCL_ COM
Enable
F50-A
MF01 P-101
M18
전자식 스티어링 컬럼 록
P-69 C-10
Data Line
Enable
GND
B+
Unlock
FD21 P-98
JM04
조인트 커넥터
P-82 C-154
자기 진단 점검 단자 회로 참조 (SD200-2)(SD200-5)
스타팅 회로 참조 (SD360-4) (SD360-5) (SD360-6)
차속 회로 참조 (SD436-2)
엔진 컨트롤 회로 참조 (SD313-6)(SD313-15) (SD313-23)(SD313-33)
M06-A
M06-B
전원 공급 모듈 (PDM)
P-74 C-5
ESCL_ GND
ESCL_ B+
ESCL_ UNLOCK
Start F/B
Start RLY
F_VS_ ABS
F_RPM
ESCL CONTROL
LOGIC INPUT
TERMINAL CONTROL
B-CAN
FREQ INPUT
MAIN MCU
접지 1
접지 2
GM01 P-76

MEMO

5 헤드램프 레벨링(AHLS) 모듈

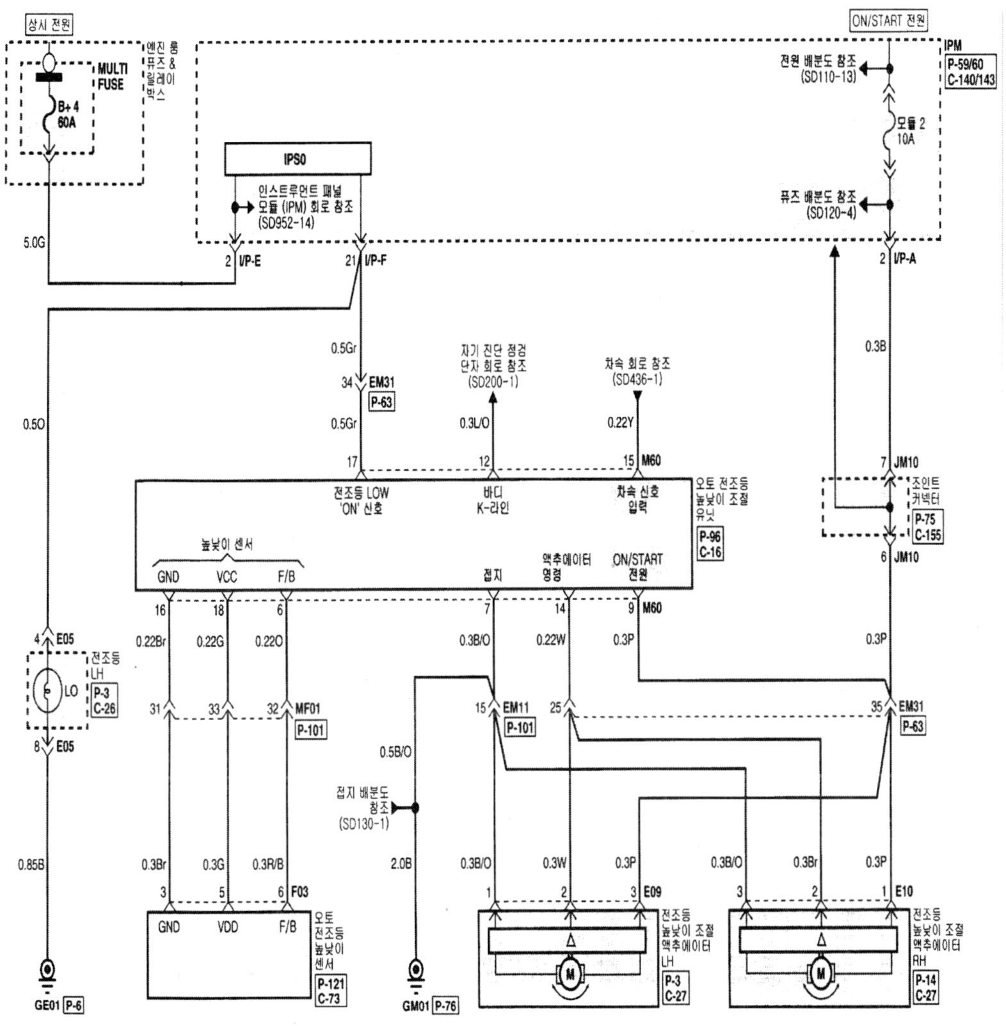

※ AHLS (Auto Head Lamp Leveling System)

MEMO

CHAPTER 00

06 주차 보조회로(PAS_FPAS) 모듈

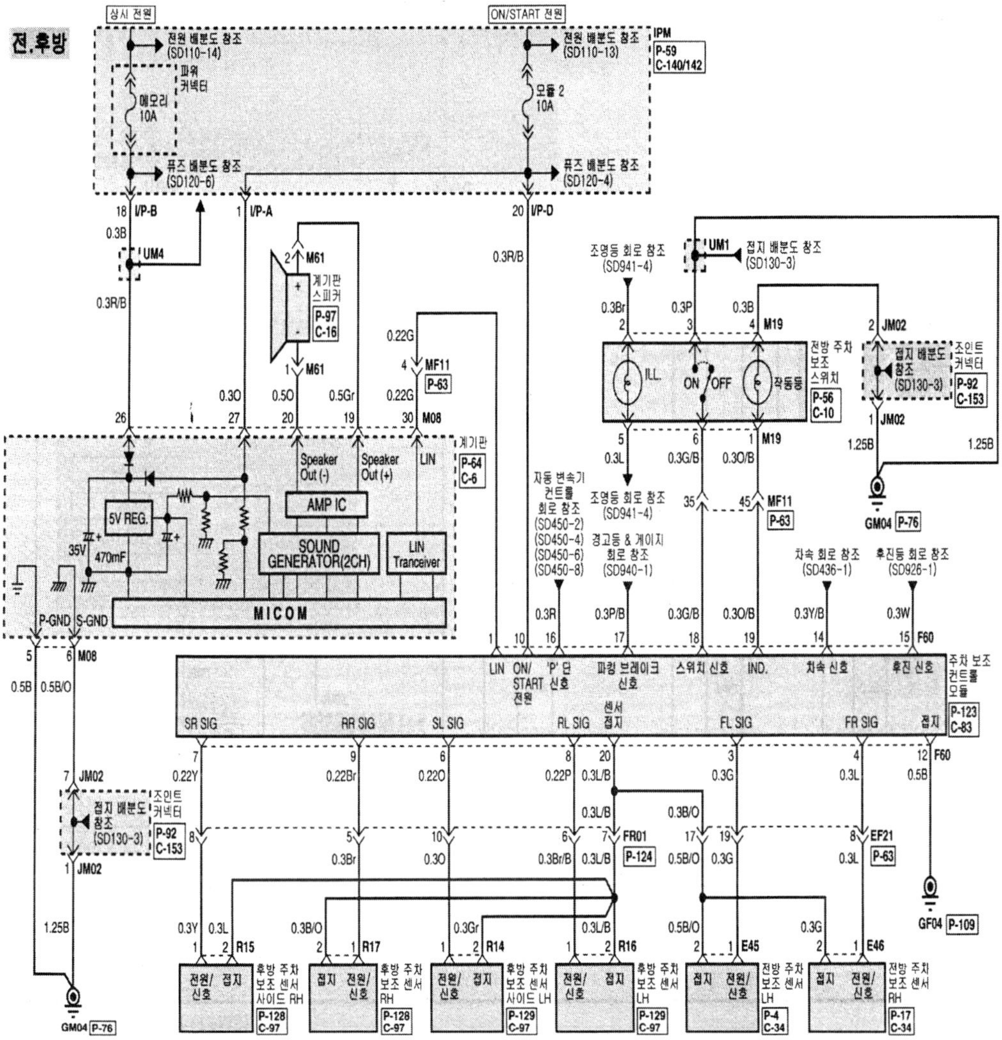

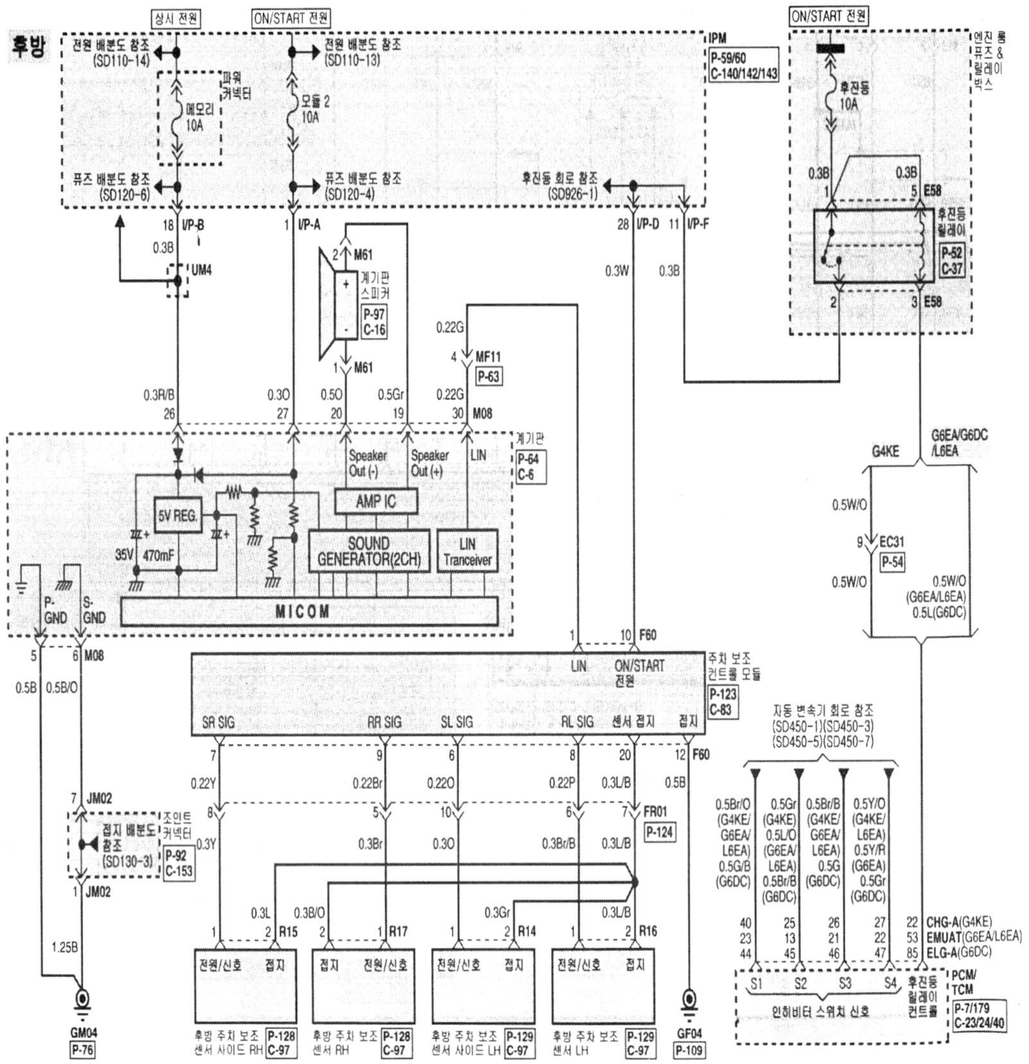
후방
상시 전원
ON/START 전원
전원 배분도 참조 (SD110-14)
전원 배분도 참조 (SD110-13)
IPM
P-59/60
C-140/142/143
파워 커넥터
메모리 10A
모듈 2 10A
퓨즈 배분도 참조 (SD120-6)
퓨즈 배분도 참조 (SD120-4)
후진등 회로 참조 (SD926-1)
엔진 룸 퓨즈 & 릴레이 박스
후진등 10A
후진등 릴레이
P-52
C-37
E58
UM4
M61
계기판 스피커
P-97
C-16
MF11
P-63
M08
계기판
P-64
C-6
Speaker Out (-)
Speaker Out (+)
LIN
AMP IC
5V REG.
SOUND GENERATOR(2CH)
LIN Tranceiver
35V 470mF
P-GND
S-GND
MICOM
F60
LIN
ON/START 전원
주차 보조 컨트롤 모듈
P-123
C-83
SR SIG
RR SIG
SL SIG
RL SIG
센서 접지
접지
G4KE
G6EA/G6DC /L6EA
EC31
P-54
자동 변속기 회로 참조 (SD450-1)(SD450-3) (SD450-5)(SD450-7)
JM02
접지 배분도 참조 (SD130-3)
조인트 커넥터
P-92
C-153
FR01
P-124
R15
R17
R14
R16
전원/신호
접지
후방 주차 보조 센서 사이드 RH
후방 주차 보조 센서 RH
후방 주차 보조 센서 사이드 LH
후방 주차 보조 센서 LH
P-128
P-129
C-97
GM04
P-76
GF04
P-109
CHG-A(G4KE)
EMUAT(G6EA/L6EA)
ELG-A(G6DC)
S1
S2
S3
S4
인히비터 스위치 신호
후진등 릴레이 컨트롤
PCM/TCM
P-7/179
C-23/24/40

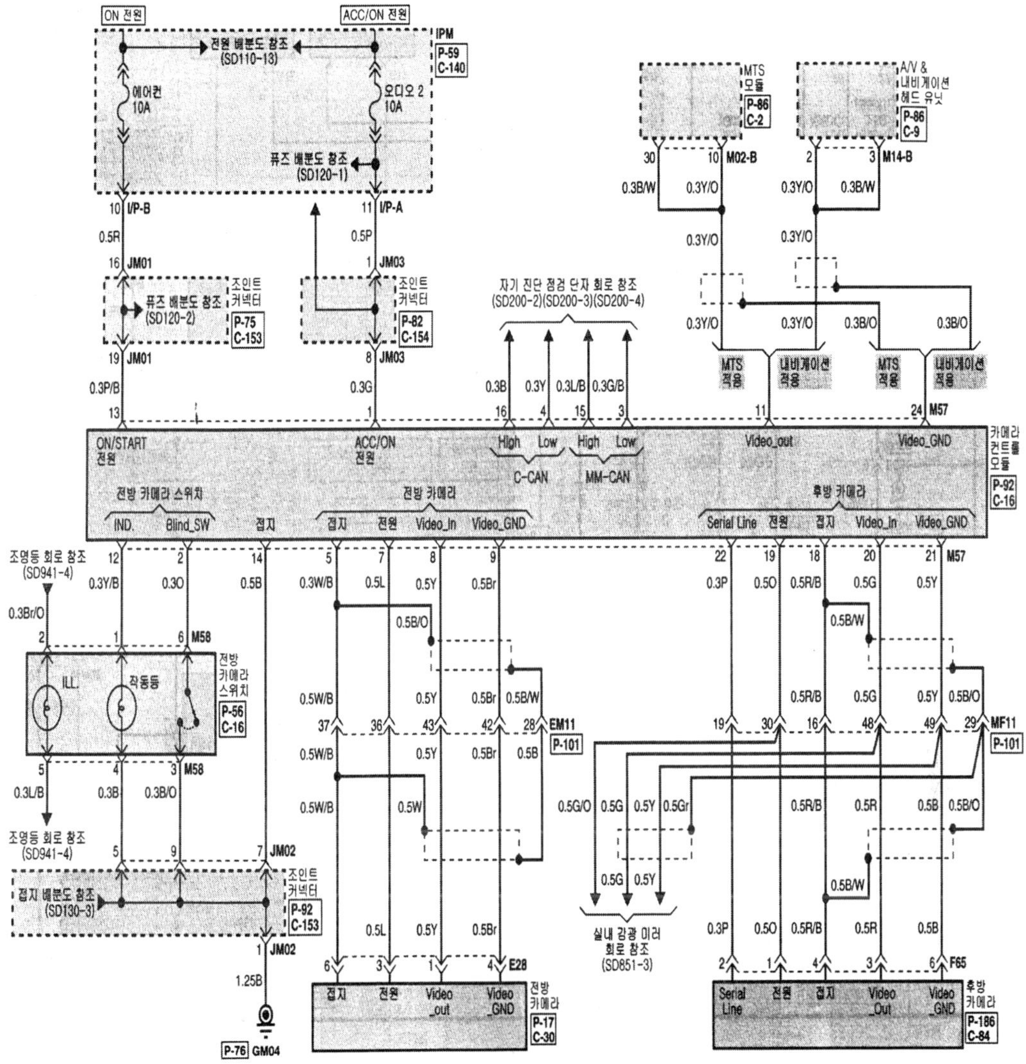
ON 전원
ACC/ON 전원
IPM
P-59 C-140
전원 배분도 참조 (SD110-13)
에어컨 10A
오디오 2 10A
퓨즈 배분도 참조 (SD120-1)
I/P-B
I/P-A
JM01
JM03
조인트 커넥터
퓨즈 배분도 참조 (SD120-2)
P-75 C-153
P-82 C-154
자기 진단 점검 단자 회로 참조 (SD200-2)(SD200-3)(SD200-4)
MTS 모듈
P-86 C-2
A/V & 내비게이션 헤드 유닛
P-86 C-9
M02-B
M14-B
MTS 적용
내비게이션 적용
M57
ON/START 전원
ACC/ON 전원
High Low C-CAN
High Low MM-CAN
Video_out
Video_GND
카메라 컨트롤 모듈
P-92 C-16
전방 카메라 스위치
IND. Blind_SW
접지
전방 카메라
접지 전원 Video_in Video_GND
후방 카메라
Serial Line 전원 접지 Video_in Video_GND
조명등 회로 참조 (SD941-4)
M58
전방 카메라 스위치
ILL. 작동등
P-56 C-16
EM11
P-101
MF11
P-101
실내 감광 미러 회로 참조 (SD851-3)
JM02
접지 배분도 참조 (SD130-3)
P-92 C-153
E28
접지 전원 Video _out Video _GND
전방 카메라
P-17 C-30
F65
Serial Line 전원 접지 Video _Out Video _GND
후방 카메라
P-186 C-84
P-76 GM04

MEMO

참고문헌

- 현대자동차 전기회로집(EF 쏘나타)
- 현대자동차 전장회로집(EF 쏘나타)
- 기아자동차 2010 전장회로도(K7)